Springer-Lehrbuch

Stefan Huggenberger

Natasha Moser

Hannsjörg Schröder

Bruno Cozzi

Alberto Granato

Adalberto Merighi

Neuroanatomie des Menschen

Übersetzt von Prof. Dr. Hannsjörg Schröder

Mit 202 größtenteils farbigen Abbildungen

 Springer

Stefan Huggenberger
Universität Köln, Institut II für Anatomie –
Neuroanatomie
Köln, Germany

Natasha Moser
Universität Köln, Institut II für Anatomie –
Neuroanatomie
Köln, Germany

Hannsjörg Schröder
Universität Köln, Institut II für Anatomie –
Neuroanatomie
Köln, Germany

Bruno Cozzi
Università degli Studi di Padova, Italia

Alberto Granato
Università Cattolica del Sacro Cuore di Milano, Italia

Adalberto Merighi
Università degli studi di Torino, Italia

Original Titles:
Neuroanatomia dell'uomo 2nd Edition 2017
ISBN 978-88-7287-573-5
© Antonio Delfino Editore srl
Roma – Italia

ISSN 0937-7433
ISBN 978-3-662-56460-8   ISBN 978-3-662-56461-5 (eBook)
https://doi.org/10.1007/978-3-662-56461-5

Die Deutsche Nationalbibliothek verzeichnet diese Publikation in der Deutschen Nationalbibliografie; detaillierte bibliografische Daten sind im Internet über http://dnb.d-nb.de abrufbar.

Springer
© Springer-Verlag GmbH Deutschland, ein Teil von Springer Nature 2019

Umschlaggestaltung: deblik Berlin
Fotonachweis Umschlag: © Autorenvorlage Huggenberger, Moser, Schröder

Springer ist ein Imprint der eingetragenen Gesellschaft Springer-Verlag GmbH, DE und ist ein Teil von Springer Nature
Die Anschrift der Gesellschaft ist: Heidelberger Platz 3, 14197 Berlin, Germany

Vorwort

Die Neuroanatomie als vorklinische Grundlage von Neuropathologie und Neuroradiologie, Neurologie, Psychiatrie, Neurochirurgie und Teilen der Augenheilkunde sowie Hals-Nasen-Ohrenheilkunde spielt wegen des verstärkten Auftretens altersassoziierter Erkrankungen wie z. B. des M. Alzheimer eine zunehmend wichtigere Rolle. Auf der anderen Seite erscheint vielen Studierenden der komplexe Stoff als kaum zu bewältigende Lern- und Verständnishürde. Die Aneignung der anspruchsvollen neuroanatomischen Inhalte ist aber angesichts des umfangreichen vorklinischen Curriculums aus unserer langjährigen Lehrerfahrung vor allem auch eine Zeitfrage. Aus der wissenschaftlichen Zusammenarbeit mit der Arbeitsgruppe von Bruno Cozzi hat sich der Gedanke entwickelt, das von unseren italienischen Koautoren verantwortete und in Italien gut eingeführte Werk „Neuroanatomie dell' Uomo" ins Deutsche zu übertragen und inhaltlich – vor allem in Hinblick auf das verwendete Bildmaterial – zu überarbeiten. Dieses Buch deckt in konziser Weise alle wichtigen Bereiche der Neuroanatomie ab, ohne den Rahmen eines einführenden Werkes zu sprengen. Insbesondere wurden Exkursboxen mit klinisch wichtigen Themen und klinisch relevante Fallbeispiele in die deutsche Ausgabe aufgenommen.

Der Text berücksichtigt die aktuelle Terminologia neuroanatomica des Federative International Programme for Anatomical Terminology (FIPAT). Jedoch haben wir meist den klinisch gebräuchlichen Termini den Vorrang gegeben, um eine Adaptation an die klinischen Fächer zu erleichtern.

An dieser Stelle möchten wir für die hervorragende Zusammenarbeit in fachlicher Hinsicht Bruno Cozzi und auf Herausgeberseite Anja Goepfrich danken. Außerdem danken wir Lennart Müller-Thomsen (Institut II für Anatomie, Universität zu Köln) für seine Hilfe bei der Erstellung anatomischer Präparate und Farman Hedayat (Wirbelsäulenchirurgie und Schmerztherapie, Ortho-Klinik Dortmund) für die Beratung in neurochirurgischen Fragen und zur Hirnstammanatomie. Schließlich gilt unser Dank auch Raphaela Károlyi (Klinik für Neurologie, Heilig-Geist-Krankenhaus, Köln) und Andreas Knapp (Klinik für Gefäßchirurgie, Klinikum Leverkusen) für die Vermittlung der Angiographie-Aufnahmen. Die in diesem Buch verwendete Hirnschnitte sind zudem auf der Homepage **www.anatomiedesmenschen.de** abrufbar.

Möge das Buch den Studierenden den Erwerb relevanter neuroanatomischer Kenntnisse in der von uns beabsichtigten Weise erleichtern. Trotz aller Sorgfalt während der Bearbeitung des Buches sind sicherlich einige Ungenauigkeiten und Fehler entstanden. Dies ist bei einer derartigen Teamarbeit nicht zu vermeiden. Daher sind die Autoren für jeden Hinweis und jede Kritik dankbar.

S. Huggenberger, N. Moser, H. Schröder
Köln, im Juni 2018

Inhaltsverzeichnis

Über die Autoren

Dr. Stefan Huggenberger ist Zoologe und Dozent am Institut II für Anatomie – Neuroanatomie der Universität zu Köln. Er beschäftigt sich in seiner Forschung mit der vergleichenden Anatomie der Sinne der Wirbeltiere, insbesondere bei Walen und Delphinen. Seine Expertise auf diesem Gebiet zeigt sich in zahlreichen wissenschaftlichen Veröffentlichungen und mehreren Fachbüchern.

Univ.-Prof. Dr. Hannsjörg Schröder ist geschäftsführender Direktor des Instituts II für Anatomie – Neuroanatomie der Universität zu Köln. Seine Lehrschwerpunkte liegen in der klinischen Neuroanatomie des Menschen und der vergleichenden Neuroanatomie von Rodentia für die Studierenden der Humanmedizin und Neurowissenschaften. In der Forschung beschäftigt er sich mit Themen der Neurodegeneration mithilfe molekularhistochemischer Methoden.

Dr. Natasha Moser ist Diplom-Biologin und Dozentin am Institut II für Anatomie – Neuroanatomie der Universität zu Köln. Ihre langjährige Lehrtätigkeit umfasst die Betreuung der Kurse der makroskopischen Anatomie und der Neuroanatomie für Studierende der Human- und Zahnmedizin sowie angehende Physiotherapeuten. Ihr wissenschaftliches Interesse liegt im Bereich der Neurodegeneration (M. Alzheimer, M. Parkinson) sowie nikotinischer Rezeptoren.

Bruno Cozzi, Ph.D. (Health Sciences, Copenhagen, DK), ist Professor für Anatomie am Institut für vergleichende Biomedizin und Ernährungswissenschaften der Universität Padua (Italien). Sein Forschungsschwerpunkt ist die vergleichende Neuroanatomie und Neuroendokrinologie von Säugetieren mit überdurchschnittlich großen Gehirnen.

Alberto Granato, M.D., ist Anatomieprofessor am Institut für Psychologie der Katholischen Universität Mailand (Italien). Die Anatomie und Psychologie der Großhirnrinde und zugehöriger Strukturen bilden sein Interessensgebiet in der Forschung.

Adalberto Merighi, Ph.D. (Neuroscience, London, UK), ist Professor für Anatomie am Institut für Veterinärwissenschaften an der Universität Turin (Italien). Sein Interesse in der Forschung gilt der funktionellen Anatomie der somatosensiblen Bahnen und der Regulation des neuronalen Zelltodes in Säugetieren.

Allgemeine Organisation und Einteilung des Nervensystems

© Springer-Verlag GmbH Deutschland, ein Teil von Springer Nature 2019
S. Huggenberger et al., *Neuroanatomie des Menschen,* Springer-Lehrbuch
https://doi.org/10.1007/978-3-662-56461-5_1

1

Das Nervensystem besteht hauptsächlich aus Nervengewebe. Es ist so strukturiert, dass es Reize[1] (Informationen) aus dem Inneren des Organismus und aus dessen äußerer Umgebung wahrnehmen, sammeln und analysieren kann, um so eine entsprechende Antwort zu generieren. Eine solche Antwort kann in der Aktivierung oder Hemmung bestimmter Organe, von Muskeln oder Drüsen bestehen, die als **Effektororgane** bezeichnet werden. Auf diesem Wege werden **lebenswichtige Parameter** konstant bzw. in physiologischen Grenzen gehalten (**Homöostase**) oder das Individuum kann mit der äußeren Welt kommunizieren. Einige Anteile des Nervensystems, insbesondere das Gehirn, sind darüber hinaus verantwortlich für eine Reihe **höherer zerebraler Funktionen**, wie Gedächtnis, Verarbeitung von Emotionen und Gedanken.

1.1 Unterteilung des Nervensystems und grundlegende Daten

Das Nervensystem kann topographisch so eingeteilt werden, wie in ◘ Tab. 1.1 dargestellt. Diese Einteilung ist relativ einfach und verwendet als Kriterium die Lage der Organe, die das Nervensystem konstituieren, zueinander. Die Organe des **Zentralnervensystems** (ZNS) sind durch das Gehirn und das Rückenmark (◘ Abb. 1.1) repräsentiert.

Das **Gehirn** liegt in der Schädelhöhle, das Rückenmark im Wirbelkanal. Der Begriff „zentral" verweist nicht nur auf die zentrale anatomische Lage, sondern auch auf die zentrale Funktion dieser Anteile des Nervensystems, die alle auf peripherer Ebene gesammelten Informationen empfangen und nach entsprechender Verarbeitung zurück übertragen.

Nerven, Ganglien und Nervenplexus konstituieren das **periphere Nervensystem** (PNS). **Nerven** sind Bündel von Nervenfasern, die periphere Reize sammeln und zum ZNS weiterleiten (**sensible Nerven**) oder vom ZNS zu ihren Effektororganen übertragen (**motorische Nerven**). Häufig koexistieren in einzelnen Nerven sensible und motorische Fasern, weswegen solche Nerven als gemischte Nerven bezeichnet werden.

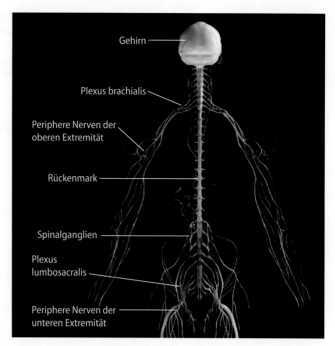

◘ **Abb. 1.1   Schematische 3D-Rekonstruktion des menschlichen Nervensystems (Dorsalansicht).** Markiert sind einige Hauptelemente des peripheren und des zentralen Nervensystems

Ganglien sind Gruppen von Neuronen, die außerhalb des ZNS gelegen sind. Üblicherweise sind sie in den Verlauf von Nerven eingeschaltet und deshalb einfach zu erkennen, weil sie eine mehr oder weniger deutliche Auftreibung des Nervens darstellen. Ausnahme sind die intramuralen Ganglien, die in der Wand von Eingeweiden liegen (▶ Kap. 11).

Die **Nervenplexus** bestehen aus einem Netz von Nervenfasern (**somatische Nervenplexus**) oder einem Netz von Fasern und Nervenzellkörpern (**viszerale Nervenplexus**). Die allgemeine Organisation des Nervensystems ist schematisch in ◘ Abb. 1.2 dargestellt.

Schon auf makroskopischem Niveau kann man in den einzelnen Regionen des ZNS graue Anteile (*Substantia grisea*, **graue Substanz**) und weiße Anteile (*Substantia alba*, **weiße Substanz**) unterscheiden. Der Farbunterschied ist im Wesentlichen bedingt durch die Anwesenheit von **Myelin** in der weißen Substanz. Myelin ist eine lipidreiche Substanz von weißlicher Farbe, die eine isolierende Hülle für bestimmte Nervenfasern bildet. Das Fehlen von Myelin charakterisiert die graue Substanz. Die histologischen Korrelate der grauen und der weißen Substanz sind in ◘ Tab. 1.2 wiedergegeben.

Auch im PNS bestimmt die Anwesenheit von mehr oder weniger Myelinscheiden die Farbe der Strukturen. Der größte Teil der Nervenfasern hat eine Myelinhülle, was den Nerven eine typisch weiß-gelbliche Farbe verleiht. Nur in bestimmten Bereichen des PNS gibt es nicht-myelinisierte Nervenfasern (d. h. ohne Myelinscheide), die daher gräulich erscheinen. Dies gilt auch für Ganglien, die hauptsächlich aus Perikarya der Neurone bestehen.

Auf funktioneller Ebene kann das Nervensystem in einen somatischen und einen viszeralen Anteil eingeteilt werden. Das **somatische Nervensystem** dient der Kontrolle des Be-

◘ **Tab. 1.1** Topographische Einteilung des Nervensystems		
Bezeichnung	**Ort**	**Organe**
Zentrales Nervensystem (ZNS)	Schädelhöhle, Wirbelkanal	Gehirn, Rückenmark
Peripheres Nervensysten (PNS)	Körperperipherie	Periphere Nerven, Ganglien (Kopfganglien, Spinalganglien, Ganglien des Grenzstrangs, prävertebrale Ganglien, Beckenganglien, intramurale Ganglien), nervöse Plexus

---

1   Der Begriff Reiz wird hier in seinem physiologischen Sinne verwendet, d. h. eines Ereignisses beliebiger Art, das in der Lage ist, die Rezeptoren des Nervensystems zu aktivieren.

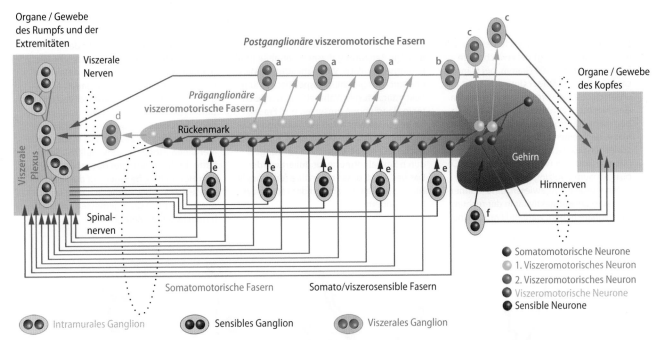

Organe / Gewebe
des Rumpfs und der
Extremitäten

Viszerale
Nerven

Postganglionäre viszeromotorische Fasern

c

c

a   a   a   b

Organe / Gewebe
des Kopfes

Präganglionäre
viszeromotorische Fasern

d

Rückenmark

Gehirn

Hirnnerven

e   e   e   e   e

Spinal-
nerven

f

Viszerale
Plexus

Somatomotorische Fasern   Somato/viszerosensible Fasern

● Somatomotorische Neurone
○ 1. Viszeromotorisches Neuron
◐ 2. Viszeromotorisches Neuron
◑ Viszeromotorische Neurone
● Sensible Neurone

◖◗ Intramurales Ganglion   ◖◗ Sensibles Ganglion   ◖◗ Viszerales Ganglion

□ **Abb. 1.2   Allgemeines Organisationsschema des Nervensystems.**
Gehirn und Rückenmark bilden zusammen das Zentralnervensystem
(ZNS), das über das periphere Nervensystem (PNS) mit den verschiedenen Organen und Geweben (Haut, Muskulatur,..) verbunden ist. Die
Fasern, die Informationen aus den Organen und Geweben zum ZNS
leiten, werden als sensible oder afferente Fasern bezeichnet. Fasern,
die Signale an die Effektororgane senden, werden motorische oder
efferente Fasern genannt. Je nach Organ oder Gewebe, das sie versorgen, kann man somatische und viszerale Fasern unterscheiden. Diese
sammeln sich in Bündeln, den Nerven, die jeweils durch einen definierten Ursprung, Verlauf und ein definiertes Versorgungsgebiet charakterisiert sind. Auf dieser Grundlage unterscheidet man Hirnnerven, die
ihren Ursprung im Gehirn haben, Spinalnerven, die aus dem Rückenmark entspringen und viszerale Nerven für die inneren Organe, die Teil
des viszeralen (autonomen, vegetativen) Nervensystems sind. Im Ver-

lauf einiger Nerven sind Ganglien eingeschaltet, die man wiederum in
Kopfganglien (in der Abbildung mit den Buchstaben c und f markiert),
Spinalganglien (e), paravertebrale Ganglien (a, b) und viscerale (prävertebrale) Ganglien (d) unterscheiden. Zudem gibt es auch intramurale Ganglien, die in der Wand einiger Organe lokalisiert sind. In
der Abbildung werden folgende Farbcodes verwendet: blau = somato-
oder viszerosensible Strukturen; rot = somatomotorische Strukturen;
grün = viszeromotorische sympathische oder parasympathische Strukturen. Diese Farbcodierung wird im gesamten Text durchgehalten.
Legende: a = Sympathische paravertebrale Ganglien; b = Ganglion
cervicale superius (sympathisch); c = Parasympathische Kopfganglien;
d = Beckenganglien (prävertebrale Ganglien, parasympathisch);
e = Spinalganglien; f = sensibles Kopfganglion. Aus Gründen der Übersichtlichkeit sind alle beidseitig vorhandenen Strukturen in der Abbildung nur auf einer Seite eingezeichnet

wegungsapparates und einigen Funktionen der Wahrnehmung (visuell, auditorisch, olfaktorisch, gustatorisch und
taktil). Das **viszerale Nervensystem** (auch als autonomes
oder vegetatives Nervensystem bezeichnet) dient der Kon-

trolle der Funktion von inneren Organen, die üblicherweise
eine zweifache, d. h. sensible und motorische Innervation erhalten. Diese kann antagonistische Effekte bewirken, die jeweils den Anteilen von **sympathischen** und **parasympathischen** Funktionen zugeordnet werden können.

□ **Tab. 1.2   Histologisches Korrelat der grauen und weißen
Substanz**

Unterteilung	Bestandteile des Nervengewebes	
Graue
Substanz	Neurone oder
ihre Fortsätze	Perikaryen
Dendriten
Synapsen
Unmyelinisierte Axone
	Gliazellen	Protoplasmatische Astrozyten
Oligodendrozyten
Mikroglia
Weiße
Substanz	Neurone oder
ihre Fortsätze	Myelinisierte Axone
	Gliazellen	Fibröse Astrozyten
Oligodendrozyten

1.2   Histologie

Im Nervengewebe lassen sich zwei fundamentale Typen von
Zellen unterscheiden: Die **Nervenzellen** oder **Neurone** und
die **Gliazellen**.

Neurone sind **erregbare Zellen**, die auf Reize mit einer Änderung des elektrischen Potenzials an der Zellmembran reagieren. Die Änderungen des Membranpotenzials können über die
gesamte Nervenzelle laufen und sich unter besonderen Um-
ständen im Axon in Form eines **Aktionspotenzials** fortsetzen.

Die Gliazellen (bzw. die Neuroglia oder einfach Glia) dienen der Ernährung des Nervengewebes und zur Immun-
abwehr. Jüngere Untersuchungen zeigen zudem, dass Gliazellen in der Lage sind, einige Neurotransmitter freizusetzen,

1

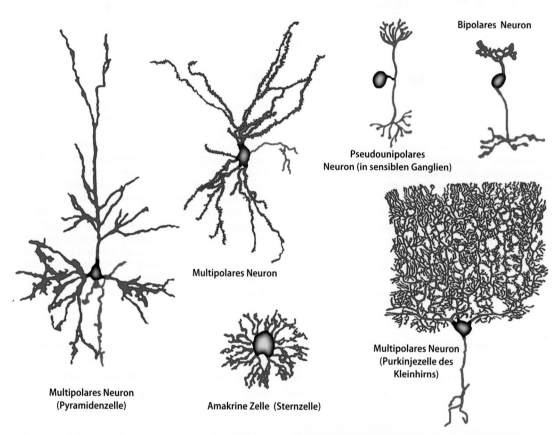

Bipolares Neuron

Pseudounipolares Neuron (in sensiblen Ganglien)

Multipolares Neuron

Multipolares Neuron (Pyramidenzelle)

Amakrine Zelle (Sternzelle)

Multipolares Neuron (Purkinjezelle des Kleinhirns)

□ Abb. 1.3   Morphologische Einteilung der Neurone auf Grundlage der Anzahl von Ausläufern und der Gestalt und Komplexität des Dendritenbaums. Das Perikaryon ist grau dargestellt, das Axon rot und die Dendriten blau. In einigen Beispielen (z. B. multipolares Neuron) haben die Dendriten keine glatte Oberfläche, sondern sind mit Spines (Dornen; s. 1.3.1.1) besetzt. Im Fall der Pyramidenzelle sind die Spines jedoch wegen ihrer zu kleinen Durchmesser (□ Abb. 1.5) nicht dargestellt. Amakrine Zellen stellen eine Sonderform eines multipolaren Neurons dar, das morphologisch kein Axon, sondern nur Dendriten besitzt

insbesondere Glutamat. Daher können sie indirekt an der Modulation der Aktivität von Neuronen teilnehmen.

Neuronen (□ Abb. 1.3) sind Zellen von komplexer Morphologie, an denen man einen Zellkörper (auch **Perikaryon** oder **Soma** genannt) mit Zellkern und Zellorganellen und eine variable Anzahl von Ausläufern (Neuriten) unterscheiden kann. Die Dimensionen des Perikaryons variieren von 4–5 μm (Körnerzellen des Kleinhirns), über 50–60 μm (Neurone der Spinalganglien) bis hin zu den Betz-Riesenpyramidenzellen des mo-

torischen Kortex (120×60 μm^2). Die Ausläufer der Neurone sind morphologisch und funktionell unterschiedlich.

Jedes Neuron verfügt über eine unterschiedliche Anzahl von Dendriten, während nur ein Axon vom Perikaryon abgeht. Die Dendriten sind lang gestreckte Ausläufer, deren Durchmesser vom Perikaryon zur Peripherie abnimmt. Üblicherweise erfolgt auf der Ebene der Dendriten (Reizaufnahme) die Übertragung der Reize (Wanderung der Membranpotenzialänderung) zentripetal, d. h. in Richtung Perikaryon.

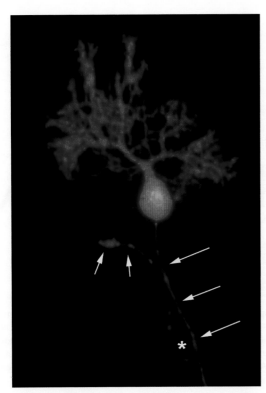

◘ Abb. 1.4   Purkinjezelle aus dem Kleinhirn der Maus. Die mole-
kularbiologisch induzierte rote Fluoreszenz macht die Struktur der Zelle sichtbar. Der rote Farbstoff verteilt sich homogen im Zytoplasma des
Neurons und der Zellausläufer. Die charakteristische Aufzweigung des
Dendritenbaums, der aufgrund der zahlreichen Spines nicht glatt erscheint, sowie der Abgang des Axons (lange Pfeile) an der gegenüberliegenden Seite des Perikaryons sind deutlich zu sehen. Der Stern markiert eine Axonkollaterale und deren Terminale (kurze Pfeile), die zum
Perikaryon aufsteigt. Dieser Verlauf ist nicht physiologisch und beruht
darauf, dass die Zelle in vitro (d. h. in Zellkultur) gehalten wurde.
(Freundlicherweise überlassen von Frau Prof. Laura Lossi – Turin)

Das Axon oder die Nervenfaser ist ein einzelner Ausläufer,
eine dünne Struktur von konstantem Durchmesser, in der die
Fortleitung der Reize (Reizweiterleitung) üblicherweise zen-
trifugal erfolgt, d. h. vom Perikaryon zur Peripherie (**ortho-
drome Leitung**). Die Zellmembran des Axons wird als **Axo-
lemm** bezeichnet und sein Zytoplasma als **Axoplasma**. Üblicherweise verzweigt sich das Axon terminal in eine Abfolge
von Varikositäten (Endknöpfe), die mit anderen Neuronen
oder mit Effektororganen in synaptischen Kontakt treten
(**◘** Abb. 1.4). Die Moleküle, die für die Funktion der Synapse
notwendig sind, werden entlang des Axons transportiert, bis
sie die Terminalen erreichen (**anterograder Transport**).

Auf der Ebene der Terminalen erfolgt außerdem die Aufnahme von Substanzen, die für den Erhalt des Differenzie-
rungsgrades und zum Überleben der Neurone notwendig
sind. Diese Substanzen werden **neurotrophe Faktoren** genannt und erreichen das Perikaryon über den retrograden
Transport entlang des Axons. Unter den neurotrophen Faktoren sind die Neurotrophine besonders gut untersucht. Diese
sind eine Familie von Molekülen mit ähnlicher Struktur wie
beispielsweise der prototypische Wachstumsfaktor NFG (nerve
growth factor), der seine Wirkung vor allem auf peripherer

Ebene entfaltet. Der wichtigste zentralnervöse Wachstumsfaktor ist **BDNF** (Brain-derived neurotrophic factor).

Neurone können bezogen auf Morphologie und Funktion
unterschiedlich klassifiziert werden. Aufgrund der Form des
Zellkörpers und der Zahl der Ausläufer lassen sich unterscheiden (**◘** Abb. 1.3):

- **Multipolare Neurone,** mit einem Axon und zahlreichen
  Dendriten (z. B. Motoneurone des Rückenmarks). Dies
  ist der häufigsten Neuronentyp.
- **Bipolare Neurone,** mit einem Axon und einem Dendriten an den gegenüberliegenden Polen des Perikaryons
  (z. B. die Neurone des Ganglions [Ggl.] vestibulare und
  cochleare [Gleichgewichts- und Hörsinn], bipolare Neurone der Retina [Netzhaut])
- **Pseudounipolare Neurone** (T-förmiger Ausläufer), mit
  einem einzigen Ausläufer, der sich nach kurzer Verlauf-
  strecke in zwei Äste teilt, einen zentralen und einen peripheren (z. B. Spinalganglienzellen)
- **Unipolare Neurone,** mit einem Axon, keine Dendriten
  (z. B. primäre Sinneszellen wie die Photorezeptoren der
  Retina)
- **Neurone, die offenbar über kein Axon verfügen**; ihre
  Ausläufer sind morphologisch nicht unterscheidbar, zeigen aber typische funktionelle Eigenschaften von Axonen
  bzw. Dendriten (z. B. die amakrinen Zellen der Retina)

Aufgrund der Dimensionen des Perikaryons und der Länge
des Axons können definiert werden:

- **Golgi-Typ-I-Neurone,** großes Perikaryon und sehr
  langes Axon (Projektionsneurone, z. B. die Purkinjezellen des Kleinhirns)
- **Golgi-Typ-II-Neurone,** mit kleinem Perikaryon und kurzem Axon (z. B. viele Interneurone der Groß- und Kleinhirnrinde)

Aufgrund der Funktion kann man unterscheiden:

- **Motorische Neurone,** die Impulse zu den Effektororganen senden.
- **Sensible Neurone,** die spezifisch auf verschiedene Reize
  (Licht, chemische Substanzen, Temperatur, mechanische
  Reize etc.) aus der Umwelt und dem Organismus selbst
  reagieren und diese in Nervenimpulse umwandeln
  (Transduktion). Solche Zellen werden auch als Sinneszellen, Rezeptorzellen oder kurz Rezeptoren[2] bezeichnet.
- **Interneurone,** die meist kurze Verbindungen untereinander und mit anderen Neurontypen bilden und so
  mehr oder weniger komplexe Neuronenschaltkreise
  etablieren (**◘** Abb. 1.5).

Darüber hinaus kann man auf funktioneller Ebene die Neurone einteilen in

- **Projektionsneurone,** für die Kommunikation über lange
  Distanzen. Morphologisch korrespondieren diese Zellen
  mit den Golgi-Typ-I-Zellen.

---

2   Der Begriff Rezeptor wird zum einen verwendet, um reizaufneh-
    mende Strukturen zu bezeichnen, zum anderen aber auch für die
    Transmitterrezeptoren im Bereich der Synapsen (vergl. Abb. 1.6).

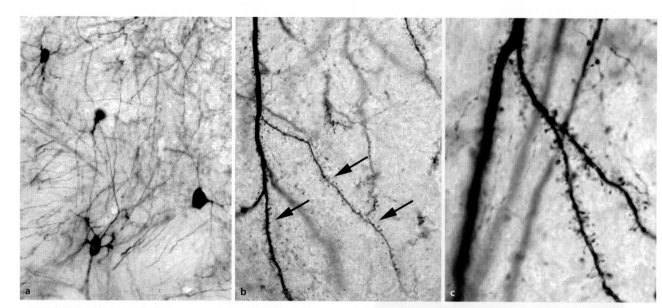

◘ Abb. 1.5a–c   Darstellung von Interneuronen der Großhirnrinde mittels retrograder Markierung. Interneurone sind im allgemeinen kleine Zellen mit kurzen Axonen, die als Golgi-Typ-II klassifiziert werden können. Die Interneurone, die die Schichten des Kortex untereinander verbinden, sind von fundamentaler Bedeutung für die funktionelle Organisation der kortikalen Säulen (▶ Kap. 12). **b, c** Dendritische Spines (markiert in **b** durch Pfeile und in stärkerer Vergrößerung dargestellt in **c**) eines multipolaren Neurons der Großhirnrinde. Die Technik der retrograden Markierung beruht auf dem Transport von Markern entlang des Axons in Richtung Soma und Dendriten. Auf diese Art ist es möglich, neuronale Kreisläufe und die Verbindungen zwischen Zellen zu rekonstruieren.

— **Neurone lokaler Neuronenkreise (Interneurone)** für die lokale Kommunikation. Diese Zellen korrespondieren morphologisch mit den Golgi-Typ-II-Zellen.

1.3   Modalitäten der interneuronalen Kommunikation

Neuronen sind spezialisiert auf das Sammeln, die Verarbeitung und die Übertragung von elektrischen Signalen. Daher ist eines ihrer grundlegenden Charakteristika die Fähigkeit zur Kommunikation untereinander. In diesem Austausch stellen die elektrischen Signale die **Sprache** der Neuronen dar.

Die Mittel, mit denen die Übertragung von Signalen von einer Zelle zur anderen erfolgt, sind unterschiedlich. Folgende prinzipielle Möglichkeiten sind bekannt: die **synaptische Transmission**, die auf Ebene der Synapsen stattfindet, die diffuse **volumetrische Übertragung (Neurosekretion)**, bei der Hormone in Abwesenheit von aktiven synaptischen Zonen freigesetzt werden und die **transmembranäre Diffusion**, ein Phänomen das einige gasförmige Moleküle, wie z. B. Stickstoffmonoxid (NO), in ihrer Rolle als Transmitter betrifft.

1.3.1   Synapsen

Die Synapsen sind bevorzugte Verbindungen, über die Nervenimpulse von einem Neuron auf ein anderes Neuron oder auf Effektorzellen (Muskelfaser, Drüsenzelle) übertragen werden. Es lassen ich zwei generelle Typen von Synapsen unterscheiden:

Die **elektrischen Synapsen**, die bei Säugetieren selten sind, werden von Nexus (gap junctions) gebildet. Sie ermöglichen eine **direkte elektrotonische Kopplung** zwischen Nervenzellen durch die Passage von Ionenströmen zwischen dem Cytoplasma beider Zellen. Die Erregungsüberleitung kann in beide Richtungen erfolgen (bidirektional) und ist extrem schnell.

Die **chemischen Synapsen** sind bei Säugetieren am weitesten verbreitet. In diesen Synapsen wird der Impuls, der über das Axon die Präsynapse erreicht, **indirekt** durch die Freisetzung eines Neurotransmitters auf die stromabwärts gelegene Postsynapse übertragen. Der Transmitter diffundiert von der Präsynapse über den synaptischen Spalt zur Postsynapse des nächsten Neurons und bindet dort an Transmitterrezeptoren. Dadurch wird an der Plasmamembran eine Potenzialänderung hervorgerufen. An jeder chemischen Synapse lassen sich also ein präsynaptischer Anteil, ein synaptischer Spalt und ein postsynaptischer Anteil unterscheiden.

Die Freisetzung eines Neurotransmitters an einer Synapse kann zu einer Depolarisation oder einer Hyperpolarisation des postsynaptischen Neurons führen, die das Auftreten von Potenzialen (EPSP = Exzitatorisches postsynaptische Potenzial oder IPSP = Inhibitorisches postsynaptisches Potenzial) und entsprechenden Strömen an der postsynaptischen Membran zur Folge hat (EPSC= Exzitatorischer postsynaptischer Strom oder IPSC = Inhibitorischer postsynaptischer Strom). Diese Art elektrischer Aktivität (postsynaptische Potentiale) ist vom **Aktionspotenzial** zu unterscheiden, das im Neuron entsteht und sich nur dann längs des Axons ausbreitet, wenn das Membranpotenzial einen bestimmten Schwellenwert überschreitet. Für eingehendere Informationen wird auf Lehrbücher der Physiologie verwiesen.

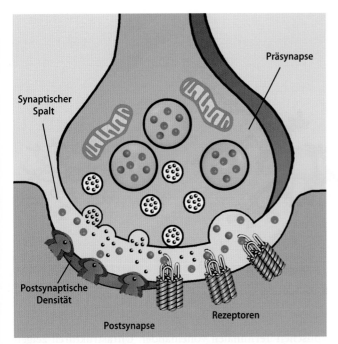

Präsynapse

Synaptischer Spalt

Postsynaptische Densität

Postsynapse

Rezeptoren

☐ Abb. 1.6   Axo-somatische Synapse, die heterogene Neurotransmitter freisetzt (Koexistenz von verschiedenen Neurotransmittern). Die weiß dargestellten agranulären Vesikel enthalten einen Neurotransmitter mit geringem Molekulargewicht (schwarze kleine Kreise). Die größeren synaptischen Vesikel sind grau dargestellt. In unserem Beispiel enthalten sie zwei unterschiedliche Transmitter mit höherem Molekulargewicht (türkis und grün unterlegte Kreise). Die Transmitterrezeptoren der Postsynapse können prinzipiell in 2 Klassen unterteilt werden: Ionenkanäle (links) sind in der postsynaptischen Densität verankert. Sie stellen eine Membranpore dar, die sich nach der Bindung des Transmitters öffnet und spezifische Ionen in die Postsynapse eintreten lässt. Die Rezeptoren, die Transmitter höheren Molekulargewichtes binden (rechts), befinden sich häufig außerhalb der postsynaptischen Densität und formen keine Membrankanäle. Sie sind in der Postsynapse funktionell an spezifische Proteine (Protein G) gekoppelt. Die Tatsache, dass nach Bindung des Transmitters dieser Rezeptortyp keinen Membrankanal öffnet, führt zu einer Verzögerung in der synaptischen Antwort. Folglich agieren die Transmitter höheren Molekulargewichts langsamer, aber ihre Wirkungen können länger andauern

Auch wenn sich aufgrund der Kontakte zwischen prä- und postsynaptischen Anteilen (Soma, Axon, Dendrit) ein sehr heterogenes Bild ergibt, sind die verbreitetsten Synapsentypen axo-dendritische und axo-somatische (☐ Abb. 1.6) Kontakte. Zudem spielen axo-axonale Kontakte eine essentielle Rolle bei der **präsynaptischen Inhibition** (Hemmung) der Transmitterfreisetzung.

Ein anderer, seltener, aber funktionell sehr wichtiger Synapsentyp ist die dendro-dendritische Synapse. Sie greift in die Bildung von **lokalen Neuronenkreisläufen** ein und besteht zum Beispiel im Bulbus olfactorius (Riechsystem) aus reziproken dendro-dendritischen Verbindungen.

Darüber hinaus gibt es synaptische Komplexe, die aus mehr als zwei Ausläufern bestehen und oft untereinander multiple synaptische Kontakte bilden (**synaptische Glomeruli**, wie z.B. die Glomeruli cerebellares in der Kleinhirnrinde oder die Glomeruli im Bulbus olfactorius).

Grundlegende zelluläre Charakteristika von chemischen Synapsen

Präsynaptische Abschnitte sind üblicherweise Auftreibungen des Axons an seinem terminalen Ende (**Endknöpfe, boutons terminaux**) oder eine Varikosität im Verlauf eines Axons (**boutons en passage**). Postsynapsen erkennt man bei einigen Neuronentypen an dornförmigen seitlichen Ausdehnungen von Dendriten (**Spines**). Hauptcharakteristikum des präsynaptischen Abschnitts sind die **synaptischen Vesikel**, in denen die **Neurotransmitter** gelagert werden. Daneben finden sich Mitochondrien und die Tubuli des glatten endoplasmatischen Retikulums.

Es gibt zwei prinzipielle Arten von synaptischen Vesikeln: Die klaren **agranulären synaptischen Vesikel** mit einem Durchmesser von 20–60 nm, die Transmittermoleküle mit geringem Molekulargewicht enthalten (Acetylcholin, Aminosäuren etc.) und die elektronendichten **granulären Vesikel** mit einem Durchmesser zwischen 100 und 160 nm. Letztere enthalten Neurotransmitter mit höherem Molekulargewicht, i. d. R. Peptide (**Neuropeptide**). Diese werden auch als synaptische Vesikel vom Typ P bezeichnet.

Die agranulären synaptischen Vesikel können entweder rund oder abgeplattet sein. Im ersteren Falle enthalten sie normalerweise erregend (exzitatorisch) wirkende Transmitter, im zweiten Fall hemmende (inhibitorische) Transmitter.

Monoamine wie die Transmitter Serotonin oder Dopamin sind in speziellen kleinen Vesikeln mit elektronendichtem **Kern (dense core vesicles)** enthalten.

In einer Präsynapse können **verschiedene Neurotransmitter koexistieren**. Sie können in synaptischen Vesikeln unterschiedlichen Typs, alleine oder mit anderen Transmittern lokalisiert sein und können daher in unterschiedlichen Zusammensetzungen freigesetzt werden. Dies erlaubt eine sehr präzise Regulierung der Ausschüttung einzelner Transmitter, sodass die Aktivität von Synapsen entsprechend den funktionellen Erfordernissen moduliert werden kann.

Im Allgemeinen ordnen sich die Vesikel untereinander in der Nähe einer verdickten elektronendichten Region der präsynaptischen Membran an, die als Fusionszone zwischen Vesikel- und Zellmembran bezeichnet werden kann.

Der synaptische Spalt ist ca. 20 nm breit. Er kann mehr oder weniger mit feingranulärem Material mittlerer Elektronendichte angefüllt sein.

Die postsynaptische Membran ist durch eine Verdickung gekennzeichnet, die man **synaptische oder postsynaptische Verdichtungszone** nennt. Sie besteht aus der Anreicherung von proteinhaltigem Material, das im Wesentlichen die postsynaptischen, durch Neurotransmitter aktivierbaren Rezeptoren und eine Reihe anderer spezifischer Proteine (Proteine der postsynaptischen Membran, darunter PSD 95[3]) enthält. Diese haben die Funktion, die Rezeptoren gegenüber der aktiven Zone der Synapse zu verankern und anzuordnen.

Basierend auf den ultrastrukturellen Eigenschaften der 3 bis hierhin beschriebenen Synapsenanteile kann man 2 Typen

3   Das Akronym PSD 95 steht für post-synaptic density protein of 95kDa.

1

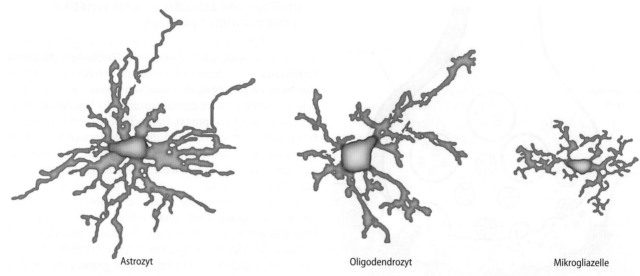

Astrozyt   Oligodendrozyt   Mikrogliazelle

◨ Abb. 1.7   Haupttypen glialer Zellen. Die Perikarya sind grau dargestellt, die Ausläufer in orange

unterscheiden: **Typ-I-Synapsen oder asymmetrische, exzitatorische Synapsen,** deren postsynaptische Densität sehr deutlich ausgeprägt ist. Ihre synaptischen Spalten sind relativ weit und die agranulären synaptischen Vesikel rund. **Typ-II-Synapsen oder symmetrische, inhibitorische Synapsen** haben ungefähr gleich breite prä- und postsynaptische Membranen, einen engen synaptischen Spalt und abgeplattete, agranuläre synaptische Vesikeln[4].

1.3.2 Gliazellen

Sowohl im ZNS wie auch im PNS finden sich – wie bereits erwähnt – Zellen, die dem Unterhalt und der Ernährung der Nervenzellen dienen. Unter den vielfältigen und komplexen Aufgaben, die diese Gliazellen ausführen, sind die Regulierung einzelner Transmitter, wie z. B. von Glutamat und die Produktion einiger neurotropher Faktoren wie GDNF (glial cell line-derived neurotrophic factor), von besonderer Bedeutung.

Die Gliazellen (◨ Abb. 1.7) können wie folgt unterteilt werden:

Astrozyten

Die Astrozyten sind die größten Gliazellen (Durchmesser des Perikaryon ca. 10 µm) mit einem zentral gelegenen Kern und langen Ausläufern, von denen einige in engem Kontakt mit Blutgefäßen enden. Diese Gliazellen sind in die Bildung der Bluthirnschranke (BBB, Blood-brain-barrier) involviert, die den selektiven Durchtritt von Ionen und Molekülen aus dem Plasma in den Interzellularraum des Nervengewebes reguliert. Die Astrozyten sorgen darüber hinaus für die Ernährung der Neurone und trennen die benachbarten syn-

aptischen Terminalen voneinander. Ultrastrukturell zeigen sie im Elektronenmikroskop ein helles Zytoplasma mit wenigen Organellen, aber vielen Intermediärfilamenten, v. a. dem sauren Gliafaserprotein (**GFAP, glial fibrillary acidic protein**).

Es gibt zwei Typen von Astrozyten. Die **protoplasmatischen Astrozyten** liegen in der grauen Substanz von Gehirn und Rückenmark. Sie haben ein stark ausgeprägtes Zytoplasma, das aufgrund des enthaltenen Glykogens granulär erscheint. Ihre Ausläufer sind generell kürzer und dicker als die der fibrösen Astrozyten. Die **fibrösen Astrozyten** sind v. a. über die weiße Substanz verteilt. Sie haben lange, dünne und wenig verzweigte Ausläufer. Sie enthalten zahlreiche Intermediärfilamente und sind daher reich an GFAP.

Oligodendrozyten

Die **Oligodendrozyten** sind etwas kleiner als die Astrozyten und haben weniger Ausläufer. Auch der Kern ist kleiner. Das Zytoplasma ist elektronendicht und enthält zahlreiche Mitochondrien, einen deutlich ausgeprägten Golgi-Apparat und eine große Zahl von Mikrotubuli. Sie sind sowohl in der grauen Substanz (in der Nähe neuronaler Perikarya) wie auch in der weißen Substanz vorhanden.

Die Hauptfunktion dieser Gliazellen ist die Produktion von Myelinhüllen im ZNS. Ein einzelner Oligodendrozyt ist i. d. R. an der Myelinisierung mehrerer Axone beteiligt.

Mikroglia

Die Zellen der Mikroglia sind als Teil des zellulären Immunsystems die einzigen Zellen des Nervensystems, die von monozytären Vorläuferzellen im Knochenmark abstammen. Die **Mikrogliazellen** haben einen sehr kleinen, im Allgemeinen ovalen Zellkörper und einen ovalen Zellkern aus verdichtetem Chromatin, dessen Hauptachse parallel zur Achse des Perikaryons liegt. Die Ausläufer sind kurz und bedornt. Wegen ihrer mesenchymalen Herkunft enthalten die Mikrogliazellen Intermediärfilamente mit **Vimentin.** Der Anteil der

---

4   Diese Einteilung ist ursprünglich für die Synapsen der Hirnrinde eingeführt worden, scheint aber generell für zentralnervöse Synapsen zu gelten.

Mikroglia ist quantitativ gering, findet sich aber sowohl in der grauen als auch in der weißen Substanz.

Ependymzellen und Tanycyten

Die **Ependymzellen** stammen von der inneren Auskleidung des embryonalen Neuralrohres ab und bewahren das Aussehen und die morphofunktionelle Polarität von Epithelzellen. Im Allgemeinen tragen die Ependymzellen Zilien und sind miteinander durch gap junctions und *Zonulae adhaerentes* verbunden. Sie verfügen über zahlreiche Mitochondrien und ein deutlich ausgeprägtes raues endoplasmatisches Retikulum. Die basale Oberfläche der Zellen ist eben.

Einige ependymale Zellen besitzen als sog. **Tanycyten** am basalen Pol lange Ausläufer, die in das darunterliegende Nervengewebe eindringen. Diese Zellen dienen zur Übermittlung chemischer Signale aus dem *Liquor cerebrospinalis* zum Nervengewebe.

Schwann-Zellen

Die **Schwann-Zellen** sind der typische Vertreter des Gliazelltyps im PNS. Jede dieser Zellen wickelt sich mehrmals um sich selbst und bildet so eine Manschette, die ein Segment einer Nervenfaser umgibt. Eine Nervenfaser wird daher über ihre Verlaufsstrecke von einer Serie von aufeinander folgenden Schwann Zellen eingehüllt. Die Schwann-Zellen zeigen sich in ausgerollter Form als abgeflachte, nahezu viereckige Zelle, zurückführbar auf ein gleichschenkliges Trapez, dessen Zellkern an der kürzeren Seite liegt. Der Zellkörper umgibt den Kern und enthält den Großteil der Organellen und des Zytoplasmas. Der Rest der Zelle besteht aus einer flächigen Ausdehnung der Plasmamembran, die auf der Ebene der längeren Seite auf sich selbst zurückgefaltet ist. Daher wird ein großer Teil der Zelle von zwei Laminae der Zellmembran gebildet, die für fast die Gesamtheit ihrer Ausdehnung ihrer inneren (zytoplasmatischen) Oberfläche miteinander verschmolzen sind. Die **Laminae** bleiben nur im Bereich von **zytoplasmatischen Kanälen**, die dem normalen Austausch der Membranbestandteile dient, getrennt.

Von den Schwann-Zellen stammen auch die Satellitenzellen der Ganglien ab.

1.3.3 Nervenfasern

Die Nervenfasern bestehen aus Axonen der Neuronen und ihren Hüllen ektodermalen Ursprungs. Sie bilden die **Tractus** des ZNS und die **Nerven** des PNS. Die Hüllen der Axone[5], die die zentralnervösen Tractus bilden, werden von den **Oligodendrozyten** gebildet, während die Axone des PNS von den **Schwann-Zellen** umhüllt werden. Oft hat diese Hülle der Nervenfasern eine komplexe Struktur und wird als **Myelinscheide** bezeichnet. Diese ist verantwortlich für die weißliche Farbe der *Substantia alba* (weiße Substanz) des ZNS und eines

Großteils der peripheren Nerven. Aufgrund der Ab- bzw. Anwesenheit von Myelinscheiden lassen sich folgende Arten unterscheiden:

Nicht-myelinisierte Nervenfasern, ohne Myelinscheide, üblicherweise mit geringem Durchmesser und geringer Nervenleitungsgeschwindigkeit, und **myelinisierte Nervenfasern** mit einer Myelinscheide, meist mit großem Durchmesser und somit hoher Nervenleitgeschwindigkeit. Der erhöhte Gehalt an Myelin-typischen Lipiden bewirkt einen **Isolationseffekt** der Hülle, der die **Reizweiterleitung vom saltatorischen Typ** von einem freien Segment des Axons (Ranvier-Schnürring) zum nächsten erlaubt. Auf diese Weise ergibt sich eine erhebliche Erhöhung der Weiterleitungsgeschwindigkeit entlang des Axons.

1.4 Allgemeine Organisation der Nervenbahnen

Das Nervensystem ist so organisiert, dass es auf die Notwendigkeit reagieren kann, viele heterogene Informationen gleichzeitig zu sammeln, sie schnell zwischen den verschiedenen Teilen des Nervensystems zu dirigieren und adäquate efferente Signale zu generieren. Darüber hinaus führt es auf der Ebene einzelner Neurone eine Reihe von Rechenoperationen für die ein- und ausgehenden Signale aus. Die erste dieser Aufgaben impliziert die Existenz von recht präzisen Verkabelungsschemata, wie die oft bidirektionale Verbindung zwischen verschiedenen Anteilen von ZNS und PNS. Der zweite Aspekt besteht neuroanatomisch betrachtet aus lokalen Neuronenkreisen, insbesondere innerhalb der Großhirn- und Kleinhirnrinde.

Es gibt einige allgemeine Ordnungsprinzipien, die als erstes betrachtet werden müssen, um die Organisation des Nervensystems verstehen zu können.

Die Phase der **Verarbeitung von Informationen**, häufig als **Integration** bezeichnet, findet vollständig im ZNS statt und zieht die Existenz komplexer Neuronenketten für Rechenoperationen, wie wir sie zuvor bereits erwähnt haben, nach sich. Wesentlich einfacher ist die anatomische Organisation, die dem **Erwerb von Informationen** und der **Generierung von Antworten von Effektororganen** dient. Solche Funktionen werden über eine Serie von miteinander verbundenen Neuronen, die **polysynaptische Neuronenketten** bilden, realisiert, deren einzelne Komponenten Teil des ZNS oder des PNS sein können.

Die Neuronenketten, die für die Reizaufnahme verantwortlich sind, bezeichnet man als sensibel, afferent oder aszendierend (aufsteigend). Jene, die die Übermittlung von Signalen an die Effektororgane realisieren, werden als motorisch, efferent oder deszendierend (absteigend) bezeichnet.

Der Begriff **Nucleus**, bezogen auf eine **Anhäufung von Neuronen** im ZNS, bezeichnet topographisch benachbarte Strukturen, die einem ähnlichen Zweck dienen, wobei sie gemeinsame Übertragungswege und – zumindest teilweise – dieselben Neurotransmitter benutzen.

In einem evolutionär so komplex entwickelten Nervensystem wie dem des Menschen sind sensible und motorische

---

5 Der Begriff Nervenfaser wird üblicherweise benutzt, um ein Axon zu bezeichnen, aber um genau zu sein, ist eine Nervenfaser ein Axon mit eigener Hülle.

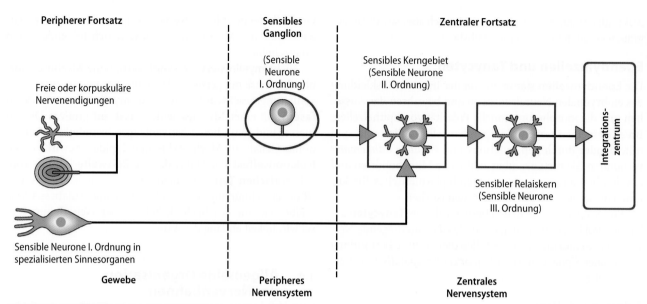

Peripherer Fortsatz

Sensibles Ganglion

(Sensible Neurone I. Ordnung)

Zentraler Fortsatz

Freie oder korpuskuläre Nervenendigungen

Sensibles Kerngebiet (Sensible Neurone II. Ordnung)

Integrations-zentrum

Sensibler Relaiskern (Sensible Neurone III. Ordnung)

Sensible Neurone I. Ordnung in spezialisierten Sinnesorganen

Gewebe

Peripheres Nervensystem

Zentrales Nervensystem

◻ **Abb. 1.8   Allgemeine Organisation der sensiblen Bahnen.** Alle sensiblen Bahnen, ob somatisch oder viszeral, werden durch eine Abfolge von untereinander verbundenen Neuronen gebildet, die teilweise dem peripheren Nervensystem (PNS), teils dem zentralen Nervensystem (ZNS) angehören. Das erste Neuron einer solchen Kette wird als sensibles Neuron I. Ordnung bezeichnet, dessen Perikaryon entweder in spezialisierten Geweben oder Organen (z. B. den Photo-rezeptoren der Retina innerhalb des Augapfels) oder in einem sensiblen Ganglion liegt. Die Axone der sensiblen Neurone I. Ordnung erreichen ein sensibles Kerngebiet. Von dort ziehen Neurone II. Ordnung zu einem oder mehreren sensiblen Relaiskernen, bis weitere Verschaltungen schließlich auf der Ebene eines Integrationszentrums wie z. B. der Großhirnrinde enden

Bahnen nicht nur strukturell getrennt, sondern auch durch die Tatsache, dass zwischen beiden Systemen Integrationszentren für Reize eingeschaltet sind. Die Phase der Integration ist hochkomplex und erfordert die Generierung motorischer Antworten, deren Art und Intensität so austariert sind, dass sie eine optimale Antwort auf den zugrundeliegenden sensiblen Reiz darstellen.

Dennoch existieren Neuronenkreise, seien sie anatomisch oder funktionell definiert, die schnelle und unmittelbare unwillkürliche Antworten generieren, um die Vitalfunktionen in sinnvollen physiologischen Grenzen zu halten, um potenziell oder real für die Integrität des Individuums gefährliche Situationen abzuwenden. Diese Neuronenkreise bezeichnet man als **viszerale oder somatische Reflexe.**

1.4.1 Sensible Bahnen

Die **sensiblen Bahnen** (◻ Abb. 1.8) sind definiert als Strukturen, die Reize verschiedener Art, wie Lichtreize, Töne, Temperatur, Berührung etc., aus dem eigenen Organismus oder aus der Umwelt registrieren können (**Sensibilität**). Der Begriff **afferente Systeme** wird hierzu synonym in dem Sinne benutzt, dass die registrierten Reize **zum ZNS hin** laufen und damit der Informationsfluss entlang den verschiedenen Abschnitten des ZNS erfolgt. Analog bezeichnet der Begriff **aszendierende Bahnen** die Richtung, in der peripher registrierte Reize das Rückenmark durchlaufen, um das Gehirn zu erreichen. Derselbe Begriff gilt analog für die sensiblen Bahnen, die ihren Ursprung auf dem Niveau des Hirnstamms haben.

Die sensiblen Bahnen werden unterteilt in spezielle, somatische und viszerale Afferenzen, je nachdem welchen Reiz sie aufnehmen und wo sie peripher entspringen.

Die **speziellen sensiblen Bahnen** sind verantwortlich für visuelle, auditorische, olfaktorische, gustatorische und vestibuläre Reize. Die **somatischen sensiblen Bahnen** dienen der allgemeinen Sensibilität der Haut und des Bewegungsapparates (Muskeln, Bänder, Gelenke), während die **viszerosensiblen** für die allgemeine Sensibilität der Eingeweide zuständig sind.

Alle sensiblen Bahnen folgen einem gemeinsamen Organisationsschema. Jedoch sind jene für Riech- und Gesichtssinn grundlegend anders.

Im deutschen Sprachgebrauch wird traditionellerweise zwischen den Begriffen sensibel (Haut-, Gelenk-, Muskelsensibilität) und sensorisch (Sinnesorgane) unterschieden. Im Englischen wird für beide Bereiche der Begriff „sensory" verwendet.

Sensible Informationen werden über spezialisierte Zellen, die man als **Sinneszellen oder Rezeptorzellen** bezeichnet, registriert. Diese Zellen können Neurone im eigentlichen Sinne sein, wie die Photorezeptoren der Netzhaut, die Spinalganglienzellen und die sensiblen Ganglien einiger Hirnnerven (primäre Sinneszellen) oder modifizierte Epithelzellen wie im Fall der Geschmacksrezeptoren und der Haarzellen des vestibulocochleären Systems im Innenohr (sekundäre Sinneszellen).

Mit Ausnahme der Photorezeptoren, der Geruchsrezeptoren und einiger sensibler (propriozeptiver) Neurone des N. trigeminus, sind die Perikarya der sensiblen Neurone I. Ordnung in Ganglien des PNS lokalisiert: Die Perikarya der somatosensiblen Neurone I. Ordnung sind in einigen krania-

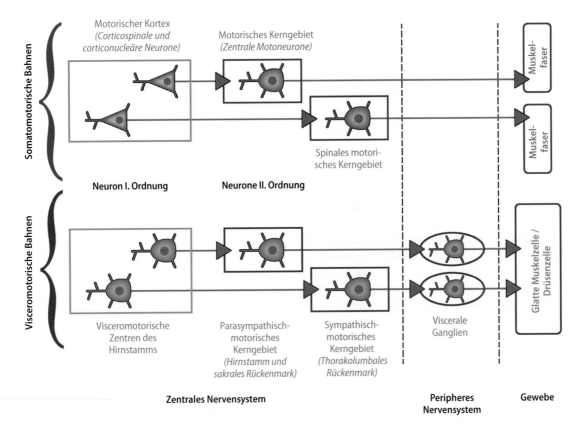

Abb. 1.9 Allgemeine Organisation der motorischen Bahnen. Die Organisation der somatomotorischen (in rot, oberer Teil der Abbildung) und der viszeromotorischen Bahnen (in grün, unterer Teil der Abbildung) unterscheidet sich fundamental dadurch, dass die somatomotorischen Neurone alle im ZNS liegen, während jene viszeromotorischen Neurone, die in direktem Kontakt mit den Effektororganen stehen, ihr Perikaryon in einem viszeralen Ganglion und damit im peripheren Nervensystem haben. In beiden Systemen sind die Neurone untereinander in Form mehr oder weniger komplexer Neuronenketten verbunden, die für die somatomotorischen Bahnen in der Großhirnrinde entspringen, für die viszeromotorischen in Kerngebieten des Hirnstamms. Letztere werden unterschieden in sympathische und parasympathische Bahnen. Beide haben gemeinsam, dass das Ausgangsneuron der Kette im Seitenhorn des Rückenmarks (thorakolumbal: Sympathicus; sakral: Parasympathicus) oder in einem parasympathischen Kerngebiet liegt und seine Axone zu einem Neuron in einem vegetativen Ganglion sendet. Daher werden diese Axone als präganglionär bezeichnet. Die Axone der Neurone in den vegetativen Ganglien werden als postganglionär bezeichnet. Diese erreichen die Effektororgane (Glatte Muskulatur und Drüsen)

len und in den spinalen Ganglien lokalisiert. Diejenigen der viszerosensiblen Neurone I. Ordnung, die zu den parasympathischen Hirnnerven gehören, sind in den kranialen Ganglien (parasympathische Kopfganglien) lokalisiert. Desweiteren finden sich viszerosensible Neurone I. Ordnung in den thorakalen (Th5-Th11) und sakralen Spinalganglien sowie in einigen viszeralen Ganglien im Beckenbereich.

Allgemein registrieren diese Neurone periphere Reize über einen Ausläufer, der funktionell einem Dendriten entspricht und erreichen das ZNS mit einem zentralen Ausläufer, der funktionell mit einem Axon korrespondiert. Dieser Ausläufer bildet synaptische Kontakte mit einer spezifischen Ansammlung zentralnervöser Neuronen in einem sensiblen Kerngebiet. Die Neurone dieses Kerns werden als sensible Neurone II. Ordnung bezeichnet. Ihnen folgen dann ein oder mehrere zentrale Neurone (sensible Neurone III. Ordnung) und schließlich aufeinander folgend Neurone höherer Ordnung mit unterschiedlicher Lokalisation und verschiedenen Charakteristika entsprechend den einzelnen Bahnen.

Die sensiblen Bahnen sind daher im PNS (sensible Neurone I. Ordnung und ihre peripheren Ausläufer (Dendriten)) und im ZNS (zentrale Ausläufer (Axone) der sensiblen Neurone I. Ordnung und die sensiblen Neurone höherer Ordnung) zu finden.

1.4.2 Motorische Bahnen

Die **motorischen Bahnen** (Abb. 1.9) stellen die Gesamtheit der Verbindungen zu dem Neuron dar, das die Verbindung mit den Effektororganen (Muskeln und Drüsen) herstellt und deren Aktivität reguliert. Der sichtbarste Ausdruck der Erregung dieser Bahnen ist, wie der Name zeigt, die Generierung von Muskelbewegungen. Die andere wichtige Funktion ist die Regulierung der Sekretion von Drüsen über sekretorische oder sekretomotorische Fasern. Synonym wird auch der Begriff efferente Bahnen verwendet, um anzuzeigen, dass die Nervenimpulse vom ZNS ausgehen, um die Effektororgane zu erreichen. In ähnlicher Weise wird der Begriff **deszendierende Bahnen** verwendet, um in rein anatomischer Sicht die Richtung der Erregungsleitung vom Gehirn absteigend zum Rückenmark zu beschreiben.

1

Die motorischen Bahnen werden in somatomotorische und viszeromotorische eingeteilt. Erstere dienen der Innervation der quergestreiften Muskulatur (Skelettmuskulatur), die zweiten der Versorgung von glatter Muskulatur, Herzmuskulatur und der Drüsen.

Die **somatomotorischen Bahnen** sind allgemein dadurch gekennzeichnet, dass alle ihre Neurone innerhalb des ZNS liegen. Nur das letzte Axon der Neuronenkette (Motoneuron) verlässt das ZNS, wird Bestandteil des PNS und erreicht über Hirn- oder Spinalnerven die Muskulatur.

Teile der somatomotorischen Bahnen sind verantwortlich für die Ausführung von Willkürbewegungen. Ihre ersten Neuronen befinden sich auf der Ebene der **Großhirnrinde.** Das Axon dieses Neurons erreicht üblicherweise direkt die Motoneurone, die die quergestreifte Muskulatur innervieren. Diese liegen in den **somatomotorischen Kerngebieten**, die mit einigen der Hirnnerven assoziiert sind (äußere Augenmuskeln, Muskeln im Kopfbereich und einige Muskeln des Halses) oder in den Vorderhörnern (*Cornua anteriora*) der grauen Substanz des Rückenmarks für die übrigen Halsmuskeln, die Muskeln des Rumpfes und der Extremitäten.

Einige willkürliche Bewegungen werden auch durch die repetitive Ausführung von fixen Bewegungsabfolgen realisiert (z. B. gehen, rennen). In diesem Falle übernehmen einige Hirnstammneurone als Generatoren motorischer Muster mit regulatorischen Funktionen (**Muster- und Rhythmusgeneratoren**) die Innervation der Motoneurone bzw. deren Interneurone.

Die **viszeromotorischen Bahnen** charakterisiert, dass die aus dem ZNS austretenden Fasern stets auf Ebene eines **viszeralen Ganglions** umgeschaltet werden, bevor sie ihr Zielorgan erreichen. Im Bereich des Gastrointestinaltraktes existiert eine große Zahl von intramuralen Ganglienzellen in der Wand der Organe, die eine weitere Komponente in der Transmissionskette des Reizes darstellen (▶ Kap. 16). Das erste Neuron der Kette ist je nach Zugehörigkeit zum sympathischen oder parasympathischen Nervensystem unterschiedlich lokalisiert. Im ersten Fall befindet es sich im Seitenhorn (*Cornu laterale*) der grauen Substanz des thorakolumbalen Rückenmarks während die parasympathischen Neurone sich in den **parasympathischen Kernen** einiger Hirnnerven und im Seitenhorn des sakralen Rückenmarks befinden.

Embryologie

© Springer-Verlag GmbH Deutschland, ein Teil von Springer Nature 2019
S. Huggenberger et al., *Neuroanatomie des Menschen,* Springer-Lehrbuch
https://doi.org/10.1007/978-3-662-56461-5_2

2

In diesem Kapitel stehen die wichtigsten embryologischen Entwicklungsschritte des Nervensystems im Fokus. Unterstützt durch zahlreiche Abbildungen werden die Entstehung der Gehirnanteile und der Zusammenhang dieser Entwicklung näher beleuchtet.

Das Nervensystem entwickelt sich aus einer dorsalen Verdickung des Ektoderms, der sog. **Neuralplatte**, die sich am Beginn der 3. Entwicklungswoche zu bilden beginnt und um den 18.–19. Tag nach Befruchtung (Embryonaltag) gut sichtbar wird. Bereits in den folgenden Tagen heben sich die seitlichen Ränder (**Neuralfalten**) der Neuralplatte und bilden die sog. Neuralrinne. Die Neuralfalten heben sich von der Neuralplatte ab, schließen sich dann beginnend in der Kopfregion und bilden eine Art Tunnel, das **Neuralrohr**.

Die beiden offenen Enden des Tunnels, die **Neuropori,** schließen sich zwischen dem 25. (Neuroporus anterior) und dem 27.–28. Tag der Entwicklung (Neuroporus posterior)[1]. Das Neuralrohr ist zunächst mit Fruchtwasser gefüllt, das später durch den Liquor cerebrospinalis (▶ Kap. 17) ersetzt wird.

---

1   Defekte des Schlusses des Neuralrohrs liegen dem Anencephalus und der Spina bifida zugrunde, einer angeborenen Missbildung (Malformation), die sich in verschiedenen klinischen Formen zeigen kann.

Entlang des lateralen Randes der Neuralfalte sammeln sich Gruppen von Zellen (alle ektodermalen Ursprungs), die unter dem Namen **Neuralleiste** (*Crista neuralis*) zusammengefasst werden. Wenn sich die Neuralfalte schließt, um das Neuralrohr zu bilden, lagern sich die Zellen der Neuralleiste zunächst als Zwischenschicht zwischen Oberflächenektoderm und Neuralrohr. In der Folge kommen die Elemente der Neuralleiste zu beiden Seiten dorsolateral des Neuralrohrs zu liegen. Das Neuralrohr selbst bildet in der Folge eine motorische Grundplatte und eine sensible Flügelplatte (▶ Kap. 3).

Mit dem Fortschreiten der Entwicklung beginnen die Zellen, die die Wand des Neuralrohres konstituieren, sich zu teilen. Die sich teilenden Zellen liegen im Neuralrohr unmittelbar dem Neuralkanal (flüssigkeitsgefüllter Hohlraum, aus dem die zukünftige Ventrikel und der Zentralkanal entstehen) an und bilden zunächst die **neuroepithelialen Zellen der Ventrikulärzone** (ein mehrreihiges Epithel) mit komplexen Verbindungen zur inneren Grenzmembran. Dieser Zustand hält auch während der folgenden Wachstumsphasen an. Die Zonen der zellulären Proliferation ordnen sich in der Nähe der inneren Grenzmembran des Neuralrohres an und es entsteht eine weitere zellarme Schicht (**Marginalzone**) mit der äußeren Grenzmembran des Neuralrohres als äußerem Abschluss. Aus der inneren Ventrikulärzone wandern dann sukzessive Zellkörper entlang ihrer radiären Ausläufer nach außen und bilden ihrerseits eine intermediäre Schicht (**Mantelzone**), indem sie die Marginalzone weiter nach außen drängen.

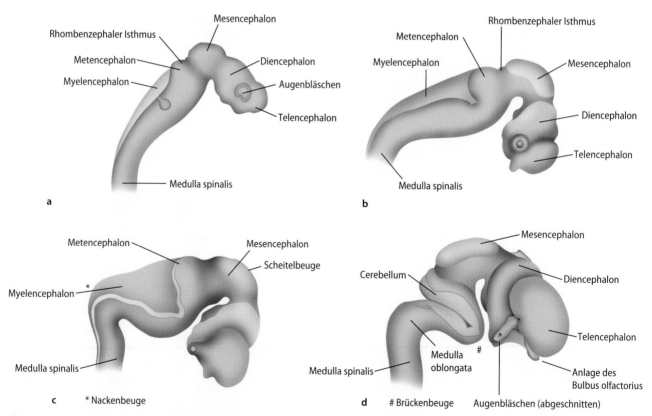

◻ Abb. 2.1a–d   Entwicklungsstadien des Neuralrohres (a 3 Wochen; **b** 4 Wochen; **c** 5 Wochen; **d** 8 Wochen). Als Folge der kraniokaudalen Krümmung des Embryos kommt es zur Abknickung des Gehirns nach ventral und damit zur Entwicklung zweier Hirnbeugen: die Scheitel-

beuge (Flexura mesencephalica im Mesencephalon) und die Nackenbeuge (Flexura cervicalis am Übergang zwischen Myelencephalon und Medulla spinalis). Durch unterschiedliche Wachstumsvorgänge im Metencephalon entsteht eine weitere Hirnkrümmung, die Brückenbeuge

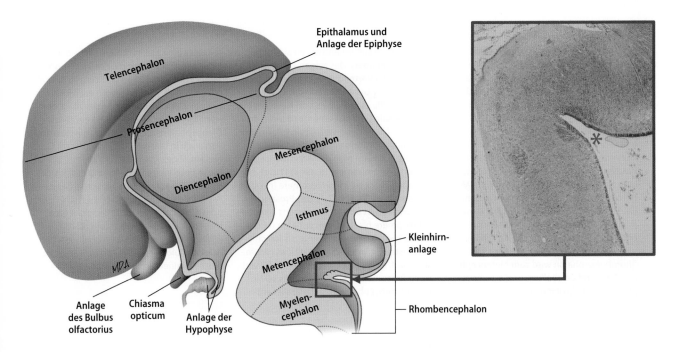

Abb. 2.2 **Unterteilung der Hirnbläschen bei einem menschlichen Fetus von 3 Monaten.** Das Inset zeigt eine histologische Detailansicht der Brückenbeuge (*) bei einem menschlichen Fetus von 12 Wochen

2.1 Hirnbläschen und ihre Derivate

Nachdem sich das Neuralrohr geschlossen hat, beginnen seine verschiedenen Teile, und insbesondere jene des Kopfbereichs, sich zu modifizieren. So kann man ab der 4. Woche bis hin zur 6. Woche verschiedene Auftreibungen in diesem Bereich erkennen. Die Proliferation der am weitesten rostral gelegenen Anteile des Neuralrohrs ist nicht gleichförmig und bildet in rostrokaudaler Richtung 3 Hirnbläschen (◻ Abb. 2.1): **ein prosenzephales, ein mesenzephales und ein rhombenzephales Bläschen.**

Aus diesen Bläschen entstehen daraufhin weitere Unterteilungen (◻ Abb. 2.2):
1. Aus dem prosenzephalen Bläschen entstehen
   a. das **Telencephalon** aus dem sich die Großhirnrinde [Cortex cerebri], die Basalganglien und die beiden **Seitenventrikel** (*Ventriculi laterales*) entwickeln.
   b. das **Diencephalon** aus dem sich der Thalamus, der Hypothalamus[2] und andere Strukturen, die alle in Beziehung zum **dritten Ventrikel** stehen, entwickeln. Derivate des Diencephalonvorläufers sind auch die Retina (◻ Abb. 2.3), die Neurohypophyse und die Zirbeldrüse (*Epiphyse*).
2. Aus dem mesenzephalen Bläschen entsteht
   – das **Mesencephalon** (mit einem engen internen Hohlraum, dem *Aqueductus mesencephali*), getrennt vom nachfolgenden Bläschen durch eine Einengung, *Isthmus rhombencephali.*

3. Aus dem **rhombenzephalen** Bläschen entstehen das **metenzephale** und das **myelenzephale Bläschen,** getrennt durch die **Brückenbeuge.** Im Folgenden entwickeln sich
   a. die **Brücke** (*Pons*) und
   b. das **Kleinhirn** (*Cerebellum*), beide aus dem metenzephalen Bläschen und
   c. die **Medulla oblongata** aus dem myelenzephalen Bläschen. Diese drei stehen alle in räumlicher Beziehung mit dem IV. Ventrikel.

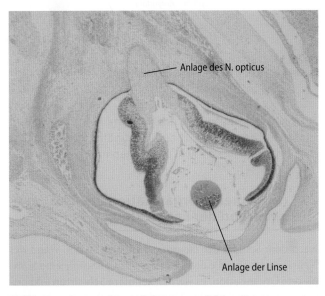

Abb. 2.3 **Augenanlage bei einem menschlichen Fetus von 3 Monaten**

---

2 Siehe Box „Der Bauplan des Gehirns" auf S. 16.

Der Bauplan des Gehirns

Die Gehirne der Wirbeltiere lassen sich auf einen generellen Bauplan zurückführen. Dieser Bauplan entspricht einem idealisierten Grundtypus (◘ Abb. 2.4), der begründet ist durch die evolutive Herkunft von einem gemeinsamen Vorfahren und durch die funktionellen Bedürfnisse. So bilden sich embryonal 3 Gehirnbläschen im Zentralnervensystem aller Wirbeltiere: (1.) das rostrale Prosenzephalonbläschen, (2.) die dahinter liegende Mesencephalonauftreibung (Mittelhirnbläschen), (3.) das Rhombenzephalonbläschen; kaudal davon das Rückenmark (Medulla spinalis). Aus dem Prosencephalon entstehen später Telencephalon (Endhirn) und Diencephalon (Zwischenhirn). Das Rhombencephalon wird zum Metencephalon (*Pons* und *Cerebellum*) und Myelencephalon (*Medulla oblongata*).

Das gesamte Gehirn entwickelt sich segmental (metamer). Das zeigen Untersuchungen der Verteilung der Expression regulatorischer Gene während der Gehirnentwicklung, die eine Vielzahl von Neuromeren (transversale Gehirnsegmente) definieren konnten. Diese Gene vermitteln Informationen für die Position entlang der Längsachse. Dadurch kann man das Rhombencephalon in 12 Rhombomere (r0 bis r11) und das Mesencephalon in zwei Mesomere (m1 und m2) einteilen (◘ Abb. 2.4). Das Prosencephalon gliedert sich in mindestens 3 kaudale Prosomere für das Diencephalon (t1 bis t3: der spätere *Thalamus*) und zusätzlich einen rostralen Anteil. Zudem gibt es Hinweise darauf, dass dieser rostrale Teil aus 2 weiteren Prosomeren besteht und das sekundäre Prosencephalon bildet. Parallel ent-

scheidet die Lage in diesem sekundären Prosencephalon über die Entwicklung zum Telencephalon (dorsal) und zum Hypothalamus (ventral). Diese neueren entwicklungsbiologischen Ergebnisse zeigen, dass der Hypothalamus (ht1 und ht2) kein Teil des Diencephalons ist, obwohl er rein deskriptiv – so auch in diesem Buch – zu diesem Gehirnanteil gezählt wird.

Diese beschriebene Einteilung erhält sich bis zum Erwachsenen, sodass man jedes Wirbeltiergehirn, egal ob beim Fisch, Frosch oder Menschen, von dem gleichen idealisierten Bauplan ableiten kann (◘ Abb. 2.4). Bildlich beschrieben: Das Wirbeltiergehirn ist eine biologisch definierbare Kategorie der Zentralnervensysteme.

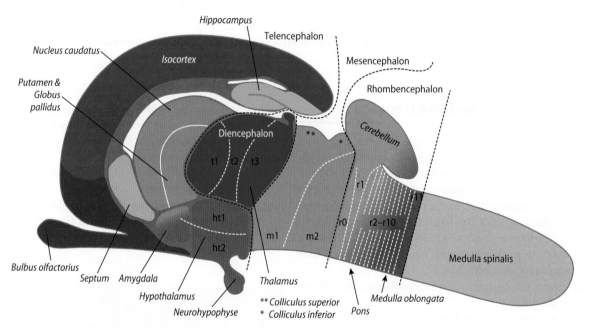

◘ **Abb. 2.4   Idealisiertes Schema des Säugetiergehirns** mit den Unterteilungen in die großen Abschnitte (schwarze gestrichelte Linien) und die Grenzen der Neuromere (weiße gestrichelte Linien)

Die kaudal folgenden Teile des Neuralrohres behalten einen ähnlichen Durchmesser ohne Bildung differenzierter Bläschen bei. Aus ihnen entsteht das **Rückenmark**.

2.2   Allgemeine Organisation des ZNS während der Entwicklung

Nach dem Schluss der Neuropori entsteht in der Wand des Neuralrohres anstelle des *Stratum neuroepitheliale* eine komplexere Organisation. Es werden **zelluläre Schichten** erkennbar, eine innere Schicht (Ventrikulärzone), eine subventrikuläre Zone, eine intermediäre Schicht (Mantelzone), die

kortikale Platte und eine zellarme äußere Schicht (Marginalzone). In der Ventrikulärzone differenzieren sich die neuroepithelialen Zellen in **Radialgliazellen**, die die Vorläufer der meisten Zellen (Neurone und Gliazellen) im Zentralnervensystem werden. Die ersten neuronalen Zellen der Ventrikulärschicht wandern zunächst in die Marginalschicht und bilden dort die **Cajal-Retzius-Zellen**. Diese geben als chemischen Botenstoff **Reelin** in die extrazelluläre Matrix. Reelin bewirkt daraufhin bei den Radialgliazellen die Ausbildung radiärer Fortsätze, die im weiteren Entwicklungsverlauf die neuen Zellen zu ihrer definitiven Lokalisation führen.

Am Ende der Entwicklung wird die Ventrikulärzone auf eine nur einzellige Schicht von Ependymzellen reduziert, die

◘ Abb. 2.5   Die Übersichtsaufnahme links oben (Hämatoxylin-Eosin-Färbung) zeigt den sich entwickelnden Neokortex bei einem 12 Wochen alten menschlichen Fetus. Zu erkennen ist die Migration der neuronalen Vorläuferzellen in Richtung der äußeren Kortexschichten (oben) und die fortschreitende Entwicklung kortikaler Kolumnen. Die zentrale Abbildung (menschlicher Fetus von 18 Wochen) zeigt eine immunhistochemische Markierung (braun) für GFAP (glial fibrillary acidic protein, saures Gliafaserprotein). Dadurch wird die Rolle der Glia in der Zellmigration anschaulich. Die stark vergrößerte Aufnahme rechts unten (Anti-Vimentin-Immunhistochemie) ist Ausdruck der Reifung der Gliazellen zum Zeitpunkt der Geburt (3 Monate altes, neugeborenes Kind)

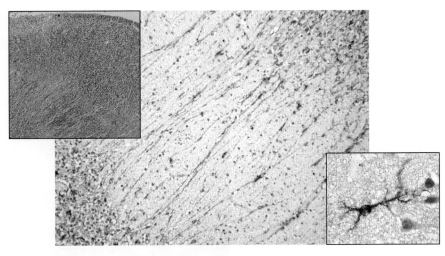

a

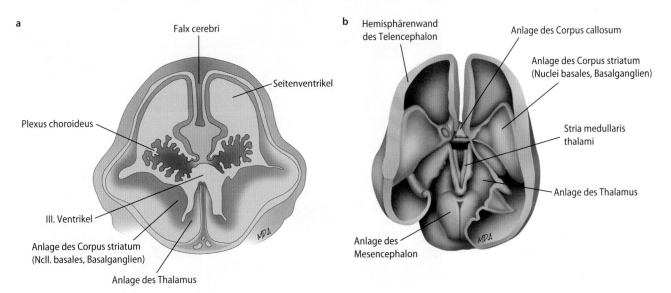

Falx cerebri

Seitenventrikel

Plexus choroideus

III. Ventrikel

Anlage des Corpus striatum
(Ncll. basales, Basalganglien)

Anlage des Thalamus

b

Hemisphärenwand
des Telencephalon

Anlage des Corpus callosum

Anlage des Corpus striatum
(Nuclei basales, Basalganglien)

Stria medullaris
thalami

Anlage des Thalamus

Anlage des
Mesencephalon

c

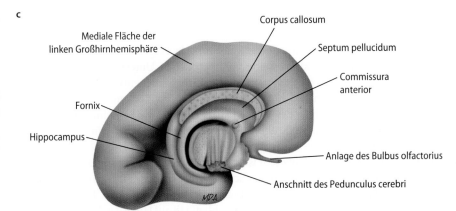

Mediale Fläche der
linken Großhirnhemisphäre

Corpus callosum

Septum pellucidum

Commissura
anterior

Fornix

Hippocampus

Anlage des Bulbus olfactorius

Anschnitt des Pedunculus cerebri

◘ Abb. 2.6a–c   Entwicklung der Ventrikel und Strukturen im Bereich der Medianebene des menschlichen ZNS. a Fetus von 8 Wochen (Koronalschnitt auf Ebene der Seitenventrikel und des dritten Ventrikels). **b** Fetus von 4 Monaten (Horizontalschnitt in Dorsalansicht); **c** Fetus von 6 Monaten (Seitenansicht eines Mediansagittalschnittes der linken Großhirnhälfte)

den Zentralkanal des Rückenmarks und das Innere der zerebralen Ventrikel auskleidet. Die Mantelzone, die ihrerseits aus der Migration von Zellen der Ventrikulärzone entsteht, lässt beim Erwachsenen die *Substantia grisea* (graue Substanz) entstehen. Die Axone der sich entwickelnden Neurone der Mantelzone gruppieren sich unter einander in Tractus und bilden zusammen mit dem Großteil der Gliazellen in der Marginalzone die *Substantia alba* (Weiße Substanz).

2

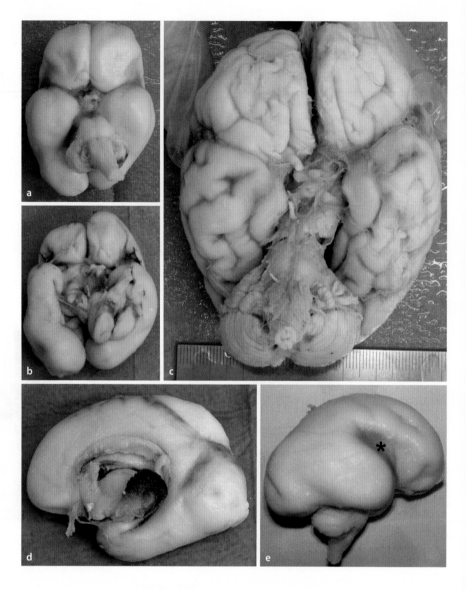

■ **Abb. 2.7a–e   Entwicklung des fetalen Gehirns beim Menschen.** Ventralansichten des Gehirns von einem Fetus von 22 Wochen (**a**), einem Fetus der 24./25. Woche (**b**) und einem Fetus am Geburtstermin (**c**). **d** Seitenansicht eines Mediansagittalschnittes eines Gehirns aus der 20. Woche (rechte Hälfte). **e** Rechte Lateralansicht eines Gehirns von 22 Wochen. Der Stern bezeichnet die Stelle, an der sich beim Erwachsenen der *Sulcus lateralis* sowie in der Tiefe die Inselrinde befinden

Die **Großhirn**- und die **Kleinhirnrinde** bilden eine Ausnahme zu diesem allgemeinen Entwicklungsplan, insofern als die Neuroblasten nach außen wandern (■ Abb. 2.5).

Als Folge dessen liegt im Großhirn und im Kleinhirn die graue Substanz als Kortex an der Oberfläche.

Wie man der Unterteilung der Hirnbläschen entnehmen kann, sind es die am weitesten rostral gelegenen Teile des Neuralrohres, die das größte volumetrische Wachstum erfahren. Diese bilden das Gehirn des Erwachsenen. Die rasante Entwicklung wird besonders deutlich in der Hirnrinde (■ Abb. 2.6), die sich um eine gedachte Achse (Rotationsachse) durch die **Inselregion** zu drehen beginnt (■ Abb. 2.7).

Diese Proliferation ist verantwortlich für die Rotation und somit für die Form des adulten Gehirns und für das Auftreten der Hirnwindungen (*Gyri*) und der Furchen (*Sulci*). Die Lappen (*Lobi*) des Großhirns (► Kap. 12, Abb. 12.1, 12.5) sind um die Mitte des 5. Schwangerschaftsmonats erkennbar. Die Primärfurchen (dazu zählen u.a die Sulci lateralis, centralis, parieto-occipitalis sowie calcarinus) bilden sich ab der 24. Woche der Entwicklung (■ Abb. 2.7, ► Kap. 12).

Entlang des Rückenmarks zeigen sich während der Entwicklung keine volumetrischen Unterschiede. Es erstreckt sich initial parallel zur Wirbelsäulenentwicklung. Im dritten Entwicklungsmonat nimmt das Rückenmark die gesamte Länge des Wirbelkanals ein und die Spinalnerven verlassen das ZNS über die Zwischenwirbellöcher ganz in der Nähe ihres Austritts aus dem Rückenmark (■ Abb. 2.8).

Trotzdem ist in der Folge das Wachstum der Wirbel und der Dura mater schneller als jenes des Rückenmarks, sodass zur Geburt das Rückenmark auf Höhe des 3. Lumbalwirbels, beim Erwachsenen schließlich auf Höhe des 1.-2. Lumbalwirbels liegt (vermeintlicher Aszensus des Rückenmarks). Als Konsequenz des unterschiedlichen Wachstums müssen die Spinalnerven stärker nach kaudal geneigt sein und größere Strecken innerhalb des Wirbelkanals bis zum zugehörigen *Foramen intervertebrale* zurücklegen.

Die Gesamtheit der Wurzeln der Spinalnerven, die im Wirbelkanal unterhalb des kaudalen Endes des Rückenmarks zum Austrittsloch verlaufen, bilden die *Cauda equina* (so benannt wegen ihres Aussehens: Pferdeschwanz). Die *Dura*

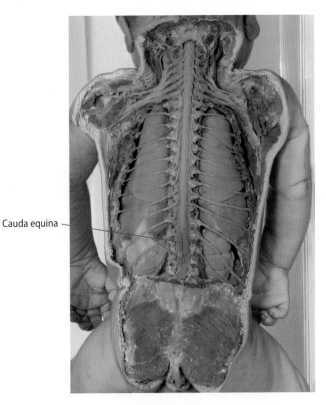

Cauda equina

◼ Abb. 2.8   Entwicklung des Rückenmarks eines Neugeborenen.
Man beachte die longitudinale Ausdehnung des Rückenmarks bis ca.
zum LWK1 und die Position der *Cauda equina.* (Mit freundlicher Genehmigung der Anatomische Sammlung der Universität zu Köln)

mater verfügt über eine Anheftung auf dem coccygealen
Niveau, in dessen Inneren man das *Filum terminale,* einen
Rest des embryonalen Rückenmarks, findet.

Rückenmark

© Springer-Verlag GmbH Deutschland, ein Teil von Springer Nature 2019
S. Huggenberger et al., *Neuroanatomie des Menschen,* Springer-Lehrbuch
https://doi.org/10.1007/978-3-662-56461-5_3

3

In diesem Kapitel werden die wesentlichen anatomischen und funktionellen Aspekte zum Thema „Rückenmark" erläutert. Neben grauer und weißer Substanz sowie der wichtigsten Bahnen, werden auch die Besonderheiten der Spinalganglien näher beleuchtet.

3.1   Definitionen und allgemeine Daten

Das Rückenmark (*Medulla spinalis*) ist jener Teil des ZNS, der innerhalb des Wirbelkanals gelegen ist (◘ Abb. 3.1). Die Grenze zum Gehirn ist per conventionem festgelegt auf eine horizontale Ebene auf Höhe des *Foramen magnum* (Hinterhauptsloch). Wie in ▶ Kap. 2 beschrieben, nimmt das Rückenmark des Erwachsenen den Wirbelkanal nicht auf dessen gesamter Länge ein: Das kaudale Ende des Rückenmarks erreicht nach Abschluss der Entwicklung nur den *Discus intervertebralis* (Zwischenwirbelscheibe, vulgo. Bandscheibe) zwischen den Lendenwirbelkörpern LWK1 und LWK2 (L = lumbal). In enger Verbindung mit dem Rückenmark findet man 31 **Spinalnervenpaare**. Jeder **Spinalnerv** entsteht durch den Zusammenschluss einer Vorderwurzel (*Radix anterior, motoria*) und einer Hinterwurzel (*Radix posterior, sensoria*), die beide wiederum aus Fasern bestehen, die das Rückenmark verlassen oder erreichen. Der Abgang der Radices eines jeden Spinalnervenpaares definiert jeweils an dessen Oberfläche ein Segment des Rückenmarks.

3.2   Makroskopische Anatomie

Topographisch kann man am Rückenmark einen **zervikalen** (Halsmark), einen **thorakalen** (Brustmark), einen **lumbalen** (Lendenmark), einen **sakralen** (Sakralmark) und einen **kokzygealen Abschnitt** (Kokzygealmark) unterscheiden. Von jedem dieser Abschnitte nehmen Spinalnerven ihren Ursprung. Das Rückenmark hat eine zylindrische Form. Der Durchmesser nimmt im kaudalen Teil ab und das Rückenmark läuft dort in Form des *Conus medullaris,* dann in das *Filum terminale* aus. Nach kranial gibt es zwei Erweiterungen des spinalen Durchmessers, die *Intumescentia lumbalis* (Intumescentia lumbosacralis; Segmente L1-S2) und die *Intumescentia cervicalis*[1] (Segmente C4-Th1). Der größere Durchmesser in diesen Abschnitten beruht im Wesentlichen auf einer Volumenerhöhung der grauen Substanz im Bereich der Vorderhörner (*Cornua anteriora*), die die Motoneurone für die Innervation der Extremitätenmuskeln enthalten.

Die äußere Oberfläche des Rückenmarks ist glatt, aber das Rückenmark wird longitudinal über seine ganze Länge von mehr oder weniger tiefen Furchen durchzogen. Im Einzelnen erkennt man eine tiefe *Fissura mediana anterior* und einen

Sulcus medianus posterior, der weniger tief in das Rückenmark reicht (◘ Abb. 3.2). Dieser teilt das Rückenmark idealerweise in 2 symmetrische Hälften, von denen jede einen *Sulcus anterolateralis* aufweist. Aus diesem entspringen die Vorderwurzeln eines Spinalnervs, in den *Sulcus posterolateralis* treten die Hinterwurzeln desselben Spinalnervs ein.

Zwischen Sulcus medianus posterior und Sulcus posterolateralis ist oberflächlich ein *Sulcus intermedius* zu sehen (▶ Pfeil in ◘ Abb. 3.2), der die Grenze zwischen *Fasciculus gracilis* und *Fasciculus cuneatus* markiert (▶ Kap. 4).

3.3   Allgemeine Organisation

Die strukturelle Organisation des Rückenmarks ist metamer, will heißen, dass es aus der Wiederholung einer Reihe von Einheiten mit ähnlichen Charakteristika besteht. Jede dieser Einheiten wird als **spinales Segment** oder **Neuromer** bezeichnet. Jedes Segment entspricht einem Abschnitt des Rückenmarks, aus dem die Vorderwurzeln eines einzelnen Spinalnerven austreten und die Hinterwurzeln desselben Spinalnervs eintreten. Daher ist die Zahl der Neuromere gleich der Zahl der Spinalnerven[2]. Man unterscheidet 8 zervikale, 12 thorakale, 5 lumbale, 5 sakrale und 1 bis 3 kokzygeale Segmente.

Auf der Ebene jedes Neuromers ist in einem Horizontalschnitt die Unterteilung in die graue Substanz (*Substantia grisea*) und die weiße Substanz (*Substantia alba*) leicht zu erkennen. Die **Substantia alba** besteht aus drei Funiculi (Strängen), die die **Substantia grisea** umgeben. Letztere hat die Form eines H oder eines Schmetterlings mit geöffneten Flügeln (Schmetterlingsfigur). An der grauen Substanz kann man zwei *Cornua anteriora* (Vorderhörner) und zwei *Cornua posteriora* (Hinterhörner) unterscheiden, verbunden durch die *Substantia intermedia lateralis*, die den sehr kleinen *Canalis centralis* (Zentralkanal) umgibt (◘ Abb. 3.2).

Auf Höhe des Austritts der thorakalen und der ersten Paare der lumbalen Spinalnerven ist auch ein *Cornu laterale* (Seitenhorn) der grauen Substanz vorhanden.

Der Anteil der Substantia intermedia lateralis, der sich ventral des Zentralkanals befindet, wird als *Commissura grisea anterior* bezeichnet. Er wird von nicht-myelinisierten Fasern durchzogen, die von einer Seite des Rückenmarks auf die andere kreuzen.

3.4   Graue Substanz

3.4.1   Architektur

Auch wenn die graue Substanz nicht in Schichten im engeren Sinne aufgebaut ist, so kann man sie doch nach zytoarchitek-

---

1   Die *Intumescentia cervicalis* ist ab dem 4./5. zervikalen bis zum 1. thorakalen Neuromer zu erkennen. Es ist offensichtlich, dass je weiter man sich im Rückenmark nach kaudal begibt, die longitudinale Verschiebung zwischen einem Neuromer, Spinalnerv und dem zugehörigen Wirbelkörper immer größer wird (◘ Abb. 3.1).

2   Mit Ausnahme der Halswirbelsäule entspricht dies der Zahl der Spinalnerven in jedem Abschnitt. Hingegen gibt es 8 und nicht 7 zervikale Segmente, weil das erste Neuromer direkt am Foramen magnum und damit vor dem Atlas liegt.

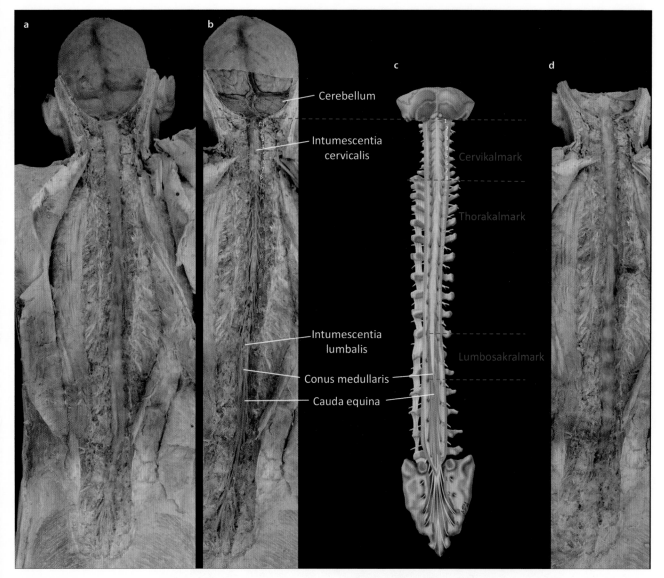

Cerebellum

Intumescentia
cervicalis

c   d

Cervikalmark

Thorakalmark

Intumescentia
lumbalis

Conus medullaris

Cauda equina

Lumbosakralmark

Abb. 3.1a–d   Lage des Rückenmarks im Spinalkanal vor (**a**) und nach (**b,c** schematische Darstellung) Eröffnung der Dura mater und nach Herausnahme des ZNS (**d**) von dorsal. Die Markierungen C1–L5 beziehen sich auf die Querfortsätze (*Processus transversi*) der Wirbelkörper, die zur Orientierung in der konventionellen anteroposterioren Röntgenaufnahme dienen können. Das Rückenmark endet kaudal im

Conus medullaris auf Höhe der Lendenwirbelkörper LWK1/LWK2. Kaudal des Rückenmarks befindet sich die *Cauda equina* (= Gesamtheit der Spinalnervenwurzeln, die im Wibelkanal unterhalb des kaudalen Endes des Rückenmarks zum Austrittsloch verlaufen). (Mit freundlicher Genehmigung der Anatomischen Sammlung der Universität zu Köln)

tonischen Kriterien in **Laminae** unterteilen (**Abb. 3.3**), indem man Schnitte benutzt, die so gefärbt sind, dass die morphologischen Charakteristika der Neurone gut erkennbar sind.

Gemäß der Unterteilung nach *Rexed* können 10 Laminae unterschieden werden, deren Aussehen in den verschiedenen Segmenten des Rückenmarks variiert (**Abb. 3.2**). Die Laminae I–IV sind Teil der Hinterhörner und empfangen die Axonterminalen von sensiblen Neuronen I. Ordnung (sitzen in den Spinalganglien), die je nach Reiz zu unterschiedlichen Laminae ziehen.

— Die **Laminae** I bis III enthalten vor allem Interneurone.
— Die **Laminae** IV bis VI enthalten die Perikarya der **Projektionsneurone,** die wichtige aufsteigende Bündel

bilden. Die Lamina VII entspricht der *Substantia intermedia lateralis*. Diese wird von **Interneuronen** und **Projektionsneuronen** bevölkert und umfasst *Ncl. thoracicus posterior* sowie *Ncl. intermediolateralis*.
— Die **Lamina VIII** wird vor allen von **Interneuronen** gebildet, die die Kontraktion der Skelettmuskulatur regulieren. Diese sog. **Renshaw-Zellen** sind kleine Neurone, die die ebenfalls in dieser Schicht lokalisierten α-Motoneurone rekurrent inhibieren.
— Die **Lamina IX** ist Sitz der **α-Motoneurone** und **γ-Motoneurone**.
— Die **Lamina X** empfängt viszerale Afferenzen desselben Typs wie die Laminae I und II.

3

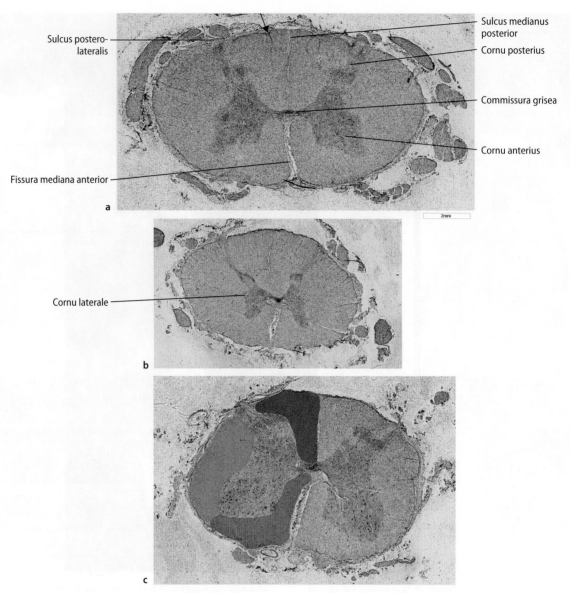

Sulcus postero-lateralis

Fissura mediana anterior

Sulcus medianus posterior

Cornu posterius

Commissura grisea

Cornu anterius

a

2mm

Cornu laterale

b

c

■ **Abb. 3.2a–c**   Horizontalschnitte auf Höhe des (**a**) zervikalen, (**b**) thorakalen und (**c**) lumbalen menschlichen Rückenmarks. Die graue Substanz erscheint bei dieser Versilberung dunkel (Schmetterlingsfigur) und variiert in ihrer Form je nach Höhe des Rückenmarks. Aus Gründen der besseren Erkennbarkeit sind in (c) die Funiculi (Stränge) der weißen Substanz farbig unterlegt (Funiculus ventralis/anterior = rot, Funiculus lateralis = grün, Funiculus dorsalis/posterior = blau). In Schnitt b ist das Seitenhorn, das nur im Thorakal- und Lumbalmark vorkommt, angezeigt

■ **Abb. 3.3   Horizontalschnitt durch das menschliche Thorakalmark.** Auf der linken Seite ist die Unterteilung in die Laminae der grauen Substanz (Rexed-Laminae, bezeichnet durch römischen Ziffern), auf der rechten das histologische Bild. Lamina VII ist nach lateral durch das Seitenhorn (Cornu laterale) vorgewölbt. Im hellgrünen, medialen Bereich der Lamina IX liegen die gamma-Motoneurone, die die intrafusalen Muskelfasern der Muskelspindeln innervieren (▶ Kap. 4). Die gamma-Motoneurone sind kleiner als die alpha-Motoneurone in der dunkelgrünen Zone der Lamina IX

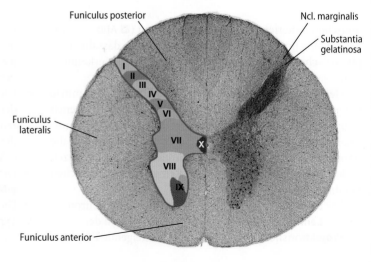

Funiculus posterior

Ncl. marginalis

Substantia gelatinosa

Funiculus lateralis

Funiculus anterior

3.4.2 Neuronentypen

In der grauen Substanz existieren drei Haupttypen von Neuronen, die aufgrund ihrer Größe und funktionellen Eigenschaften unterschieden werden.

Die **kleinen Zellen (Golgi-Typ-II-Neurone)** befinden sich in der grauen Substanz und besitzen Axone, die innerhalb eines einzelnen Segments oder auf eine beschränkte Zahl von aufeinander folgenden Segmenten des Rückenmarks limitiert sind. Diese Zellen sind Interneurone, funktionell zu unterteilen in exzitatorische und inhibitorische Neurone. Diese Klasse von Interneuronen synthetisieren und benutzen eine Mischung von Neurotransmittern mit niedrigem Molekulargewicht (Aminosäuren, biogene Amine) mit schneller Wirkung und koexistieren mit einem oder mehreren Transmittern mit höherem Molekulargewicht. Letztere üben eine Wirkung auf die synaptische Transmission aus, die sich in einer größeren Latenz aber längerer Dauer manifestiert.

Im Allgemeinen nutzen die exzitatorischen Interneurone als Transmitter Glutamat, die inhibitorischen GABA oder Glycin.

Die **Zellen mittlerer Größe (Projektionsneurone oder Strangneurone)** befinden sich bevorzugt in den Hinterhörnern. Ihre Axone verlassen die graue Substanz und bilden die verschiedenen *Tractus* im Innern der Funiculi der weißen Substanz. Diese Neurone benutzen Glutamat als Transmitter.

Die **großen Neurone (α-Motoneurone)** sind in den Vorderhörnern zu finden (Abb. 3.4). Funktionell handelt es sich um Motoneurone mit dem Haupttransmitter Acetylcholin (ACh). Ihre Axone verlassen das Rückenmark und beteiligen sich an der Bildung der Spinalnerven. Sie verteilen sich in der Skelettmuskulatur und bilden die präsynaptischen Elemente der motorischen Endplatten der extrafusalen Muskelfasern. Analoge, aber kleinere Zellen sind die **γ-Motoneurone**, die die intrafusalen Muskelfasern versorgen.

3.4.3 Kerne und Zellsäulen

Die Zellkörper der Ursprungsneurone aufsteigender Tractus und die Zielneurone deszendierender Bahnen sind in Gruppen (Kerngebiete, Nuclei) organisiert. Erstere empfangen die Terminalen zentraler Ausläufer von sensiblen Neuronen I. Ordnung, die in den Spinalganglien sitzen.

Diese Gruppen sind histologisch im Horizontalschnitt zu erkennen und liegen dreidimensional als *Columnae griseae* vor, die sich in rostrokaudaler Richtung erstrecken. Anatomisch kann man eine *Columna anterior* (Vorderhörner, Laminae VII-IX), eine *Columna intermedia* (Seitenhorn und Substantia intermediolateralis, Laminae VII und X) und eine *Columna posterior* (verschiedene Nuclei der Hinterhörner, Laminae I-VI) unterscheiden.

Im thorakalen Abschnitt des Rückenmarks lassen sich aus funktionell-anatomischer Sicht 4 graue Säulen unterscheiden:

- Die **allgemein somatisch-efferente Säule**, mit Ursprung aus der im ventralen Neuralrohr angelegten Grundplatte (▶ Kap. 2), nimmt fast komplett die Lamina IX der Vorderhörner ein. Sie enthält die Gesamtheit der Motoneurone, die die quergestreifte Muskulatur des Rumpfes und der Extremitäten innervieren.
- Die **allgemein viszero-efferente Säule**, ebenfalls aus der Grundplatte, umfasst die präganglionären motorischen Neurone des sympathischen Nervensystems. Sie liegt im thorakolumbalen Seitenhorn.
- **Allgemein somatisch-afferente Säule**, die sich aus der dorsal im Neuralrohr gelegenen Flügelplatte (*Lamina alaris*, ▶ Kap. 2) herleitet, erhält Input von der Rumpfwand und den Extremitäten.
- Die **allgemein viszero-sensible Säule,** die ebenfalls der Lamina alaris entstammt, erhält Afferenzen von den Thorax- und Abdominalorganen. Die Neurone dieser Säule liegen an Kopf und Basis der Hinterhörner.

3.5 Weiße Substanz

3.5.1 Architektur

Die weiße Substanz des Rückenmarks wird unterteilt in Funiculi (Stränge): einen *Funiculus posterior* (Hinterstrang), zwischen *Sulcus posterolateralis* und *Sulcus medianus posterior*, einen *Funiculus lateralis* (Seitenstrang) zwischen den *Sulci posterolateralis* und *anterolateralis*, einen *Funiculus anterior* zwischen *Sulcus anterolateralis* und *Fissura mediana anterior*. Die Funiculi der weißen Substanz bestehen aus propriospinalen aszendierenden und deszendierenden Axonen. Erstere sind relativ kurz und verbinden benachbarte Segmente des Rückenmarks untereinander und bilden die sog. *Fasciculi proprii* (Grundbündel; Bestandteil des Eigenapparates, ▶ Reflexe im Glossar) der weißen Substanz. Die aufsteigenden Axone stammen aus Projektionsneuronen, die in einigen Laminae der grauen Substanz lokalisiert sind, während die absteigenden aus Neuronen in verschiedenen Arealen des Gehirns ihren Ursprung haben. Die auf- bzw. absteigenden Axone mit gleichem Ziel bzw. Ursprung verlaufen zusammen in Tractus (oder Fasciculi), die topographisch definierte Orte im Rückenmark einnehmen. In allgemeiner Hinsicht ist eine konstante Anordnung zu erkennen, die von den Entwicklungsumständen des primitiven Neuralrohres abhängt. Einige Tractus entstammen Neuronen des Rückenmarks bzw. des Gehirns auf der gleichen Seite (ipsilateraler Verlauf). Andere Bahnen kreuzen von einer Seite des Rückenmarks auf die andere und überschreiten die Mittellinie in der *Commissura alba anterior* (kontralateraler Verlauf).

Der Verlauf der wichtigsten Tractus der weißen Substanz wird funktionell bei der Beschreibung der auf- und absteigenden Bahnen, die das Rückenmark durchziehen, erläutert (▶ Kap. 4 und 5).

Die **propriospinalen Bahnen,** die von den Fasciculi proprii gebildet werden, kommen in allen Funiculi der weißen Substanz vor und laufen distal entlang der grauen Substanz.

3

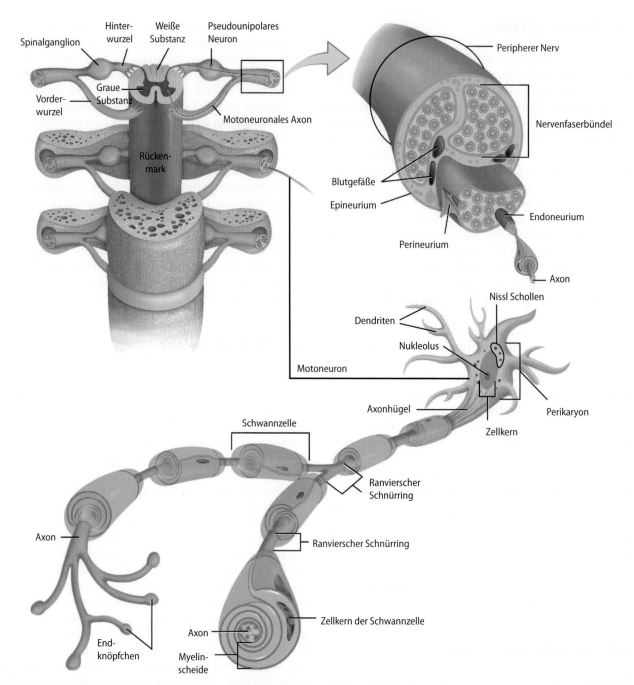

▣ **Abb. 3.4   Organisation eines Motoneurons.** (Abbildung aus DiFiore – Atlante di istologia e anatomia microscopica. Con correlazioni funzionali. V.P. Eroschenko. S. 97. Antonio Delfino Editore 2004).

Die **motorischen Bahnen** nehmen eine intermediäre Position ein und liegen im Funiculus lateralis und anterior. Die **sensiblen Bahnen** liegen am weitesten oberflächlich in allen Funiculi.

3.6   Spinalganglien

Die **Spinalganglien** sind kleine ovale Anschwellungen der Hinterwurzel (▣ Abb. 3.4 und 3.5).

Nach Aussen werden sie bedeckt von einer bindegewebigen Hülle (Epineurium), die die Dura mater spinalis nach

distal fortsetzt. Im Inneren befinden sich die pseudounipolaren Nervenzellen, aus denen die sensiblen Fasern entspringen sowie die Satellitenzellen (▣ Abb. 3.4, ▣ Abb. 3.6).

Die pseudounipolaren Nervenzellen haben ein Axon, das sich T-förmig aufteilt in einen peripheren (zentrifugalen Ausläufer) in Richtung der peripheren Rezeptoren und einen zentralen (zentripetalen) Ausläufer zu den Hinterhörnern des Rückenmarks.

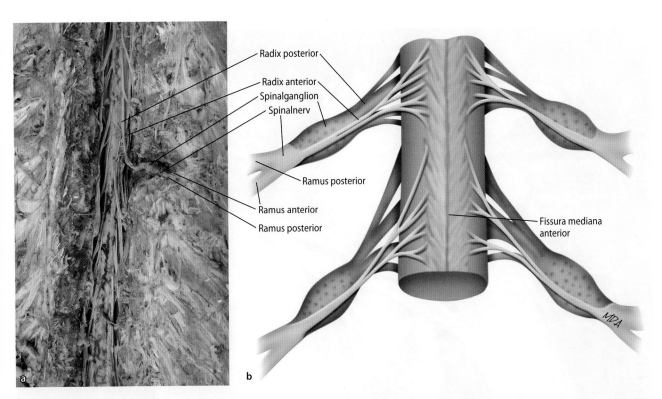

□ Abb. 3.5a,b   Dorsale (**a**) und ventrale (**b**, Schema) Ansicht der Spinalganglien und ihre Beziehung zu Spinalnerv und Rückenmark. Als Spinalnerv im eigentlichen Sinne wird nur der Abschnitt von der Vereinigung der *Radices posterior* und *anterior* bis zur Aufteilung in die **Rami posteriores** und anteriores bezeichnet. Die Begriffe Radix (Wurzel) und Ramus (Ast) dürfen nicht miteinander verwechselt werden

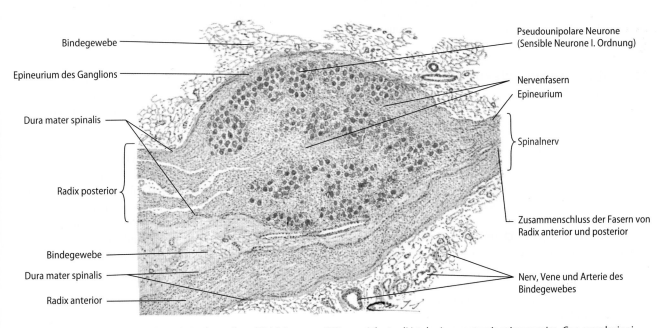

□ Abb. 3.6   Längsschnitt durch ein Spinalganglion. (Abbildung aus DiFiore – Atlante di istologia e anatomia microscopica. Con correlazioni funzionali. V.P. Eroschenko. S. 97. Antonio Delfino Editore 2004).

3

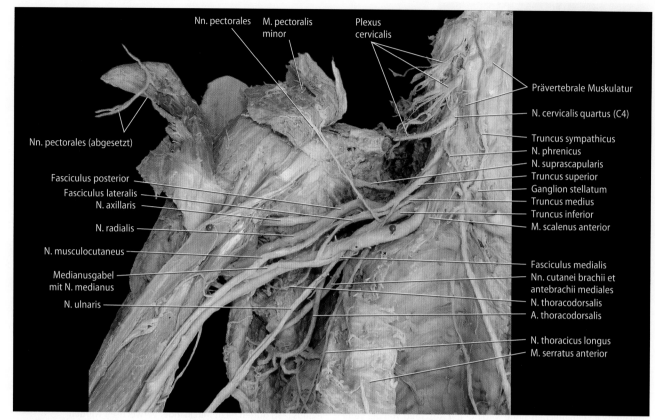

Nn. pectorales
M. pectoralis minor
Plexus cervicalis
Prävertebrale Muskulatur
N. cervicalis quartus (C4)
Truncus sympathicus
N. phrenicus
N. suprascapularis
Truncus superior
Ganglion stellatum
Truncus medius
Truncus inferior
M. scalenus anterior
Fasciculus medialis
Nn. cutanei brachii et antebrachii mediales
N. thoracodorsalis
A. thoracodorsalis
N. thoracicus longus
M. serratus anterior
Nn. pectorales (abgesetzt)
Fasciculus posterior
Fasciculus lateralis
N. axillaris
N. radialis
N. musculocutaneus
Medianusgabel mit N. medianus
N. ulnaris

◘ **Abb. 3.7   Plexus brachialis.** Die Trunci superior, medius und inferior sind die Stämme des Plexus brachialis. Der rote Stecknadelkopf markiert die A. axillaris, die leicht nach kaudal luxiert wurde, wodurch alle 3 Fasciculi (Fasciculus posterior, lateralis und medialis) deutlich zu sehen sind. Der grüne Stecknadelkopf hält den M. biceps brachii, Caput breve nach lateral auf, um seine Innervation durch Äste des N. musculocutaneus zu demonstrieren

3.7   Hinweise zum Plexus brachialis und lumbosacralis

Plexus brachialis und *lumbosacralis* sind nervengeflechtartige Verbindungen (Anastomosen) mehrerer aufeinander folgenden Neuromere, aus denen jene Nerven hervorgehen, die neben den Extremitäten auch Teile des Rumpfes und Beckens versorgen. Die Nervenfasern für die obere Extremität bilden den Plexus brachialis, die für die untere Extremität den Plexus lumbosacralis.

Der **Plexus brachialis** (◘ Abb. 3.7) entsteht aus den Neuromeren C5–Th1 und bildet zahlreiche Äste, u.a. die *Nn. axillaris, radialis, ulnaris, medianus und musculocutaneus,* die die Hauptnerven für die obere Extremität darstellen. Weitere Äste des Plexus sind für die Innervation der Schulter und des Thorax zuständig.

Der **Plexus lumbosacralis** (◘ Abb. 3.8) besteht aus einem *Plexus lumbalis* aus den Neuromeren L1–L4 und einem *Plexus sacralis* aus L4–S3. Zu den wichtigsten Nerven des Plexus

lumbosacralis zählen die *Nn. femoralis, obturatorius* (hauptsächlich lumbalen Ursprungs) und *ischiadicus* (hauptsächlich sakralen Ursprungs) für die Innervation der unteren Extremität.

Darüber hinaus existieren noch ein *Plexus cervicalis* (C1–C5), dessen Äste hauptsächlich für den Halsbereich[3] bestimmt sind, ein *Plexus pudendus* (S3–S4), dessen Nerven zu den äußeren Genitalien, zum Perineum (Damm) und zum terminalen Teil des Rektums verlaufen sowie ein unscheinbarer *Plexus coccygeus* (S5–Co1) für die sensible Innervation der Haut zwischen Steißbein (Os coccygeus) und Anus.

Für eine vertiefte Beschreibung des PNS und der Plexus sei der Leser auf Bücher der Anatomie verwiesen.

---

3   Von den Neuromeren C3–C5 stammt auch der N. phrenicus ab, der für die Innervation des Diaphragmas (Zwerchfells) essentiell ist.

◘ Abb. 3.8 Plexus lumbosacralis mit den Hauptnerven. Die Abbildung zeigt auch Abschnitte des paravertebralen Sympathicus, der jedoch nicht Teil des Plexus ist

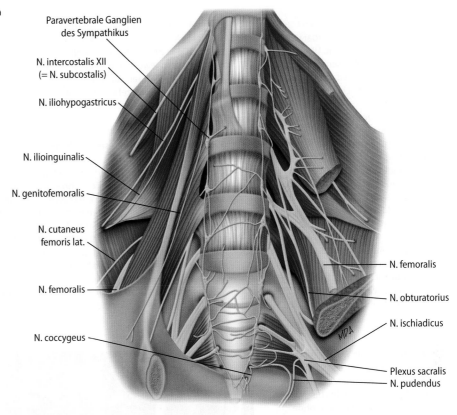

Paravertebrale Ganglien des Sympathikus

N. intercostalis XII (= N. subcostalis)

N. iliohypogastricus

N. ilioinguinalis

N. genitofemoralis

N. cutaneus femoris lat.

N. femoralis

N. coccygeus

N. femoralis

N. obturatorius

N. ischiadicus

Plexus sacralis
N. pudendus

Fallbeispiel

Die folgende Fallbeschreibung stammt vom Anfang der Siebzigerjahre des 20. Jahrhunderts: Eine 44-jährige Frau wird wegen Rückenschmerzen mit Ausstrahlung in das linke Bein bis hin zum Unterschenkel zur Untersuchung in der Notfallsprechstunde vorgestellt. Die Beschwerden bestünden seit einigen Tagen, seien aber im Laufe des Abends zunehmend stärker und unerträglich geworden.

Die neurologische Untersuchung ergibt eine herabgesetzte Sensibilitätsempfindung im Rücken-/Beinbereich, die sich vom Rücken über die Außenseite des Oberschenkels und unterhalb des linken Knies weiter lateral und schließlich nach medial bis zum Großzehenbereich erstreckt. Auf Nachfrage: In diesem Bereich empfinde sie auch die Schmerzen.

Welcher anatomische Ort kommt für die Erklärung der Beschwerden und Befunde in Frage?

Für Sensibilitätsstörungen kommen prinzipiell drei anatomische Orte in Frage:
- Periphere Nerven
- Spinalwurzeln
- Zentralnervöse sensible Bahnsysteme und Kortexareale

Für die Differentialdiagnose zwischen Läsionen peripherer Nerven und jenen von Spinalwurzeln ist die sog. Dermatomkarte eine hervorragende Grundlage (► Abb. 4.5). Zentralnervös bedingte Sensibilitätsstörungen beziehen sich anatomisch auf die aufsteigenden sensiblen Bahnen inklusive ihrer Umschaltung im Thalamus und ihrer Endigung im primär-sensiblen Kortex (► Kap. 4 und 12).

Die unterschiedlichen peripheren sensiblen Versorgungsgebiete erklären sich daraus, dass Spinalwurzeln in der Peripherie ein Dermatom versorgen. Diese sind nicht deckungsgleich mit den Versorgungsgebieten peripherer Nerven, da diese Zuflüsse aus mehreren Spinalwurzeln erhalten und sich in den Plexus vermischen (► Kap. 3.7). Sofern man die sensiblen Versorgungskarten nicht im Kopf präsent hat – was wahrscheinlich nur wenigen Neurologen gelingt – ist es sinnvoll, nach Erhebung der betroffenen Schmerz-/Hypästhesiegebiete in der Karte nach dem Territorium zu suchen, das am besten zu dem akuten Fall passt. In diesem Fall vom Rücken über die Außenseite des Oberschenkels und unterhalb des linken Knies weiter lateral und schließlich nach medial bis zum Großzehenbereich passen die Angaben am besten zum Dermatom des Spinalnerven L5 links.

Welche Verdachtsdiagnose stellen Sie?

Um nicht der genaueren Diagnose vorzugreifen (Bandscheibenvorfall, Tumor etc.) wird man einen solchen Befund zunächst als Wurzelkompressionssyndrom – in diesem Falle L5 – bezeichnen.

Es wurde eine technische Untersuchung angeordnet

Um welches Verfahren wird es sich wahrscheinlich handeln?

Obwohl die heute gängigen Verfahren CT und MRT erst seit dem letzten Drittel des letzten Jahrhunderts zur Verfügung stehen, wird leicht vergessen, dass auch vor dieser Periode neuroradiologische Verfahren zur Verfügung standen. Unter der Annahme, dass dieser Fall Anfang der Siebzigerjahre spielt, wäre das Verfahren der Wahl die sog. **Myelographie** gewesen. Der Begriff (myelon (gr.) = das Mark, hier das Rückenmark) ist insofern missverständlich, als es vor allem zur Darstellung der Spinalwurzeln zum Einsatz kam. Wegen der geringen Dichte von Nervengewebe beruhten fast alle der traditionellen diagnostischen Verfahren auf dem Einsatz von Kontrastmitteln (KM). Im Falle der Myelographie oder besser gesagt der Darstellung der Spinalwurzeln kam ein solches Verfahren zum Einsatz. Über eine Lumbalpunktion (s. u.) wurde ein geringes

3

Volumen KM (ca. 5 ml) in den Duralsack, genauer gesagt in den Subarachnoidalraum (▶ Kap. 17) eingebracht. Über die konventionell-röntgenologische Aufnahme der Wirbelsäule konnte dann die Verteilung des KM sichtbar gemacht werden (◻ Abb. 3.9).

Welchen Befund/welche Befunde erwarten Sie?

Die zu unserem klinischen Befund passende Myelographie sieht paradigmatisch wie folgt aus: Die ◻ Abb. 3.9 zeigt die lumbale Wirbelsäule nach KM-Gabe im lateralen Strahlengang und mit einem pathologischen Befund. Die kontinuierlich erkennbare Füllung des Duralsackes zeigt zwischen dem 4. und 5. Lumbalwirbel eine geringere Ausdehnung des KM im Vergleich zum Normalbefund (*).

Dieser Bereich entspricht dem Niveau der vierten Zwischenwirbelscheibe (**Discus intervertebralis LWK4/LWK5), die in diesem Beispiel nach dorsolateral ausgetreten ist und das KM nach kaudal und kranial verdrängt. Da in der lumbalen Wirbelsäule die Spinalwurzeln jeweils unterhalb des zugehörigen Wirbelkörpers austreten, ist eine Läsion der Spinalwurzel L5 zu erwarten. Dies entspricht dem zuvor erhobenen klinischen Befund.

Hinweis zur aktuell eingesetzten Bildgebung

Das MRT ist wie in den anderen Bereichen der Neuroradiologie heute die Technik der Wahl für die Diagnostik vermuteter Bandscheibenvorfälle. Bei speziellen Fragen zur Wirbelsäule kann auch das CT zum Einsatz kommen. Das MRT (◻ Abb. 3.9 rechts sagittales, T2-gewichtetes Bild) hat gegenüber der Myelographie den großen Vorteil, dass es eine nichtinvasive Methode ist und ohne Röntgenstrahlung auskommt. Im Vergleich zur Myelographie verfügt die MRT über eine deutlich bessere anatomische Auflösung, während der pathologische Befund sich mit beiden Verfahren sehr ähnlich darstellt.

Kurzer Hinweis zur Therapie

In der Regel erfolgt zunächst eine entzündungshemmende und schmerzstillende Behandlung. Bei Erfolglosigkeit werden die vorgefallenen Teile der Bandscheibe chirurgisch entfernt. Zugangsweg (Operationsmikroskop): Vom Rücken aus neben den entsprechenden Dornfortsätzen vorgehen bis zur Darstellung des Ligamentum flavum, der innersten ligamentösen Einfassung am Wirbelbogen des Wirbelkanals (s. Fallbeispiel ▶ Kap. 17 mit Abbildung). Dieses wird durchtrennt, damit ist der Blick von dorsal in den Wirbelkanal mit Duralsack und Spinalwurzeln frei. Ausräumung des Vorfalls.

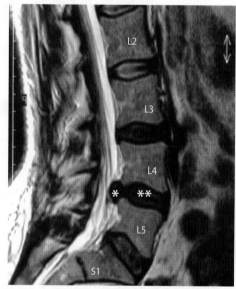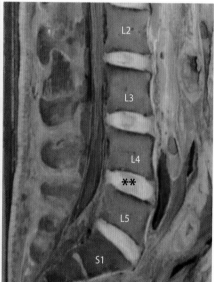

◻ **Abb. 3.9** Lumbale Wirbelsäule nach Gabe eines Kontrastmittels (KM) im lateralen Strahlengang und mit einem pathologischen Befund (rechts befindet sich das anatomische Präparat ohne Befund). Die kontinuierlich erkennbare Füllung des Duralsackes zeigt zwischen dem 4. und 5. Lumbalwirbel eine geringere Ausdehnung des KM im Vergleich zum Normalbefund (*). Weitere Ausführung siehe folgendes Fallbeispiel. (Aus Weyreuther et al. 2006)

Sensible Bahnen

© Springer-Verlag GmbH Deutschland, ein Teil von Springer Nature 2019
S. Huggenberger et al., Neuroanatomie des Menschen, Springer-Lehrbuch
https://doi.org/10.1007/978-3-662-56461-5_4

4

In diesem Kapitel geht es um die sensible Innervation der unterschiedlichen Körperteile, den Verlauf der sensiblen Bahnen sowie um die exterozeptiven und viszerosensiblen Bahnen.

4.1   Definition und allgemeine Daten

Die **sensiblen Bahnen** sind bestimmt zur Aufnahme verschiedener Informationen aus der Umwelt, den Organen und Geweben des Körpers und der anschließenden Weiterleitung und Verarbeitung auf Ebene des ZNS (▶ Kap. 1). In den Lehrbüchern der Neuroanatomie werden jene sensiblen Bahnen, die in den sensiblen Neuronen I. Ordnung der Spinalganglien entspringen und eine lange Strecke im Rückenmark verlaufen (**spinale sensible Bahnen**) i. d. R. getrennt behandelt von denen, die aus den sensiblen Neuronen I. Ordnung der Hirnnerven kommen und direkt den Hirnstamm erreichen. Weil aber in beiden Fällen das strukturelle Prinzip zum großen Teil identisch ist, benutzen wir in diesem Kapitel ein anderes Kriterium zur Beschreibung, d. h. die Unterscheidung zwischen **somatosensiblen** und **viszerosensiblen** Bahnen entsprechend des Reiztyps der von ihnen übertragenen Signale (◧ Tab. 4.1). In eigenen Kapiteln werden die sensorischen Bahnen, also die olfaktorischen (▶ Kap. 13), visuellen (▶ Kap. 14), auditorischen (▶ Kap. 14), vestibulären (▶ Kap. 15) und gustatorischen Bahnen (▶ Kap. 15) mit ihren anatomischen Besonderheiten behandelt.

Unter funktionellen Aspekten können sensible Bahnen somatische und viszerale Fasern enthalten, die bewusste und/oder unbewusste Reize übermitteln. Bewusste Reize oder Informationen erreichen die Hirnrinde, unbewusste Stimuli werden i. d. R. in das Kleinhirn und/oder den Hirnstamm übertragen.

Die bewussten somatischen Empfindungen beruhen auf Reizen aus der Umwelt, die auf spezifische Strukturen einwirken, wie z. B. diejenigen von Auge und Ohr (**Telezeption**), den Endigungen von Hautrezeptoren (**Exterozeption**) und von verschiedenen Geweben und Organen des Bewegungsapparates (**bewusste Propriozeption**). Die unbewussten somatischen Sensationen (**unbewusste Propriozeption**) und die unbewussten viszeralen Reize stammen beide aus dem Inneren des Organismus. Zur Bezeichnung von Reizen aus dem Gastrointestinaltrakt wird gelegentlich auch der Begriff **Enterozeption** verwendet. Die viszeralen Reize, die das ZNS erreichen, folgen den spinalen sensiblen Bahnen oder denen jener Hirnnerven, die zum parasympathischen System des Kopfes gehören (▶ Kap. 16). Im ersten Falle schließen sich die sensiblen Fasern, die Informationen von den Thoraxorganen, vom Gastrointestinaltrakt und/oder den Beckenorganen übertragen, den motorischen Fasern des **Sympathikus** (thorakolumbaler Abschnitt) oder des **Parasympathikus** (sakraler Abschnitt) an, um zu den Zielorganen zu gelangen. Parallel gibt es jedoch auch andere Afferenzen, vor allem von den Thorax- und Abdominalorganen, die stattdessen die afferenten Bahnen des Parasympathikus nutzen, um zum ZNS zu gelangen. Die inneren Organe besitzen also eine **doppelte sensible Innervation** im Gegensatz zu den somatischen Strukturen, die ausschließlich von Fasern eines Typs der Hirn- oder Spinalnerven versorgt werden.

Alle sensiblen Bahnen, die in diesem Kapitel behandelt werden, nehmen ihren Ursprung von sensiblen Neuronen I. Ordnung in den Ganglien des PNS, mit der einzigen Ausnahme der Neuronen des Ncl. *mesencephalicus n. trigemini*, die zu einem in das Innere der ZNS verlagerten Ganglion gehören. Die Axone der ganglionären Neurone erreichen das ZNS auf unterschiedlichen Wegen und werden je nach Bahn an verschiedenen Stellen umgeschaltet (◧ Abb. 4.1).

Im Rückenmark sind die sensiblen Bahnen in aufsteigenden Bündeln in der weißen Substanz zusammengefasst, um das Gehirn zu erreichen. Mit Ausnahme der Fasern der *Fasciculi gracilis et cuneatus*, deren Ursprungsneurone sich in den Spinalganglien befinden, stammen die Axone aller anderen sensiblen Tractus aus Strangzellen der grauen Substanz. Anatomisch gesehen bilden die Fasern gemeinsamen Ursprungs und Ziels Tractus definierter Topographie innerhalb der verschiedenen Funiculi der weißen Substanz (◧ Abb. 4.2).

Die aufsteigenden Tractus des *Funiculus posterior* (Hinterstrang) sind der *Fasciculus gracilis* und der *Fasciculus cuneatus*, die des *Funiculus lateralis* sind die *Tractus spinocerebellares (posterior et anterior)*, die *Tractus spinothalamici (lateralis et anterior)*, der *Tractus spinoolivaris*, der *Tractus spinoreticularis und* die *Fibrae spinotectalis*. Im *Funiculus anterior* befinden sich keine aufsteigenden Bahnen.

◧ **Tab. 4.1**   Formen der Reizperzeption

Reiz		Sensible Qualität	Innervierte Organe
Bewusst	Somatisch	Telezeption Exterozeption Propriozeption	Sinnesorgane (Auge, Ohr) Haut, Versorgungsgebiet des N. trigeminus Muskeln, Gelenke
	Viszeral	Viszerozeption (Enterozeption)	Eingeweide
Unbewusst	Somatisch	Propriozeption	Muskeln, Gelenke
	Viszeral	Viszerozeption (Enterozeption)	Eingeweide

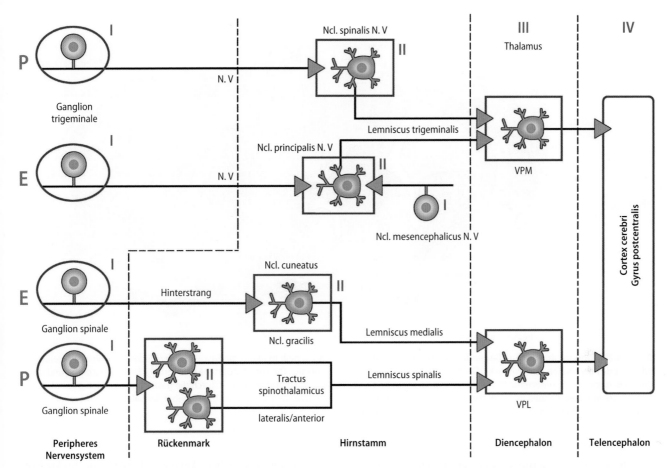

◘ Abb. 4.1 Organisationsschema der epikritischen und bewussten propriozeptiven (E) und der protopathischen (Schmerz/Temperatur) Sensibilität (P). Die verschiedenen Regionen des Kopfes werden vom *N. trigeminus* versorgt, die anderen Anteile des Körpers durch die Spinalnerven. Die Organisation für Kopf und Körper ist ähnlich: Die Weiterleitung der peripher aufgenommenen Reize erfolgt über eine Neu-

ronenkette (markiert durch rote römische Zahlen) bis zum *Cortex cerebri*. Aus Gründen der Übersichtlichkeit ist die Kreuzung der sensiblen Bahnen auf der Höhe der *Decussatio lemniscorum medialium* nicht berücksichtigt. Die Neurone I. Ordnung des Ncl. *mesencephalicus n. trigemini* liegen im ZNS. Dies ist der einzige Fall, bei dem solche Neurone nicht in Ganglien des peripheren Nervensystems lokalisiert sind

4.2 Sensible Neurone I. Ordnung

Die Neurone der Spinalganglien und der sensiblen Ganglien bestimmter Hirnnerven werden als **sensible Neurone I. Ordnung** bezeichnet. Morphologisch handelt es sich um pseudounipolare Neuronen (▶ Abb. 1.3). D. h., sie haben nur einen Ausläufer, der sich direkt nach dem Abgang vom Perikaryon in einen **peripheren oder zentrifugalen Ausläufer** und einen **zentralen oder zentripetalen Ausläufer** teilt. Der erste erreicht die Gewebe und Organe über die Spinalnerven oder Hirnnerven oder folgt dem Verlauf einiger viszeraler Nerven. Der zentrale Ausläufer erreicht die graue Substanz des Rückenmarks oder das Tegmentum des Hirnstamms.

Die sensiblen Neurone I. Ordnung sind eine Gruppe von Neuronen mit charakteristischen Eigenschaften. Von einem strikt zytologischen Gesichtspunkt aus gesehen ist der einzige periphere Ausläufer ein Dendrit, weil er den Reiz in Richtung des Perikaryons leitet. Die Reize, die durch einen solchen Ausläufer hindurch geleitet werden, verlaufen normalerweise in zentripetaler Richtung (orthodrom) und erreichen aus der Peripherie das Perikaryon. Allerdings werden diese Ausläufer

auch von Reizen in zentrifugaler Richtung durchlaufen. Diese Reize sind verantwortlich für einige wichtige **motorische Effekte**, v. a. was die glatte Muskulatur der Blutgefäße angeht (**antidrome Vasodilatation**). Deshalb dienen die sensiblen Neurone I. Ordnung zum Teil auch motorischen Funktionen. Das Adjektiv antidrom bezieht sich auf die ungewöhnliche Richtung, die die Nervenimpulse im peripheren Ausläufer nehmen, der wie bereits erwähnt ein Dendrit ist. Der zentrale Ausläufer dagegen ist nach allen gültigen Kriterien ein Axon (**primär afferentes Axon**).

Was die Registrierung von Informationen angeht, werden die sensiblen Neuronen I. Ordnung auch als Rezeptoren definiert[1]. Je nach aufgenommenem Reiz werden diese Zellen in **Mechanorezeptoren, Chemorezeptoren, Nozizeptoren, Thermorezeptoren und polymodale Rezeptoren** unterschieden. Die letztgenannten können auf heterogene Reize reagieren. Diese Terminologie ist jedoch teilweise mehrdeutig, weil oft dieselben Begriffe benutzt werden, um im

---

1 Nicht zu verwechseln mit den Rezeptoren auf der Zellmembran der Synapse zur Aufnahme der Transmittermoleküle (▶ Kap. 1).

4

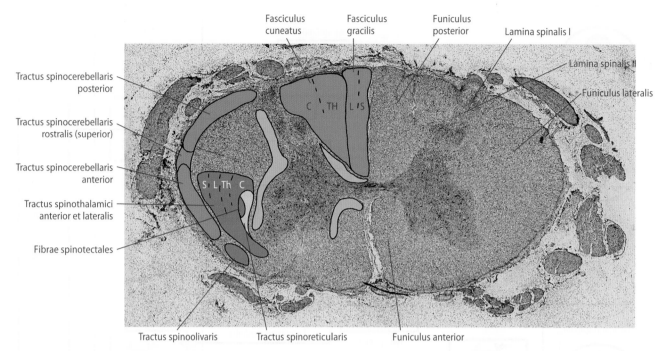

Fasciculus cuneatus

Fasciculus gracilis

Funiculus posterior

Lamina spinalis I

Lamina spinalis II

Funiculus lateralis

Tractus spinocerebellaris posterior

Tractus spinocerebellaris rostralis (superior)

Tractus spinocerebellaris anterior

Tractus spinothalamici anterior et lateralis

Fibrae spinotectales

Tractus spinoolivaris

Tractus spinoreticularis

Funiculus anterior

◘ Abb. 4.2   Topographie der aufsteigenden Tractus der weißen Substanz des zervikalen Rückenmarks. Die verschiedenen aszendierenden Bahnen sind in unterschiedlichen Farben wiedergegeben, wobei die ungekreuzten Bahnen in petrol dargestellt sind, die teilweise kreuzenden in hellblau und die komplett kreuzenden in lila. Außerdem sind in gelb markiert die *Fasciculi proprii* jedes Funiculus der weißen Substanz. Die somatotopische Gliederung der Hinterstränge und der Tractus spinothalamici ist durch die gestrichelten Linien gezeigt. Abkürzungen: C = zervikal, L = lumbal, S = sakral, Th = thorakal

Gewebe die Spezialisierungen der peripheren Ausläufer zu bezeichnen, anstatt der gesamten Zelle. Im Folgenden wird der Begriff Rezeptor auf die Zelle in toto bezogen und nicht auf die peripheren Spezialisierungen.

Es besteht eine gewisse Beziehung zwischen der Größe eines Perikaryons und der Funktion sensibler Neurone I. Ordnung: Mechanorezeptoren und polymodale Rezeptoren sind groß (Typ A), Nozizeptoren und Thermorezeptoren sind klein (Typ B). Die Neurone vom Typ A benutzen als einzigen Transmitter die exzitatorische Aminosäure L-Glutamat oder, seltener, L-Aspartat. Aus ihnen entspringen myelinisierte, dicke oder intermediäre primär-afferente Axone, die das Rückenmark erreichen. Die Neuronen vom Typ B benutzen dagegen verschiedene Transmitter, darunter immer einen Transmitter mit schneller Wirkung, im Allgemeinen L-Glutamat, und einen peptidergen Transmitter mit langsamerer Wirkung. Unter den Peptiden finden sich in diesen Neuronen hauptsächlich Substanz P und CGRP (calcitonin generelated peptide). Die Neurone, die Neuropeptide enthalten, haben dünne Axone und sind gering myelinisiert oder vollkommen myelinfrei (s. Box: Klassifizierung der primär-afferenten Fasern).

4.3   Endigungen der sensiblen Neurone I. Ordnung in Organen und Geweben

Gewebe und Organe sind mit den peripheren Ausläufern der sensiblen Neurone I. Ordnung verbunden, die ihre sensible Innervation sicherstellen. Allgemein besteht eine direkte Korrelation zwischen der Zahl der sensiblen Endigungen und der Sensibilität auf Reize. Diese kann nicht nur zwischen Geweben und Organen variieren, sondern auch zwischen verschiedenen Gebieten desselben Gewebes oder Organs.

Im Folgenden werden grundlegende Informationen über die Endigungsmuster der sensiblen Neurone I. Ordnung für die Versorgung der Haut, der Skelettmuskeln, der Gelenke (somatische Endigungen), der Schleimhäute, der Serosa[2], der glatten Muskulatur, des Myokards und der Blutgefäße (viszerale Endigungen) dargestellt.

4.3.1   Sensible Innervation der Haut

Die Endigungen der sensiblen Neurone I. Ordnung in der Haut können in vier Hauptgruppen eingeteilt werden (vergl. ◘ Abb. 4.3):

— Die **freien Nervenendigungen** finden sich in der Dermis, aber auch in den tieferen Schichten der Epidermis. Sie leiten sich von unmyelinisierten (Typ C) oder gering myelinisierten Fasern (Typ Aδ) der Nozizeptoren, der Thermorezeptoren und polymodalen Rezeptoren her, die auf mechanische Reize, auf starke Warm- und Kaltreize und auf chemische Irritantien reagieren.

---

2   Seröse Häute, die die Thorax-, Bauch- und Beckenorgane umgeben.

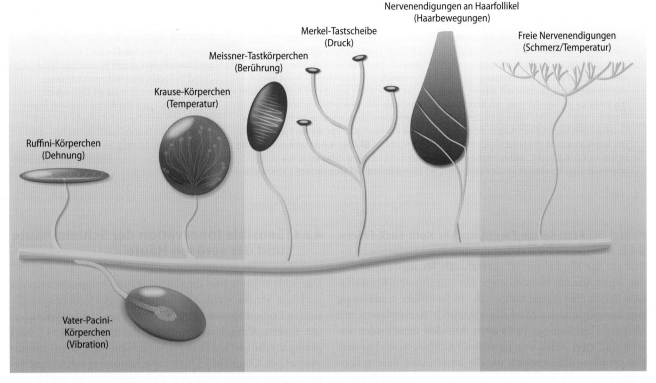

Nervenendigungen an Haarfollikel
(Haarbewegungen)

Merkel-Tastscheibe
(Druck)

Freie Nervenendigungen
(Schmerz/Temperatur)

Meissner-Tastkörperchen
(Berührung)

Krause-Körperchen
(Temperatur)

Ruffini-Körperchen
(Dehnung)

Vater-Pacini-
Körperchen
(Vibration)

❏ **Abb. 4.3**   Schematische Darstellung der sensiblen Ausläufer der Rezeptoren der Haut

– Die **follikulären Endigungen** ordnen sich palisadenförmig um die epitheliale Oberfläche der Haarwurzel und um den Haarfolikel unterhalb der Talgdrüsen an. Sie bestehen aus myelinisierten Fasern vom Typ Aβ, die von schnell adaptierenden Mechanorezeptoren ihren Ursprung nehmen.

– Die **Merkel-Tastkörperchen** sind Zellkomplexe, die ihren Ursprung in myelinisierten Fasern vom Typ Aβ der langsam adaptierenden Mechanorezeptoren haben. Sie sind besonders empfindlich auf Druckreize. Sie erscheinen als große, abgeplattete Endigungen (Tastmeniskus) in engem Kontakt mit den Merkel-Zellen, abgewandelte Epithelzellen, die am Übergang zwischen Dermis und Epidermis lokalisiert sind.

– Die **korpuskulären Endigungen** sind Nervenendigungen, die von einer bindegewebigen Kapsel unterschiedlicher Dicke umgeben sind. Sie gehören zu myelinisierten Fasern vom Typ der schnell oder langsam adaptierenden Mechanorezeptoren. Man unterscheidet drei Haupttypen:

1. Die **Meissner-Körperchen**, die vor allem im Bereich der Fingerkuppen auf Höhe des Übergangs zwischen Dermis und Epidermis vorkommen, gehören zu schnell adaptierenden Mechanorezeptoren. Zusammen mit den Merkel-Tastkörperchen sind sie von Bedeutung für die Erfassung der Oberflächeneigenschaften von Gegenständen (Glätte, Rauigkeit, Reliefbildung etc.) und haben sehr kleine rezeptive Felder.

2. Die **Ruffini-Körperchen** gehören zu langsam adaptierenden Mechanorezeptoren und sind besonders empfindlich für Druck- und Dehnungsreize.

3. Die **Vater-Pacini-Körperchen** entstammen schnell adaptierenden Mechanorezeptoren, haben sehr ausgedehnte rezeptive Felder und antworten bevorzugt auf Vibrationsreize. Üblicherweise werden sie in größeren Gruppen aktiviert und sind besonders wichtig für die **taktile Diskrimination**, d. h. für den Umgang mit und dem Erkennen von Gegenständen, insbesondere bei geschlossenen Augen (**Stereognosie**) zusammen mit Afferenzen von Muskelspindeln und Gelenkkapseln.

4.3.2 Sensible Innervation der Skelettmuskeln

Die Terminalen der sensiblen Neurone I. Ordnung in der Skelettmuskulatur bilden interstitielle Endigungen, epilemmale Endigungen, Muskelspindeln und Golgi-Sehnenorgane.

Die **interstitiellen Endigungen** findet man in den bindegewebigen Räumen zwischen den Muskelfasern, während die **epilemmalen Endigungen** direkt auf dem Sarcolemm (Muskelfaserhülle) liegen. Zusammen sind sie für taktile und nozizeptive Empfindungen verantwortlich. Sie entstammen myelinisierten Fasern mit kleinem Durchmesser der Gruppe III (äquivalent den Hautfasern Aδ) oder nicht-myelinisierten Fasern der Gruppe IV (äquivalent den kutanen Fasern C).

Die **Muskelspindeln** sind spezialisierte Rezeptoren für die Erfassung von Kontraktionsumfang und -geschwindigkeit der Muskelfasern sowie Änderungen der Muskeldehnung. Sie bestehen aus 2–12 **intrafusalen Muskelfasern** umgeben von Bindegewebe. Es gibt zwei Arten von intrafusalen

4

Klassifizierung der primär-afferenten Fasern

Die primär-afferenten Fasern haben unterschiedliche Durchmesser in Abhängigkeit vom zugehörigen Rezeptortyp. Die Klassifizierung dieser Fasern ist komplex, vor allem weil sich verschiedene, oft widersprüchliche Terminologien entwickelt haben, die die Einordnung von Axonen mit ähnlichen Eigenschaften wie der korrespondierenden kutanen und muskulären Axone erschwert. Die Rezeptoraxone der Haut werden klassifiziert als Aβ, Aδ und C, während die korrespondierenden Muskelaxone als Faser der Gruppen II, III und IV eingeteilt werden. Die Muskeln haben auch Axone der Gruppe I, die dem Typ Aα entsprechen, der aber im Bereich der Haut nicht vorkommt. Beide Terminologien beziehen sich auf somatische Fasern. Die viszeralen Axone werden in ähnlicher Weise wie die kutanen Axone klassifiziert, auch wenn es keine eigenständige Nomenklatur für diesen Typ von Axonen gibt. In ◙ Abb. 4.4 ist schematisch die Art der Endigung diverser Arten von primär-afferenten Fasern in den Laminae der Hinterhörner des Rückenmarks dargestellt. Diese Klassifizierung weist auf einen funktionellen Unterschied in der Leitungsgeschwindigkeit dieser Fasern hin. Typ A (I und II) Fasern sind mit einer Leitungsgeschwindigkeit von bis zu 120 m/s die schnellsten. Typ B (III) Axone sind mit maximal 15 m/s entscheidend langsamer und die unmyelinisierten Typ C (IV) Axone leiten langsamer als 2,5 m/s.

Fasern: die **Kern-Ketten-Fasern** und die **Kern-Sack-Fasern**. Beide sind mechanisch verbunden mit den Muskelfasern außerhalb der Muskelspindel (**extrafusale Muskelfasern**), die den Muskelbauch konstituieren. Die intrafusalen Muskelfasern haben eine eigene motorische Innervation, unabhängig von der extrafusaler Muskelfasern durch Nervenfasern mit kleinem Durchmesser (**γ-Fasern**). Mit den intrafusalen Fasern sind zwei Arten von sensiblen Endigungen verbunden: Die primären Endigungen, die die intrafusalen Fasern kontaktieren, sammeln Informationen über die Kontraktionsgeschwindigkeit des Muskels; die sekundären Endigungen, die ausschließlich die Kern-Ketten-Fasern kontaktieren, sammeln Informationen über die Muskeldehnung.

Die **Golgi-Sehnenorgane** sind in der Verbindungsregion zwischen Muskel und Sehne lokalisiert und bestehen aus einer Reihe von Nervenfasern, die sich in Kollagenfaserbündel fortsetzen. Sie sind umgeben von einer Kapsel, die sie vom intramuskulären Bindegewebe und der Sehnenhülle trennt. Die Golgi-Sehnenorgane registrieren die Spannung der Sehnen.

4.3.3 Sensible Innervation der Gelenke

Die Gelenke erhalten nicht-myelinisierte Fasern der Gruppe IV (entsprechend den kutanen Fasern vom Typ C) oder in kleinerem Umfang gering myelinisierte Fasern der Gruppe III (wie die kutanen Fasern vom Typ Aδ). Die nicht-myelinisierten Fasern teilen sich in freie Nervenendigungen auf, während die gering myelinisierten in eingekapselten Terminalen aufgehen. Beide Fasertypen entstammen Nozizeptoren, die die Dehnung der Gelenkkapsel und der Ligamente des Gelenks registrieren, auch im Falle von Gelenkentzündungen. Diese Fasern sind wichtig, weil sie den afferenten Schenkel von Reflexbögen bilden, die der Überdehnung des Gelenks entgegenwirken. Die Gelenke werden auch von Aβ-Fasern der Mechanorezeptoren innerviert. Diese Fasern haben eingekapselte Endigungen (Ruffini- oder Vater-Pacini-Körperchen), die nicht-nozizeptive Informationen über die normalen Gelenkbewegungen übertragen.

4.3.4 Sensible Innervation der Schleimhäute und der serösen Häute

Die Schleimhäute und die serösen Häute, eingeschlossen die parietale Serosa, werden von morphologisch nicht spezialisierten Endigungen innerviert, die sich aus nicht-myelinisierten Fasern, ähnlich den kutanen Fasern vom Typ C, oder gering myelinisierten Fasern (in der Haut Aδ-Fasern) zusammensetzen. Ungefähr 75 % der Mechanorezeptoren registrieren Informationen über den Dehnungszustand der Organwände oder der viszeralen Ligamente. Die restlichen 25 % sammeln nozizeptive Informationen. Die Erregungsschwelle dieser Rezeptoren, v. a. jener, die in den Spinalganglien lokalisiert sind (s. weiter unten), ist extrem variabel und wird beeinflusst von einem weiten Spektrum chemischer Mediatoren, die infolge von Gewebsläsionen oder Entzündungsprozessen freigesetzt werden können. Unter den Substanzen sind von besonderem Interesse einige biogene Amine (Histamin und Serotonin), Bradykinin, Substanz P, Prostaglandine und einige Neurotrophine, hauptsächlich NGF (nerve growing factor). Alle diese Substanzen senken die Erregungsschwelle der Mechanorezeptoren und rufen Phänomene der Hypersensibilität und der Rekrutierung von ‚schlafenden' Nozizeptoren hervor, also von Terminalen, die unter normalen Bedingungen nicht auf mechanische Reize reagieren.

Die vagalen Nervenendigungen (s. weiter unten) sind dagegen besonders empfindlich gegenüber Mediatoren, die von neuroendokrinen Zellen freigesetzt werden und v. a. in der Schleimhaut der Organe des Gastrointestinaltraktes liegen. Unter diesen sind besonders das Peptid Cholezystokinin (CCK) und das biogene Amin Serotonin zu nennen. Diese Gruppe von Mediatoren ist beteiligt an einem Prozess zur **Überprüfung der aufgenommenen Nahrung**: Die verschiedenen Metabolite, die während der Verdauung von Proteinen und Lipiden entstehen, oder die Anwesenheit von Bakterientoxinen stimulieren die CCK- oder Serotonin-Sekretion, die ihrerseits die Aktivität der afferenten vagalen Fasern beeinflusst.

4.3.5 Sensible Innervation der glatten Muskulatur

Die sensiblen Endigungen in der glatten Muskulatur sind i. d. R. freie Nervenendigungen, die sich im Bindegewebe zwischen den glatten Muskelfasern verzweigen. Sie entstammen nicht-myelinisierten Fasern **primärer afferenter intrinsischer Neurone**. Diese befinden sich in intramuralen viszeralen Plexus, z. B. im *Plexus myentericus* des Gastrointestinaltraktes, oder stehen in unmittelbaren Kontakt mit der äußeren Wand von Eingeweiden, wie im Falle der Harnblase. Die Endigungen können auch **primären afferenten Neuronen der Spinalganglien** entstammen. Die Endigungen registrieren mechanische und nozizeptive Reize.

4.3.6 Sensible Innervation des Herzens und der Blutgefäße

Die sensiblen Nervenendigungen verteilen sich im Herz hauptsächlich im Myokard. Eine erste Gruppe kommt von den Mechanorezeptoren des *Ganglion inferius n. vagi* und versorgt im Wesentlichen das rechte Atrium direkt unter dem Endokard. Morphologisch umspinnen diese Terminalen in großer Dichte die glatte Muskulatur und verhalten sich funktionell wie Dehnungsrezeptoren. Sie sind von Bedeutung für die reflektorische Kontrolle der Herzfrequenz und ihre Reizung führt zur Bradykardie (Herabsetzung der Herzfrequenz).

Eine zweite Gruppe von Terminalen leitet sich von den **Spinalganglien** ab und verteilt sich im Bindegewebe zwischen den Kardiomyozyten. Diese Nervenendigungen ähneln den Schleimhautrezeptoren gleicher Herkunft (s. o.) und registrieren vor allem Schmerzreize, modulieren aber auch die Kontraktionsaktivität der Kardiomyozyten durch die Ausschüttung von **Substanz P**. Dieses Peptid wird in massiven Konzentrationen in der Folge ischämischer Läsionen (Sauerstoffmangel) freigesetzt und bewirkt über die Stimulierung präsynaptischer parasympathischer Rezeptoren eine vermehrte Ausschüttung von Acetylcholin mit nachfolgender Bradykardie.

Die sensiblen Nervenendigungen der Blutgefäße registrieren zwei Hauptstimuli. Als erstes sind das allgemeine bzw. nozizeptive Reize. Diese wirken auf Terminalen ein, die morphologisch und funktionell jenen der spinalen Endigungen für das Myokard entsprechen. Die sensiblen Terminalen der Blutgefäße für den Kopf kommen von sensiblen Neuronen I. Ordnung des *N. trigeminus*, auch als **trigeminovaskuläres System** bezeichnet. Die Endigungen in den Gefäßen des restlichen Körpers gehören zu sensiblen Neuronen I. Ordnung der Spinalganglien. In beiden Fällen dienen diese Endigungen nicht der Perzeption bewusster Reize unter physiologischen Bedingungen. Vielmehr tragen sie zur Schmerzwahrnehmung bei Traumata oder pathologischen Veränderungen verschiedener Art bei, ähnlich jener in Folge der Freisetzung von Substanz P. Beispiele für diese Mechanismen sind der frontale Kopfschmerz, Schmerzen nach intravenösen Injektionen irritierender Substanzen oder im Falle von Varizen (Krampfadern).

Eine zweite Art von Reizen – in diesem Fall spezifischer Natur – beruht auf der Wanddehnung von Gefäßen und der chemischen Zusammensetzung des Plasmas. Die Dehnungsreize werden von den Endigungen der **Barorezeptoren** im *Sinus caroticus* und im Aortenbogen registriert (▶ Kap. 15). Dieser Typ von Rezeptor ist von Bedeutung für die Kontrolle des Blutdrucks. Reize, die sich von der chemischen Zusammensetzung des Plasmas herleiten, werden von den **Chemorezeptoren** im *Glomus caroticum* registriert, die in die Kontrolle der Atmung involviert sind (▶ Kap. 15).

4.4 Somatosensible Bahnen

4.4.1 Bewusste exterozeptive und propriozeptive Bahnen

Die **somatosensiblen spinalen Bahnen der bewussten Exterozeption** dienen der Registrierung von Reizen aus der Umwelt, die auf Rezeptoren auf der Hautoberfläche von Hals, Rumpf und Extremitäten einwirken. Die Versorgungsgebiete der einzelnen Spinalnerven werden auf der Hautoberfläche durch spezifische Areale repräsentiert, die **Dermatome** genannt werden (◘ Abb. 4.5).

Im Allgemeinen sind diese Bahnen verantwortlich für den **Tastsinn** (taktiler Reiz). Um genauer zu sein, registrieren sie nicht nur mechanische Reize, also taktile Reize im engeren Sinne, sondern auch nozizeptive (Schmerzreize) und thermische Reize. Die **somatosensiblen spinalen Bahnen der bewussten Propriozeption** registrieren stattdessen in denselben Regionen mechanische und nozizeptive Reize von Muskeln, Sehnen, Bändern und Gelenken. Die entsprechenden Bahnen im Kopfbereich werden vom N. trigeminus konstituiert (▶ Kap. 15) und können als **somatosensible trigeminale Bahnen der bewussten Extero- und Propriozeption** bezeichnet werden.

Die wichtigsten somatosensiblen spinalen Bahnen der bewussten Exterozeption sind die Hinterstrangbahnen *(Funiculus posterior – Lemniscus medialis) und die Tractus spinothalamici*, die auf unterschiedlichen Wegen den Thalamus erreichen und von dort zur Hirnrinde gelangen (◘ Abb. 4.1). Diese Bahnen übermitteln Information vom analytischen Typ über Natur, Stärke und Lokalisation sensibler Reize. Die entsprechenden trigeminalen Wege ziehen als Tractus trigeminothalamicus zum Thalamus.

Zum anterolateralen System gehören neben den Tractus spinothalamici auch der Tractus spinoreticularis und Tractus spinotectalis. Der *Tractus spinoreticularis* übermittelt aktivierende und emotionale Stimuli. Der entsprechende trigeminale Weg wird durch die **trigeminoretikulären Fasern** repräsentiert (◘ Tab. 4.2).

Abb. 4.4 Verteilung der primär-afferenten Fasern des Hinterhorns des Rückenmarks. Die Spinalganglien-Neurone Typ A (großer/mittelgroßer Durchmesser) erhalten hauptsächlich nicht-nozizeptiven, mechanozeptiven Input und ihre zentralen Fortsätze (Fasern vom Typ Aβ) bilden die Fasciculi gracilis et cuneatus. Die Spinalganglien-neurone Typ B (kleiner Durchmesser) empfangen nozizeptiven (Nozizeptoren) und thermischen (Thermozeptoren) Input und ihre zentralen Fortsätze (Fasern vom Typ C) projizieren zu verschiedenen Laminae des Hinterhorns. Fasern vom Typ Aδ haben Ihren Ursprung in Neuronen Typ A, die kleiner sind als jene, die die Aβ-Fasern bilden. Aus Gründen der Übersichtlichkeit sind die Muskel- und Gelenkafferenzen nicht eingezeichnet. Cave: Die Klassifizierung der Spinalganglienzellen darf nicht mit jener der von ihnen abgehenden Fasern verwechselt werden

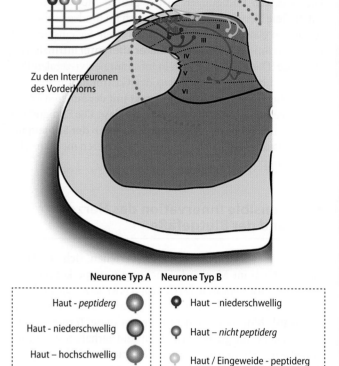

4.4.2 Epikritische Sensibilität (Abb. 4.6)

Die afferenten Neurone I. Ordnung, die den Ursprung dieser Bahnen bilden, sind vom Typ A der **Spinalganglien** oder des Ggl. *trigeminale*. Deren periphere Fortsätze bilden die mechanozeptiven Endigungen der Haut, der Muskeln und Gelenke. Die zentralen Fortsätze bilden Teile der Hinterwurzel der Spinalganglien oder *Radix sensoria* des *N. trigeminus*. Die Fasern, die von der unteren Extremität und den unteren Teilen des Rumpfes kommen, verlaufen in den Hintersträngen des Rückenmarks, wo sie den medial gelegenen *Fasciculus gracilis* bilden, der den *Ncl. gracilis* in der Medulla oblongata erreicht.

Tab. 4.2 Sensible Bahnen. Für weitere Informationen s. Text

Sensible Bahn		Funktion	Anmerkungen
Somatisch			
Exterozeptiv und bewusst proiriozeptiv	Funiculus posterior – Lemniscus medialis/Ncl. principalis N. trigemini	Taktile feine (epikritische) Sensibilität, bewusste Propriozeption, Vibration	Senden diskriminatorische Informationen zum Thalamus
	Tractus spinothalamicus/ Ncl. spinalis n. trigemini	Thermische und nozizeptive (protopathische) Sensibilität, grobe Mechanosensorik	
	Tractus spinoreticularis und trigeminoreticuläre Fasern	Exterozeption (aktivierende und emotionale Stimuli)	
	Tractus spinotectalis	Schmerzleitung, Integration mit visuellen und akustischen Stimuli	
Exterozeptiv und unbewusst propriozeptiv	Tractus spinocerebellares	Unbewusste Propriozeption	
	Tractus spinoolivaris	Abstimmung mit zerebellärer Aktivität in Gegenwart von Hindernissen bei Bewegungen	
Viszeral			
Verbunden mit den Hirnnerven	N. trigeminus, N. intermedius (N. VII), N. glossopharyngeus, N. vagus	Nozi- und nicht-nozizeptive Viszerozeption	Positive und negative Modulation der viszeralen Nozizeption
Verbunden mit den Spinalnerven	Spinalnerven	Nozi- und nicht-nozizeptive Viszerozeption	Konvergenz mit den Tractus spinothalamici und spinoreticularis (übertragener Schmerz)

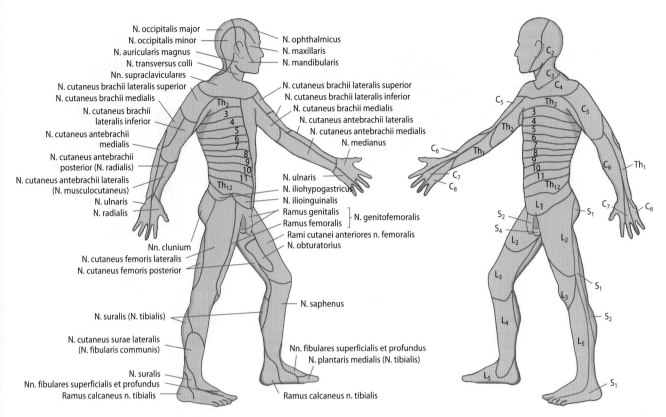

◻ Abb. 4.5 Karte der Versorgungsgebiete der einzelnen peripheren Nerven (links) und der Dermatome (rechts). Die einzelnen Dermatome repräsentieren die sensiblen Versorgungsgebiete der einzelnen Spinalnerven in den cervicalen (C), thoracalen (Th), lumbalen (L) bzw. sacralen (S) Bereichen. Das Gesicht wird aus den drei sensibelen Ästen des N. trigeminus (Nn. ophthalmicus, maxillaris, mandibularis) innerviert. (Illustration Leander E. Huggenberger)

Die Afferenzen aus den oberen Anteilen des Rumpfes und der oberen Extremität verlaufen als *Fasciculus cuneatus* der Hinterstränge lateral des *Fasciculus gracilis* und enden in der *Medulla oblongata* im *Ncl. cuneatus*. Die zentripetalen Fortsätze der sensiblen Neurone I. Ordnung des *N. trigeminus* enden im *Ncl. principalis n. trigemini*.

Die Perikarya II. Ordnung dieses Bahnsystems liegen in den *Ncll. gracilis et cuneatus* und im *Ncl. principalis n. trigemini*, von wo die jeweiligen Axone den Thalamus auf folgendem Wege erreichen: Die Fasern aus den *Ncll. gracilis et cuneatus* bilden den *Lemniscus medialis*, verlaufen zunächst nach ventral im Tegmentum der Medulla oblongata, wo sie jeweils in der *Decussatio lemniscorum medialium* die Mittellinie kreuzen, um von dort den *Ncl. ventralis posterolateralis thalami* zu erreichen.

Die Fasern des *Ncl. principalis n. trigemini* bilden den *Lemniscus trigeminalis* (Tractus trigeminothalamicus anterior) und ziehen entlang des *Lemniscus medialis* zum kontralateralen *Ncl. ventralis posteromedialis thalami*. Die Neurone III. Ordnung dieses Systems senden ihre Axone zum somatosensorischen *Cortex cerebri*.

Dieses Hinterstrangbahnensystem bzw. das System des *Ncl. principalis n. trigemini* dient der epikritischen Sensibilität, d. h. der Fähigkeit, Reize wie Druck, (feine) Berührung und Vibration diskriminatorisch wahrzunehmen, sowie der bewussten Propriozeption. Es versorgt den Parietallappen des Gehirns in Echtzeit mit Informationen zur Repräsentation der verschiedenen Körperteile im Raum während Ruhe und Bewegung. Ohne diese Informationen ist die Ausführung von Willkürbewegungen stark eingeschränkt (**sensorische Ataxie**).

4.4.3 Protopathische Sensibilität (◻ Abb. 4.6)

Der Sitz der sensiblen Neurone I. Ordnung sind die Spinalganglien, das *Ggl. trigeminale* und der *Ncl. mesencephalicus N. trigemini*. Diese Ursprungsneurone (Typ B Neurone) sind mechanozeptiv, thermozeptiv und nozizeptiv. Der Weg der zentralen Ausläufer der Spinalganglienzellen zum ZNS ist zunächst identisch mit dem der Fasern der epikritischen Wahrnehmung. Zusätzlich erreichen periphere Ausläufer der Neurone des *Ncl. mesencephalicus n. trigemini*[3] die *Radix motoria* des *N. trigeminus* über den *Tractus mesencephalicus*.

Die Neurone II. Ordnung liegen in den *Laminae I bis IV, VII und VIII* der spinalen Hinterhörner bzw. im *Ncl. spinalis n. trigemini*, der eine ähnliche laminäre Schichtung wie die graue Substanz des Rückenmarks aufweist. Diese spinalen oder trigeminalen Neurone II. Ordnung empfangen exzitato-

---

3 Dies ist der einzige Fall, in dem sich die Perikarya sensibler Neurone I. Ordnung im ZNS und nicht in einem Ganglion des PNS befinden.

■ Abb. 4.6   Schematische Darstellung der beiden neospinothalamischen Bahnen. (1) Hinterstrangbahn – *Lemniscus medialis/Ncl. principalis n. trigemini – Lemniscus trigeminalis*. (2) Spinothalamische Bahn – *Ncl. spinalis n. trigemini – Lemniscus trigeminalis*. Die römischen Zahlen (in rot) bezeichnen die Ordnung der Neuronen in den polysynaptischen Neuronenketten. Abkürzungen: VPL – Ncl. ventralis posterolateralis thalami; VPM – Ncl. ventralis posteromedialis thalami

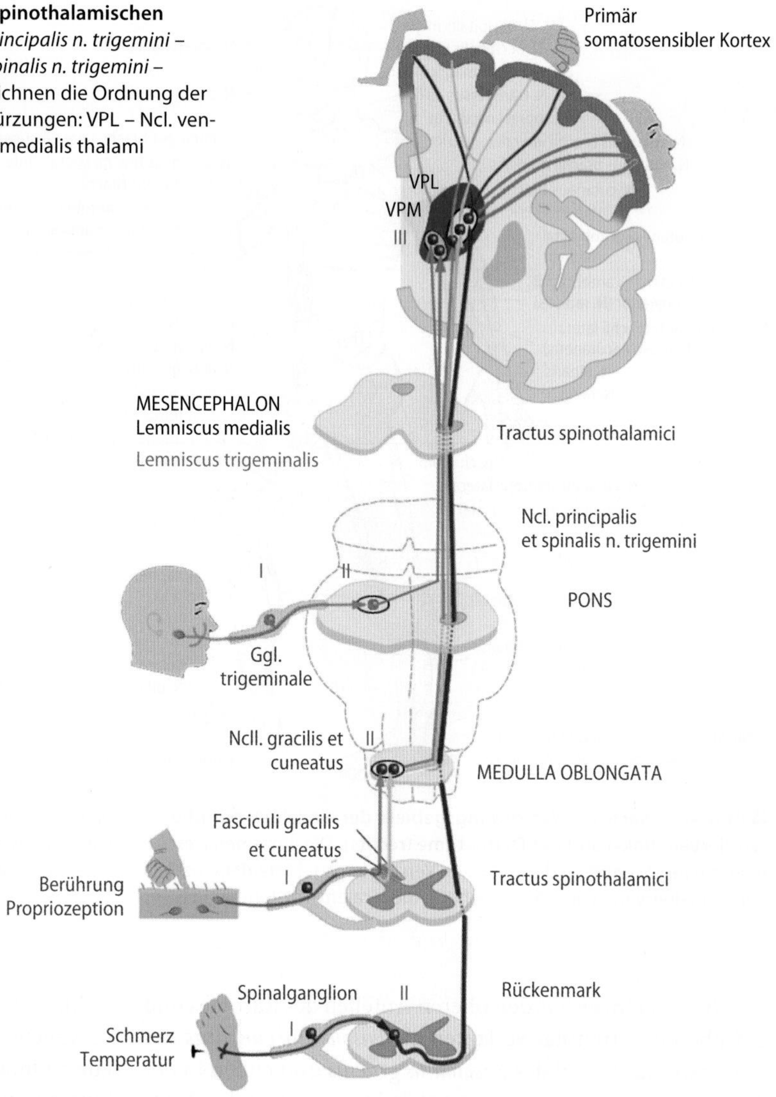

rischen oder inhibitorischen Input hauptsächlich von Interneuronen der Lamina II (*Substantia gelatinosa*), die eine wichtige Kontrollfunktion auf die sensible Transmission ausüben. In der Tat bestimmen sie eine dynamische Schwelle für sensible Signale, bevor diese den Hirnstamm und von dort den Thalamus erreichen können. Über diesen Mechanismus wird der nozizeptive Informationsfluss zur Hirnrinde reguliert.

Die Axone der Neuronen II. Ordnung im Rückenmark kreuzen die Mittellinie auf dem Niveau der *Commissura grisea anterior* und bilden die **spinothalamischen Bündel** des *Funiculus lateralis*. Nach Erreichen des Hirnstamms vereinigen sich *Tractus spinothalamicus anterior* und *lateralis* zum *Lemniscus spinalis* (Tractus anterolateralis), der zusammen mit dem *Lemniscus trigeminalis* und dem *Lemniscus medialis* den *Ncl. ventralis posterolateralis thalami* erreicht.

Axone der Neurone II. Ordnung im *Ncl. spinalis n. trigemini* fließen im *Lemniscus trigeminalis* zusammen, der den *Lemniscus medialis* bis zu seiner Endigung im *Ncl. ventralis posteromedialis thalami* begleitet. Die sensiblen Neurone III. Ordnung projizieren vom Thalamus zum somatosensiblen Kortex.

Über diesen Weg werden protopathische Reize (Schmerzreize, taktile, chemische und thermische Reize) übermittelt. Seine Unterbrechung führt zur Aufhebung der Nozizeption vom mechanischen, chemischen und thermischen Typ. Darüber hinaus kommt es zu einer Reduktion der taktilen Sensibilität.

In der Klinik nutzt man üblicherweise die Reizung der Hautoberfläche, um den Grad der Schmerzempfindung des Patienten zu verifizieren, z. B. durch das leichte Piksen mit einer sterilen Nadel. So ist der *Tractus spinothalamicus* ein Übertragungsweg kutaner Schmerz- und Temperaturempfindung (protopathische Sensibilität), im Gegensatz zu dem Übertragungsweg über die Hinterstränge (*Funiculus posterior*), über den Reize zum Lagesinn und der räumlichen taktilen Diskrimination vermittelt werden (epikritische Sensibilität). Die kontralaterale Kreuzung der beiden Übertragungswege auf unterschiedlichen ZNS-Niveaus lässt sich als diagnostischen Mittel nutzen. Da die protopathische Bahn auf Rückenmarkssegmentniveau und die epikritische Bahn auf Höhe der *Medulla oblongata* (*Decussatio lemniscorum medialium*) kreuzen, können durch Vergleich von Schmerz- bzw. Vibrationsempfinden auf der Haut die Seite und die Höhe einer potentiellen Läsion oder Raumforderung im ZNS bestimmt werden. Das epikritische Vibrationsempfinden lässt sich praktisch einfach mit einer aufgesetzten Stimmgabel prüfen.

4.4.4 Tractus spinoreticularis

Die phylogenetisch älteren somatosensiblen Bahnen sind die *Tractus spinoreticularis* und trigeminoretikuläre Verbindungen. Diese Fasern stammen von Projektionsneuronen der Laminae I, V, VII, VIII und X der grauen Substanz des Rückenmarks oder von Neuronen des *Ncl. spinalis n. trigemini*[4]. Die spinoretikulären Fasern verlassen die graue Substanz, um den anterioren Part des *Funiculus lateralis* zu erreichen (◘ Abb. 4.2). Nach Erreichen des Hirnstamms bilden sie Synapsen mit den Neuronen (Neurone III. Ordnung) der ipsilateralen *Formatio reticularis*, ohne eine somatotopische Ordnung auszubilden. Die trigeminoretikulären Fasern bilden insbesondere Synapsen mit den parvozellulären Neuronen der Formatio reticularis. Die Bahn vermittelt sensible Reize, die für die Aktivierung der Hirnrinde bei gesteigerter Aufmerksamkeit, dem Schlaf-Wach-Übergang und bei einigen emotionalen Zuständen verantwortlich ist (► Kap. 12).

4.4.5 Tractus spinotectalis

Der *Tractus spinotectalis* (*Tractus spinomesencephalicus*) besteht aus Axonen einiger Projektionsneurone aus den Laminae IV bis VI der grauen Substanz des Rückenmarks. Diese Axone kreuzen auf die Gegenseite und bilden den *Tractus spinotectalis*, der tief im anterioren Anteil des *Funiculus lateralis* gelegen ist (◘ Abb. 4.2). Der Trakt erreicht den *Colliculus superior*.

Über den spinotektalen Weg werden Informationen von den somatischen Mechanorezeptoren (Schmerzrezeptoren) übertragen, die mit Signalen aus den visuellen Bahnen integriert werden. Er ist darüber hinaus in die Regulierung reflexartiger Kopf- und Augenbewegungen involviert.

4.5 Exterozeptive Bahnen und Bahnen der unbewussten Propriozeption

4.5.1 Spinozerebelläre Bahnen

Die spinozerebellären Bahnen (◘ Abb. 4.2, ◘ Abb. 4.7) werden gebildet von den *Tractus spinocerebellares anterior* und *posterior* (sie verlaufen in der weißen Substanz des Rückenmarks) sowie aus den *Tractus cuneocerebellaris* und *spinocerebellaris*

---

4 Man beachte, dass diese Neuronen solche II. Ordnung sind. Die Neurone I. Ordnung, die im streng anatomischen Sinn der Ursprung dieser und aller anderen Bahnen der Sensibilität sind, sind wie bereits mehrfach erwähnt die Neurone der Spinalganglien bzw. des *Ggl. trigeminale*.

rostralis (superior), die im dorsalen Teil des Tegmentum der *Medulla oblongata* verlaufen.

Die *Tractus spinocerebellares posterior et anterior* übertragen Informationen von den Mechanorezeptoren der unteren Extremität. Die *Tractus cuneocerebellaris et spinocerebellaris rostralis* leiten Signale von Rezeptoren, deren periphere Ausläufer in der oberen Extremität und im Halsbereich zu finden sind. Die spinozerebellären Bahnen enden in der Kleinhirnrinde und den Kleinhirnkernen. In der Kleinhirnrinde bilden die spinozerebellären Bahnen die Moosfasern für das *Stratum granulare* (► Kap. 8).

Die Ursprungsneurone des *Tractus spinocerebellaris posterior* liegen in der Lamina VII und bilden den *Ncl. thoracicus posterior*, der in den thorakalen Segmenten des Rückenmarks zu erkennen ist. Die Axone haben einen großen Durchmesser und eine erhöhte Leitungsgeschwindigkeit. Sie verlaufen ungekreuzt in der weißen Substanz des Rückenmarks, wo sie oberflächlich im dorsalen Teil des *Funiculus lateralis* liegen (◘ Abb. 4.2). Von dort verlaufen sie zum Tegmentum der Medulla oblongata und erreichen das Kleinhirn über den unteren Kleinhirnstiel (*Pedunculus cerebellaris inferior*). Die Ursprungsneurone dieses Trakts empfangen über Axone des *Fasciculus gracilis* Informationen über den Kontraktionszustand der Muskeln – v. a. über die Muskelspindeln – und über die Bewegungen der unteren Extremität und übertragen sie direkt zum Kleinhirn.

Die Ursprungsneurone des *Tractus cuneocerebellaris* befinden sich im *Ncl. cuneatus accessorius* der Medulla oblongata. Sie erreichen das Kleinhirn ungekreuzt über den *Pedunculus cerebellaris inferior*. Die Neurone des *Ncl. cuneatus accessorius* empfangen Informationen analog zu denen des *Tractus spinocerebellaris posterior*, aber bezogen auf die obere Extremität über Axonkollateralen des *Fasciculus cuneatus*.

Über die *Tractus spinocerebellaris posterior et cuneocerebellaris* ist das Kleinhirn kontinuierlich über die Gesamtheit der Bewegungen der gleichseitigen Körperhälfte informiert. Die Ursprungsneurone des *Tractus spinocerebellaris anterior* liegen in den Laminae der grauen Substanz des Rückenmarks auf Höhe der lumbalen Neuromere. Einige Axone kreuzen in der *Commissura grisea anterior* auf die Gegenseite und verlaufen von dort im Seitenstrang zum Hirnstamm (◘ Abb. 4.2). Nachdem die Fasern Medulla oblongata und Pons durchlaufen haben, erreichen sie nach erneuter Kreuzung im Mittelhirn das Kleinhirn über den oberen Kleinhirnstiel (*Pedunculus cerebellaris superior*), sodass sie schließlich ipsilateral enden. Die Neurone des *Tractus spinocerebellaris anterior* empfangen mechanorezeptive Afferenzen von den unteren Regionen des Rumpfs und der unteren Extremität.

Die Ursprungsneurone des *Tractus spinocerebellaris rostralis* finden sich in Lamina VII. Ihre Axone verlaufen ungekreuzt im Seitenstrang direkt unterhalb des *Tractus spinocerebellaris posterior* (◘ Abb. 4.2). Nach Durchlaufen der Medulla oblongata erreicht dieser Trakt v. a. über den *Pedunculus cerebellaris inferior* das Kleinhirn. Dieser vermittelt Informationen von oberen Rumpfanteilen und der oberen Extremität und ist damit das Äquivalent zum Tractus spinocerebellaris anterior für die obere Körperhälfte. Die *Tractus spinocerebellaris anterior et rostralis* übertragen auch Informationen über

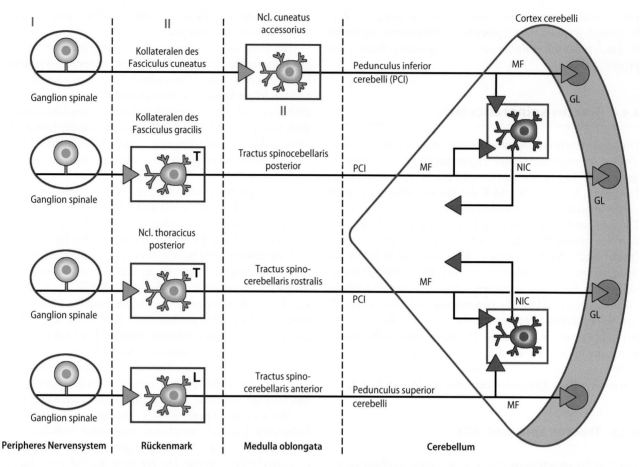

◘ Abb. 4.7 **Organisationsschema der spinozerebellären Bahnen.** Die spinozerebellären Bahnen leiten unbewusste propriozeptive Reize aus der Skeletmuskulatur und den Gelenken zum Zerebellum. Die peripheren Signale erreichen die Kleinhirnkerne und Kleinhirnrinde des Spinozerebellums über vier unterschiedliche Bahnen. Abkürzungen:

GL, Glomerulus cerebelli; L, Lumbales Rückenmark; MF, spinozerebelläre Moosfasern; NIC, Ncl. interpositus cerebelli; T, Thorakales Rückenmark. Die römischen Zahlen in rot bezeichnen die Abfolge der sensiblen Neurone in der Übertragungskette der Reize

die Aktivität spinaler Interneurone, die in Reflexbögen involviert sind, zum Kleinhirn.

4.5.2 Tractus spinoolivaris

Der *Tractus spinoolivaris* umfasst Axone einiger Projektionsneurone aus dem mittleren Teil des *Ncl. proprius* (Laminae spinales III-IV) der grauen Substanz des Rückenmarks. Nach Kreuzung auf die Gegenseite liegen sie oberflächlich im vorderen Teil des *Funiculus lateralis*, wo sie den *Tractus spinoolivaris* bilden (◘ Abb. 4.2). Nach Erreichen der Medulla oblongata enden diese Axone im *Complexus olivaris inferior* (Untere Olive). Von dort nehmen die *Tractus olivocerebellares* ihren Ausgang, die in der Kleinhirnrinde die **Kletterfasern** bilden. Der *Tractus spinoolivaris* übermittelt taktile Informationen. Diese Afferenzen, deren Existenz in verschiedenen Säugetieren experimentell nachgewiesen ist, sind deshalb von Bedeutung, weil sie dem Kleinhirn ermöglichen, in die muskuläre Koordination einzugreifen, wenn im Laufe einer Bewegung unvorhergesehen Hindernisse auftauchen (► Kap. 8). Trotzdem ist die Funktionalität dieses Trakts beim Menschen noch in der Diskussion.

4.6   Viszerosensible Bahnen

Das ZNS empfängt Informationen über den Zustand der inneren Organe von zwei verschiedenen Systemen (◘ Abb. 4.8). Das parasympathische afferente System besteht aus Fasern einiger Hirnnerven, die hauptsächlich mechanische und chemische Reize registrieren. Afferente Fasern des Sympathikus entspringen von viszeralen Rezeptoren in den Spinalganglien und übermitteln thermische und nozizeptive Informationen, die ihrerseits auf mechanische, chemische und thermische Reize zurückgehen. In den Eingeweiden fehlen die den kutanen Fasern vergleichbaren Fasern vom Typ Aβ. Daher nimmt man an, dass auch die nicht-nozizeptiven Informationen von nozizeptiven Fasern registriert werden, um das ZNS zu erreichen. Der viszerale Schmerz sollte daher über **die Intensität des Reizes** in unspezifischen Fasern kodifiziert werden, die auch in der Lage sind, auf harmlose Reize unterhalb der Schmerzwahrnehmung zu reagieren.

Eine andere Besonderheit der sensiblen Innervation der Eingeweide besteht in der Schwierigkeit zwischen Fasern mit bewussten Informationen und solchen mit unbewussten In-

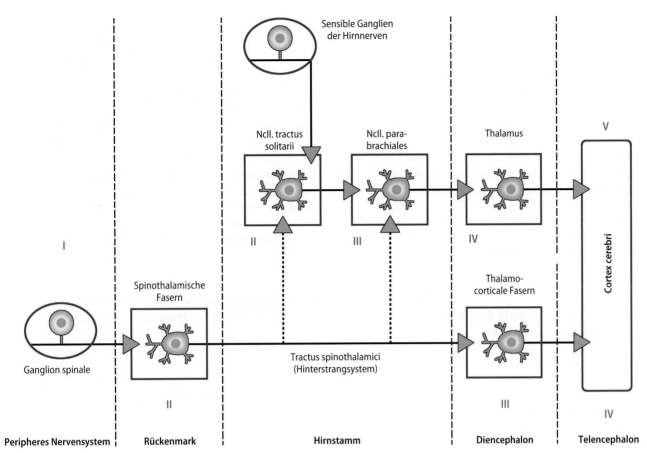

Abb. 4.8   Organisationsschema der viszerosensiblen Wege. Die Eingeweide verfügen über eine doppelte sensible Innervation. entsprechend der Unterteilung in sympathisches und parasympathisches Nervensystem. Die sympathischen Fasern schließen sich den spinothalamischen Bahnen an (unten), während die parasympathischen Fasern mit diversen Hirnnerven verlaufen (oben). Die beiden Bahnen sind in Wirklichkeit untereinander weitläufig durch Kollateralen (gestrichelte Linien) verbunden. Die römischen Zahlen in rot bezeichnen die Abfolge der Neurone in der Übertragungskette der Reize

formationen zu unterscheiden, wie es für die somatischen Fasern möglich ist. Dabei sind die bewussten Sensationen aus den Eingeweiden und der parietalen Serosa hauptsächlich nozizeptiv, während jene aus dem Gastrointestinaltrakt und den oberen Anteilen des Respirationstraktes auch mechanisch oder thermisch sein können.

4.6.1   Viszerosensible Bahnen in Verbindung mit den Hirnnerven

Einige Hirnnerven verfügen über eine viszerosensible Komponente und registrieren Reize von verschiedenen anatomischen Regionen, um sie zum Hirnstamm zu übertragen (für Details ► Kap. 14 und 15). Die viszerosensiblen Fasern des *N. trigeminus*, die dem *Ggl. trigeminale* entstammen, verteilen sich daher auf die viszeralen Strukturen des Splanchnocraniums und des Neurocraniums. Jene des *N. intermedius* (N. VII) aus dem *Ggl. geniculi* stammend, innervieren die Geschmacksknospen des vorderen Teils der Zunge. Die Fasern des *N. glossopharyngeus* aus dem *Ggl. inferius n. glossopharyngei* (Ganglion petrosum) kommen von den Geschmacksknospen des aboralen Teils der Zunge und des har-

ten Gaumens, während viszeroafferente Fasern aus dem oberen Anteil des Oropharynx und kardioafferente Fasern aus dem *Glomus caroticum* bzw. *Sinus caroticus* mit dem N. glossopharyngeus laufen. Die Fasern des *N. vagus* schließlich – aus dem *Ggl. inferius n. vagi* (Ganglion nodosum) – erreichen den unteren Oropharynx, Larynx, Trachea, Oesophagus und die Organe der Thoraxhöhle und des Bauchraums mit Ausnahme der Organe des Beckens unterhalb des **Cannon-Böhm-Punktes** an der linken Kolonflexur.

Die sensiblen Neurone I. Ordnung, denen die viszeralen Fasern entstammen, haben zentrale Ausläufer, die sich zusammenschließen, um den *Tractus solitarius* zu bilden. Sie enden topographisch präzise entlang der gesamten Ausdehnung der *Ncll. tractus solitarii* (NTS), die die sensiblen Neurone II. Ordnung enthalten. Der Großteil der Axone der NTS-Neurone erreicht die *Ncll. parabrachiales* in der Pons. Die Neurone III. Ordnung der Ncll. parabrachiales projizieren in den medialen Teil des ventroposterioren Komplexes des kontralateralen Thalamus (► Kap. 10). Viele dieser Neurone enthalten – und benutzen wahrscheinlich auch als Transmitter – das langsam wirkende Neuropeptid CGRP. Die thalamischen Neurone IV. Ordnung erreichen den vorderen Anteil der Inselrinde. Beschrieben ist daneben eine direkte

4

Verbindung von den Ncll. parabrachiales zum agranulären Inselkortex und zum lateralen präfrontalen Kortex.

Offensichtlich wird ein großer Teil der viszeralen Informationen aus dem Bereich der Hirnnerven kortikal gar nicht bewusst wahrgenommen. Zum Beispiel verlieren manche Patienten mit einer Läsion des Rückenmarks komplett die bewusste intestinale Sensibilität, obwohl die vagalen Afferenzen intakt sind. Einige Kollateralen der vagalen Afferenzen enden nämlich auf Höhe der zervikalen Neuromere des Rückenmarks. Diese Fasern könnten also in die Nozizeption involviert sein, insofern sie auf die spinothalamische Bahn konvergieren. Darüber hinaus enden andere vagale Kollateralen in Gebieten des Hirnstamms, die die nozizeptive Transmission über absteigende inhibitorische Bahnen regulieren. Deswegen modulieren die sensiblen Fasern des Vagus letztlich die Schmerzübertragung in positivem wie negativem Sinn.

4.6.2 Viszerosensible Bahnen des Rückenmarks

Die viszerosensiblen Bahnen des Rückenmarks entstammen den viszerosensiblen Neurone I. Ordnung, die etwa 5–7% der Spinalganglienneurone auf allen Segmenthöhen ausmachen. Die Afferenzen von den zervikalen, thorakalen und lumbalen Ganglien bilden zentrale Projektionen, die sich in verschiedenen Neuromeren verteilen. So erstrecken sich beispielsweise die viszerosensiblen Fasern für das Herz in den Neuromeren C2 bis Th5. Im Gegensatz dazu sind die sensiblen Afferenzen der Beckenorgane relativ eng umschrieben zwischen den Neuromeren S2–S4 verteilt. Wie schon vorher erwähnt, benutzen die peripheren Ausläufer der viszerosensiblen Neurone I. Ordnung die *Nn. splanchnici* oder die *Nn. pelvici*, um ihre Zielorgane zu erreichen. Im Gegensatz dazu verlaufen die zentralen Ausläufer zusammen mit den zentralen somatischen Ausläufern, von denen man sie anatomisch nicht unterscheiden kann.

Die viszerosensiblen Neurone II. Ordnung sind an verschiedenen Orten in der grauen Substanz des Rückenmarks lokalisiert. Der Großteil jener, die Informationen von den Hals-, Thorax und Baucheingeweiden empfangen, finden sich in denselben Ursprungslaminae wie die Ursprungsneurone der *Tractus spinothalamicus et spinoreticularis*. Die Axone dieser viszeralen Neurone mischen sich mit somatischen Axonen. Einige zentrale Ausläufer der viszerosensiblen Neurone I. Ordnung verlaufen direkt zum Inneren des *Funiculus posterior,* steigen aber nicht zum Hirnstamm auf, sondern enden in den Laminae I, IV, V, VII und X der grauen Substanz des Rückenmarks, wo sie Synapsen mit Neuronen II. Ordnung ausbilden.

Die Neurone II. Ordnung der Laminae I, IV und V, die auf viszerale Reize antworten, empfangen im Allgemeinen auch nozizeptive Reize von der Haut. Schon auf dem Niveau der ersten Synapse im Rückenmark **konvergieren** die spinalen viszerosensiblen Bahnen mit den somatischen *Tractus spinothalamicus et spinoreticularis* (▶ Abschn. 4.6.2).

Die Neurone II. Ordnung, die Informationen von den Beckenorganen erhalten, liegen hauptsächlich in Lamina X, die vor allem im sakralen Bereich eine hohe Neuronendichte aufweist. Die Axone dieser Zellen steigen entlang des *Septum medianum* des *Funiculus posterior* auf. Einem ähnlichen Weg folgen die Axone einiger Neurone II. Ordnung der Lamina X auf dem thorakalen Niveau, die dem Septum intermedium benachbart verlaufen. Alle diese Axone enden auf Höhe der *Ncll. gracilis et cuneatus*. Die Neurone III. Ordnung erreichen von dort aus den ventroposterioren Komplex des **kontralateralen Thalamus**, wobei sie sich dem *Lemniscus medialis* anschließen. Vom Thalamus erreichen die Neurone IV. Ordnung die **Hirnrinde**. So folgt die Mehrheit der viszeralen Afferenzen von den Beckenorganen den *Funiculi posteriores* und dem *Lemniscus medialis*, während jene von den Bauch-, Brust und Halsorganen dem *Tractus spinothalamicus* folgen.

4.6.3 Schmerz als viszeraler Stimulus und der übertragene Schmerz

Der viszerale Schmerz wird nur unter pathologischen Bedingungen wahrgenommen und weist gegenüber dem somatischen Schmerz einige Besonderheiten auf. Der Eingeweideschmerz ist oft verbunden mit Hypotension, Übelkeit, Schweißausbrüchen und anderen klinischen Zeichen, die auf

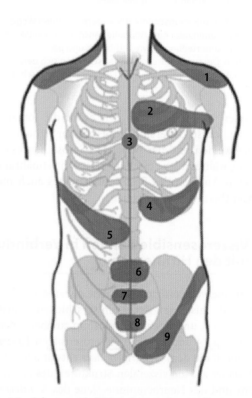

◻ **Abb. 4.9   Schmerzen bei Erkrankungen innerer Organe werden auf bestimmte Hautareale projiziert (Head-Zonen).** 1, Zwerchfell (C4); 2, Herz (Th3/4); 3, Oesophagus (Th4/5); 4, Magen (Th8); 5, Leber, Gallenblase (Th8 bis Th11); 6, Dünndarm (Th 10); 7, Dickdarm (Th11 bis L1); 8, Harnblase (Th11 bis L1); 9, Niere (Hoden; Th10 bis L1). (Illustration Leander E. Huggenberger)

die Reizung der viszeromotorischen Bahnen des Sympathikus und Parasympathikus zurückzuführen sind. Diese Stimulation geht höchstwahrscheinlich auf eine extrem diffuse Konvergenz zwischen spinalen viszeralen und den mit den Hirnnerven verbundenen Bahnen zurück. Die viszeralen spinothalamischen Fasern geben in der Tat zahlreiche Kollateralen zu den *Ncll. tractus solitarii* und *Ncll. parabrachiales* ab. Darüber hinaus konvergieren auf der Ebene des *Ncl. ventralis posterior* des Thalamus die spinalen viszeralen Fasern – verantwortlich für die Übertragung nozizeptiver Reize – und die nicht-nozizeptiven Afferenzen vom Ncl. parabrachialis. Ferner ist der Eingeweideschmerz häufig diffus, sodass es schwierig ist, den Ursprung des Schmerzes exakt zu lokalisieren und er subjektiv häufig in vollkommen intakten Geweben wahrgenommen wird. Das beruht darauf, dass die somatosensiblen und die viszerosensiblen Fasern im *Tractus spinothalamicus* zusammenlaufen. Der Patient schreibt den Sitz des Schmerzreizes dann den somatischen Strukturen zu, deren sensible Fasern sich in dieselben Neuromere des Rückenmarks verteilen (übertragener Schmerz in die **Head-Zonen**; ◘ Abb. 4.9). Da es in der Hirnrinde keine detaillierte Karte der viszeralen Sensibilität gibt, bezieht sich der viszerale Schmerz, der die Aufmerksamkeitsschwelle überschreitet, auf einen somatischen Bereich. Dies wird dann fälschlicherweise dahingehend interpretiert, dass der Schmerz als somatisch eher denn als viszeral empfunden wird. Zum Beispiel empfangen die Neurone im *Ncl. ventralis posterolateralis* sowohl viszerosensible Fasern vom Herz als auch somatosensible Fasern von Hals und Arm. In letztere wird klinisch (z. B. beim Herzinfarkt) vom Patienten der kardial bedingte Schmerz in den linken Arm projiziert.

Neurale Kontrolle der Somatomotorik

© Springer-Verlag GmbH Deutschland, ein Teil von Springer Nature 2019
S. Huggenberger et al., Neuroanatomie des Menschen, Springer-Lehrbuch
https://doi.org/10.1007/978-3-662-56461-5_5

Dieses Kapitel befasst sich mit der Somatomotorik also der Motorik der willkürlich steuerbaren Skelettmuskulatur. Die dazugehörigen neuronalen Netzwerke und Strukturen sind z. B. supraspinale Bahnen, die Pyramiden sowie lateral und ventromedial absteigenden Systeme.

5.1 Definitionen und allgemeine Daten

Die **somatomotorischen Bahnen** sind für die willkürliche Innervation der quergestreiften Muskulatur verantwortlich. Bei Mensch und Primaten ist der motorische Kortex hauptverantwortlich für die willkürlichen Muskelbewegungen, obwohl viele neuronale Netzwerke zur Regulierung dieser Bewegungen im Hirnstamm lokalisiert sind (Generatoren motorischer Abläufe). In weniger komplex entwickelten Vertebraten wie Fischen oder Amphibien ist die Ausführung unterschiedlicher motorischer Abläufe auch nach Entfernung des Vorderhirns möglich. Die Resektion der Hirnrinde bei Nagetieren hat keinen Einfluss auf die Ausführung eines Großteils der motorischen Funktionen. Auch in hoch entwickelten Säugetieren, wie z. B. Katzen, werden die Suche und die Aufnahme von Futter, das Überwinden von Hindernissen und exploratorische Bewegungen auch bei Tieren mit kortikalen Läsionen fast normal ausgeführt. Die Mitbeteiligung des motorischen Kortex für die Ausführung willentlicher Bewegungen nimmt erheblich und progressiv bei den Primaten

– von den Halbaffen über die Menschenaffen, bis schließlich zum Menschen – zu.

Der Neokortex ist hauptsächlich verantwortlich für die Organisation und Ausführung von Bewegungen der Extremitäten, insbesondere jener, die die Beteiligung der distalen Muskeln der Extremitäten erfordern. Daher rufen Läsionen des motorischen Kortex, sei es beim Menschen oder bei Menschenaffen, schwere funktionelle Defizite im unabhängigen Gebrauch der distalen Extremitätenmuskeln (Hand, Fuß) in Hinblick auf Manipulation und Exploration hervor. Darüber hinaus kontrolliert die motorische Hirnrinde die Bewegungen der mimischen Muskulatur des Gesichts und die Vokalisation (Lautäußerung).

Eine der wichtigsten kortikofugalen Projektionsbahnen des primär motorischen Kortex (M1 oder Area 4) ist die **Pyramidenbahn** oder der **Tractus corticospinalis** (◘ Abb. 5.1).

Die Pyramidenbahn wird klassischerweise als fundamentale Bahn der Kontrolle der Motorik bei den Primaten, insbesondere beim Menschen, beschrieben. Dieses Konzept muss jedoch unter einem weiteren Blickwinkel gesehen werden, der auch einige wichtige Aspekte der Evolution in Betracht zieht. An Katzen erhobene experimentelle Daten zeigen, dass der motorische Kortex in der Tat nur marginal an der Kontrolle der Lokomotion auf glatten Oberflächen involviert ist. Bewegt sich hingegen das Tier auf einer unebenen Oberfläche und wird eine präzise Platzierung der distalen Extremitäten zur Aufrechterhaltung des Gleichgewichts erforderlich, ver-

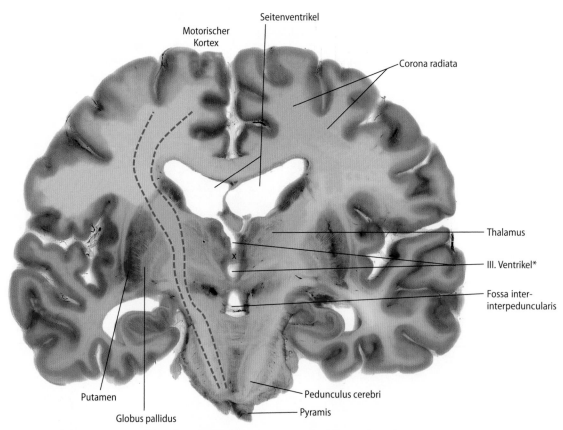

Motorischer Kortex
Seitenventrikel
Corona radiata
Thalamus
III. Ventrikel*
Fossa inter- interpeduncularis
Putamen
Globus pallidus
Pedunculus cerebri
Pyramis

◘ **Abb. 5.1   Koronalschnitt durch das menschliche Gehirn.** Die gestrichelten roten Linien markieren den Verlauf der Pyramidenbahn (*Tractus corticospinalis*). * Der III. Ventrikel erscheint hier zweigeteilt, da zwischen dem dorsalen und ventralen Anteil die Adhesio interthalamica (x) zu sehen ist. (Mit freundlicher Genehmigung der Anatomischen Sammlung der Universität zu Köln)

stärkt sich die elektrische Aktivität der pyramidalen Neurone signifikant. Darüber hinaus ist die Ausführung von motorischen Aufgaben, bei denen eine exakte Positionierung jeder Extremität erforderlich ist, z. B. wenn das Tier eine Leiter hinaufklettert, nach Resektion der Pyramiden der Medulla oblongata unmöglich. Diese Beobachtungen zeigen, dass die Pyramidenbahn essentiell für die Kontrolle der Lokomotion ist und dass der motorische Kortex auch eine entscheidende Rolle bei der Koordination der Bewegungen und der Regulierung der Körperhaltung spielt.

In diesem Kapitel werden wir uns spezifisch mit der anatomischen und funktionellen Organisation der supraspinalen (kranial des Rückenmarks gelegenen) motorischen Bahnen beschäftigen. Die Verbindung dieser Bahnen mit dem Kleinhirn (▶ Kap. 8) und mit den Basalganglien (▶ Kap. 11) wird getrennt behandelt.

5.2 Supraspinale motorische Bahnen

Es gibt zwei prinzipielle Systeme, die die supraspinalen motorischen Bahnen beinhalten. (1) Das **laterale absteigende System**, dessen Axone dem motorischen Kortex und der *pars magnocellularis* des *Ncl. ruber* entstammen und hauptsächlich im Seitenstrang der weißen Substanz des Rückenmarks verlaufen und (2) das **ventromediale absteigende System**, dessen Axone im kaudalen Anteil des Hirnstamms entspringen und hauptsächlich im Vorderstrang der weißen Substanz des Rückenmarks verlaufen. Die beiden Systeme sind nicht wirklich unabhängig voneinander, sondern kommunizieren untereinander auf verschiedenen supraspinalen Ebenen und teilen eine Reihe von Zielneuronen in der grauen Substanz des Rückenmarks.

Das **laterale absteigende System** entspricht zum großen Teil (aber nicht vollständig) der **Pyramidenbahn**. Mit dem Begriff der **extrapyramidalen Bahnen** bezeichnet man dagegen jenen Komplex somatomotorischer Bahnen, die nicht direkt zur Pyramidenbahn beitragen und eine Reihe aufeinander folgender Synapsen (**polysynaptische Bahnen**), die den spinalen Motoneuronen übergeordnet sind. Der Großteil der extrapyramidalen Bahnen (z. B. der *Tractus reticulospinalis* und der *Tractus tectospinalis*, s. weiter unten in diesem Kapitel), die den **geordneten Ablauf einer Bewegung** vermitteln, gehören zum **ventromedialen absteigenden System**. Die Unterscheidung eines pyramidalen von einem extrapyramidalen System ist artifiziell und im Lichte der neuesten Erkenntnisse ohne solides anatomisches Substrat. Sie wird aber noch immer in der klinischen Praxis benutzt, um den Ursprung und die Art bestimmter pathologischer Zustände zu bezeichnen.

Auch die Unterteilung zwischen dem lateralen und dem ventromedialen absteigenden System ist in Wirklichkeit eine Vereinfachung, hilft aber, anatomische, experimentelle und klinischen Daten in einen organischen Kontext einzuordnen. Läsionen des lateralen Systems führen allgemein zur Unfähigkeit, in unabhängiger oder angemessener Weise die Muskeln der distalen Extremitätenanteile einzusetzen, während Läsionen des ventromedialen System zu einer alterierten motorischen Kontrolle der Muskeln der proximalen Anteile der Extremitäten und des Rumpfs führen.

5.3 Pyramidenbahn (Tractus corticospinalis)

Die Pyramidenbahn ist ein wichtiges somatomotorisches absteigendes Faserbündel, dessen Ursprungsneurone (◼ Abb. 5.2) in unterschiedlichen Arealen der Hirnrinde liegen.

Anatomisch betrachtet kann die Pyramidenbahn in eine Komponente zum Hirnstamm (auch *Fibrae corticonucleares* genannt) und eine weitere zum Rückenmark (*Tractus corticospinalis*) unterschieden werden. Beide Teile machen bei einem Großteil der Säugetiere etwa 50 % des gesamten Bündels aus. Was den Tractus corticospinalis angeht, so wurde beson-

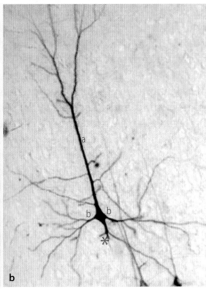

◼ **Abb. 5.2a,b Große Pyramidenzellen der Großhirnrinde.** Golgi-Imprägnierung (**a** – freundlicherweise überlassen von Dr. Andrea Pirone – Pisa) und **b** immunohistochemische Markierung des Kalziumbindenden Proteins Parvalbumin (PARV). Die Neurone verfügen über einige Basaldendriten (b in rot), die von der Basis des Perikaryon abgehen sowie einen langen Apikaldendriten (a in rot). In **a** sind die dendritischen Spines zu erkennen. Mit * sind die initialen Abschnitte der Axone markiert

5

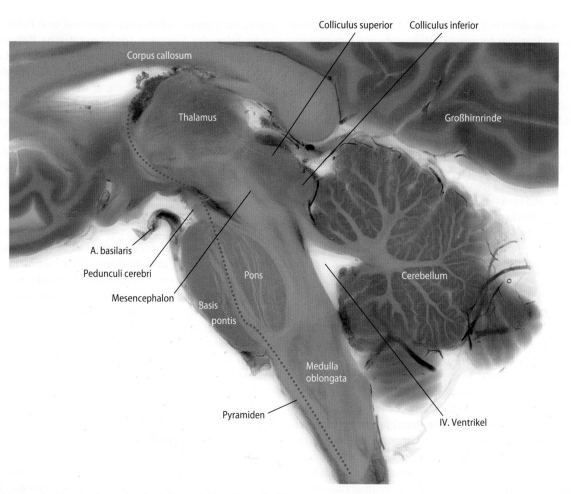

☐ Abb. 5.3   Sagittalschnitt durch ein plastiniertes Gehirn. Der Verlauf des Tractus corticospinalis (Pyramidenbahn) ist durch die gestrichelte rote Linie markiert

dere Aufmerksamkeit auf die Untersuchung jener Fasern gelegt, die direkt die Motoneurone der Vorderhörner des Rückenmarks erreichen, obwohl diese nicht mehr als 5–10 % der gesamten Axone der Pyramidenbahn ausmachen (☐ Abb. 5.3, ☐ Abb. 5.4).

Die Pyramidenbahn entspringt von zahlreichen kortikalen Arealen des *Lobus frontalis* mit unterschiedlicher Funktion. Dazu gehören der primär motorische Kortex (M1), der dorsale prämotorische Kortex (PMd), der ventrale prämotorische Kortex (PMv) und der supplementär-motorische Kortex (SMA) (☐ Abb. 5.4). Allgemein gesprochen ist M1 die wichtigste Region für die direkte Ausführung von Bewegungen, PMd und PMv sind in die sensible Kontrolle der Bewegung involviert und SMA in die Planung und die Koordination von Bewegungen, die von intrinsischen motorischen Schemata generiert werden. Innerhalb der Mantelkante liegt der cingulär motorische Kortex, der in einige emotionale Aspekte willkürlicher Bewegungen eingebunden ist. Neben motorischen Fasern enthält die Pyramidenbahn auch Axone von Neuronen somatosensibler Rindenfelder (Brodmann-Areae 3, 1, 2 und 5). Diese Fasern enden in den sensiblen Hirnstammkernen und den posterioren Laminae des Rückenmarks. wo sie die sensible Neurotransmission modulieren.

Die Pyramidenbahn besteht vorwiegend aus myelinisierten Fasern kleinen Kalibers. Bei Rhesusaffen ist ein Großteil der Axone kleinkalibrig mit einer geringen Leitungsgeschwindigkeit (1–2 μm mit Leitungsgeschwindigkeiten < 10 m/s), ein kleiner Prozentsatz der Axone erreicht Durchmesser von 12–15 μm mit Leitungsgeschwindigkeiten von 80 m/s. Beim Menschen enthält die Pyramidenbahn ca. 1 Million Nervenfasern mit mittleren Leitungsgeschwindigkeiten von 60 m/s bei einem mittleren Durchmesser von 10 μm. Die Fasern mit den kleinsten Durchmessern enden bevorzugt auf Höhe des Hirnstamms, während die dickeren Fasern sich bis zum Lumbalmark erstrecken. Ca. 3 % der Fasern erreichen beim Menschen einen Durchmesser von 20 μm und Leitungsgeschwindigkeiten von 120 m/s. Diese haben ihren Ursprung in den **Betzschen Riesenpyramidenzellen**, deren Perikarya in Schicht V des somatomotorischen Kortex liegen und bis zu 120 μm groß sein können.

Die pyramidalen Fasern geben entlang ihres Verlaufs eine Reihe von Kollateralen ab. Auf diese Weise können die Fasern mit dem größten Durchmesser über ihre zahlreichen Kollateralen synchrone Impulse an multiple Ziele senden.

Die Axone der Pyramidenbahn steigen somatotop über die *Corona radiata* und die *Capsula interna* zum Hirnstamm ab. Sie durchlaufen die Pedunculi cerebri des Mesencephalons

Abb. 5.4 Schematische Darstellung des Verlaufs der somatomotorischen Bahnen. Aus Gründen der Übersichtlichkeit sind die kortikalen Motoneurone (rot) nur im primär motorischen Kortex dargestellt. Ebenso sind im ventromedialen System nur die *Tractus tectospinalis* und *vestibulospinalis* eingezeichnet, die vom *Colliculus superior* (gelb) bzw. den Vestibulariskernen (blau) entspringen (* die *Tractus vestibulospinales lateralis et medialis* von den ipsi- bzw. kontralateralen Vestibulariskernen werden hier vereinfacht als ein Tractus dargestellt). Die römischen Zahlen zeigen die Laminae der grauen Substanz des Rückenmarks. Abkürzungen: M1, Primär-motorischer Kortex; PMd, Dorsales prämotorisches Areal; SMA, Supplementär-motorischer Kortex

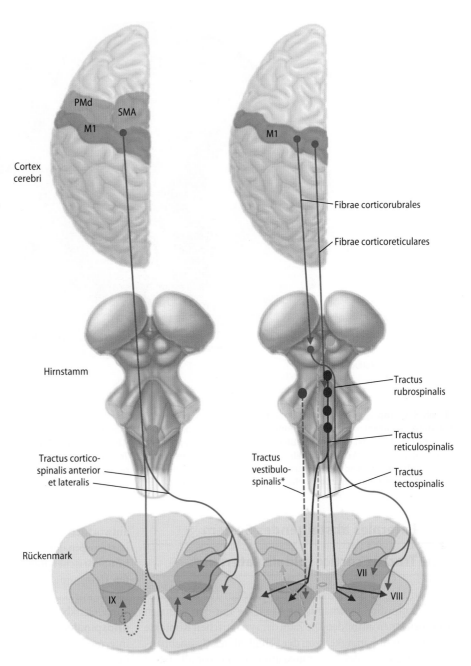

und die basalen Anteile der Brücke und gelangen von dort zur *Medulla oblongata*, wo die Masse der Fasern eine langgestreckte, runde Vorwölbung bildet (◨ Abb. 5.3). Dieses, die namengebende **Pyramide** (Pyramis medullae oblongatae), ist gut auf der ventralen Oberfläche der Medulla oblongata sichtbar. Geometrisch handelt es sich allerdings eher um einen Halbzylinder als um eine Pyramide.

In ihrem Verlauf im Hirnstamm entlässt die Pyramidenbahn Kollateralen für die Motoneurone der Hirnnerven, insbesondere für jene, die die Gesichts-, Kau- und Zungenmuskeln innervieren. Diese Kollateralen werden als kortikonukleäre oder kortikobulbäre Fasern bezeichnet. Am kaudalen Ende der Pyramiden zeigen die Fasern des *Tractus corticospinalis* ein unterschiedliches Verhalten. Ca. 80 % der Fa-

sern kreuzen in der sog. *Decussatio pyramidum* auf die Gegenseite. Diese Fasern verlaufen dann kontralateral im dorsalen Bereich des Seitenstrangs des Rückenmarks als *Tractus corticospinalis lateralis* nach kaudal (◨ Abb. 5.5).

Die verbleibenden Fasern treten in den ipsilateralen Vorderstrang ein und bilden den *Tractus corticospinalis anterior* (◨ Abb. 5.5), der bis zu 30 % der kortikospinalen Axone umfassen kann. Diese kreuzen hauptsächlich in der *Commissura alba anterior*.

Alle pyramidalen Fasern sind exzitatorisch und benutzen Glutamat als Neurotransmitter.

5

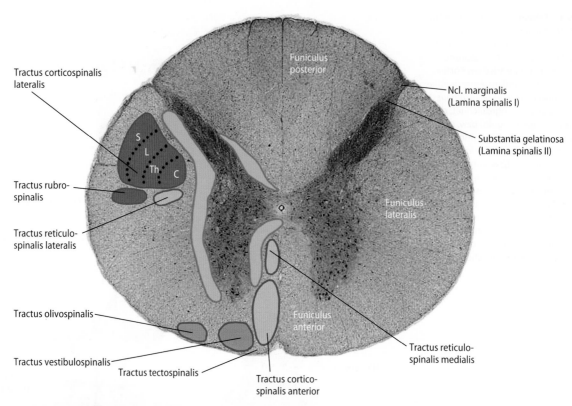

◘ Abb. 5.5   Topographie der absteigenden Bahnen der weißen Substanz im Rückenmark. Alle deszendierenden Tractus sind in unterschiedlichen Rottönen dargestellt, abhängig davon, ob sie ungekreuzt (hellrosa), teilweise gekreuzt (dunkelrosa) oder gekreuzt (rot) verlaufen. In gelb markiert sind die *Fasciculi proprii* der einzelnen Funiculi der weißen Substanz. Die somatotopische Anordnung der Fasern des *Tractus corticospinalis lateralis* ist durch gepunktete schwarze Linien markiert. Abkürzungen: C, zervikal; L, lumbal; S, sakral; Th, thorakal. (Die Position des *Tractus tectospinalis* bzw. des zervikalen Anteils des *Tractus corticospinalis lateralis* sind hier aus didaktischen Gründen eingezeichnet, obwohl diese in dem thorakalen Schnitt nicht vorhanden sind)

5.4   Laterales absteigendes System

5.4.1   Tractus corticospinalis lateralis

Es ist wichtig zu unterstreichen, dass nur ein Teil der Fasern dieser Bahn direkte synaptische Kontakte mit den spinalen Motoneuronen ausbildet. Die Zahl der synaptischen Kontakte ist erhöht in Abhängigkeit von der Fähigkeit, relativ unabhängige Bewegungen der Finger auszuführen und vor allem mit dem Vermögen neue motorische Fertigkeiten zu erwerben. Die Pyramidenfasern erreichen in der Tat bevorzugt jene Motoneurone, die die am weitesten distal gelegenen Muskeln der Extremitäten kontrollieren. Eine einzigartige Eigenschaft dieser Fasern ist ihre Fähigkeit, selektiv kleine Gruppen von Motoneuronen zu aktivieren. Dies ist essentiell für die Ausführung von präzisen Bewegungen (Feinmotorik). Bei der Ausführung einer Bewegung koaktivieren die Pyramidenfasern α- und γ-Motoneurone. Auf diese Weise melden die Muskelspindeln der agonistischen Muskeln wegen ihrer Aktivierung keine Stauchung, während die Spindeln in den Antagonisten eine passive Dehnung anzeigen.

Außer kortikomotorischen Fasern existieren im *Tractus corticospinalis lateralis* auch Fasern, die indirekt auf Interneuronen verschiedener Art einwirken und für eine poly-, in der Regel disynaptische Aktivierung der Motoneurone ver-

antwortlich sind. Unter den indirekten Zielneuronen der kortikospinalen Fasern sind zu erwähnen die glyzinergen, inhibitorischen **Renshaw-Zellen**, die – neben einer rekurrenten Hemmung der eigenen α-Motoneurone – eine gleichzeitige Kontraktion agonistischer Muskeln zur Stabilisierung von Gelenkbewegungen erlauben, sowie eine Reihe von **propriospinalen exzitatorischen Neuronen** in der Columna intermedia und an der Basis der Vorderhörner. Die Motoneurone, die die paraxialen und am weitesten proximal gelegenen Muskeln innervieren, werden indirekt über eine oligosynaptische Kette über diese Interneurone rekrutiert.

Pyramidenbahnläsionen (1. Neuron) führen zu **spastischen zentralen Paresen** mit Tonuserhöhung, gesteigerten Muskeleigenreflexen sowie pathologischen Reflexen, wie dem Babinsky-Reflex (gehören zu den sog. Pyramidenbahnzeichen) durch Unterbrechung der hemmenden zentralen Efferenzen. Je nach Lage der Schädigung zur Kreuzung kommt es zu einer kontralateralen (proximal der Kreuzung) oder ipsilateralen (distal der Kreuzung) Symptomatik. **Schlaffe (periphere) Paresen** auf der ipsilateralen Seite resultieren, wenn das 2. Neuron (Motoneurone im Hirnstamm oder Rückenmark) betroffen ist.

5.4.2 Tractus corticospinalis anterior

Obwohl die Existenz ipsilateraler kortikospinaler Neuronen weitgehend gesichert ist, ist bis heute die Art ihrer Endigung im Rückenmark nicht vollkommen klar. Diese Fasern haben ihren Ursprung hauptsächlich im primär motorischen Kortex, in geringerem Ausmaß im supplementär-motorischen Kortex (SMA). Sie enden im mittleren Thorakalmark v. a. in der Lamina VIII, in geringerer Zahl auch im medialen Teil der Lamina VII sowie in Lamina IX und bilden synaptische Kontakte mit spinalen Interneuronen aus, von denen einige (kommissurale Neurone) Axone haben, die in der kontralateralen grauen Substanz auf zervikalem wie lumbalen Niveau verlaufen. Wichtig ist festzuhalten, dass die Endigungen in Lamina IX keine direkten Kontakte mit Motoneuronen dieser Schicht ausbilden. Vielmehr bewirken die Fasern des *Tractus corticospinalis anterior* eine indirekte Aktivierung der Motoneurone über eine polysynaptische Neuronenkette. Eine solche Kette kann, wie oben erwähnt, ein spinales Interneuron oder Neurone des Hirnstamms umfassen, die Ursprung der *Tractus reticulospinalis et vestibulospinalis* sind (s. im Folgenden). Die Funktion der Fasern des Tractus corticospinalis anterior ist großenteils unklar. Während der postnatalen Entwicklung gibt es eine Umgestaltung der synaptischen kortikospinalen Verbindungen mit einer Rückbildung der anterioren ipsilateralen Fasern zugunsten der gekreuzten lateralen kortikospinalen. Unter normalen Bedingungen sind beim Erwachsenen die motorischen Effekte, die durch die anterioren Fasern bewirken, schwer zu erkennen.

5.4.3 Tractus rubrospinalis

Der *Tractus rubrospinalis* besteht aus einem Ensemble von Axonen, die im *Ncl. ruber* des Mesencephalons entspringen. Bei den Säugetieren, im Besonderen bei den Primaten, besteht dieser Kern aus einem posterioren Teil mit großen Neuronen (*Pars magnocellularis*) und einem anterioren Teil mit kleinen Neuronen (*Pars parvocellularis*).

Man nimmt an, dass die rubrospinalen Fasern, die in den anterioren Teilen des mesenzephalen Tegmentum kreuzen, aus dem ventromedialen Teil der Pars magnocellularis des Ncl.ruber stammen. Nach der Kreuzung erreichen sie den Seitenstrang des Rückenmarks, wo sie in enger Nachbarschaft mit den Fasern des *Tractus corticospinalis lateralis* verlaufen (◘ Abb. 5.5). Sie enden an Interneurone der Laminae V–VII des Rückenmarks, die die Aktivität jener Motoneurone regulieren, welche die proximalen und distalen Muskeln der Extremitäten innervieren.

Die Axone der kleinzelligen Neurone kreuzen nicht und erreichen den unteren Olivenkernkomplex (Complexus olivaris inferior) der *Medulla oblongata* (*Tractus rubroolivaris*). Der Input der unteren Olive erfolgt über die **Kletterfasern**, die in die Kleinhirnrinde ziehen (▶ Kap. 8) und der *Tractus olivospinalis* zum Rückenmark.

Man nimmt allgemein an, dass parallel zur Rückbildung des Tractus rubrospinalis beim Menschen die Größenzunah-me der Pars parvocellularis des Ncl. ruber in Zusammenhang mit dem Erwerb des aufrechten Gangs und des damit verbundenen Bedeutungsverlustes der vorderen/oberen Extremität für Haltung und Bewegung zu sehen ist. Eine Reihe von experimentellen Beobachtungen an anthropomorphen vierbeinigen (Pavian) oder zweibeinigen (Gibbon) Affen zeigt, dass die Rückbildung des Tractus rubrospinalis die Folge der dominanten Rolle des kortikospinalen Systems für die Kontrolle der oberen Extremität bei Bipeden sein könnte.

Die Aktivität der Neurone des Ncl. ruber wird direkt reguliert durch Neurone der *Fibrae corticorubrales,* die im motorischen Kortex entspringen sowie durch Kollateralen der Pyramidenbahn. Die Interaktion zwischen Hirnrinde, Ncl. ruber und Kleinhirn wird in ▶ Kapitel 8 behandelt.

5.5 Ventromediales absteigendes System

5.5.1 Tractus reticulospinalis

Unter den Vertebraten bilden die retikulospinalen Neurone die phylogenetisch älteste motorische Bahn, die eine wichtige Rolle in der Kontrolle von Haltung und Gleichgewicht spielt. Die Ursprungsneurone liegen in den medialen zwei Dritteln der pontinen Formatio reticularis und zeigen bis zu einem gewissen Grade eine somatotope Organisation.

Die Fasern des *Tractus reticulospinalis pontis (medialis)* entstammen der medialen *Formatio reticularis* der Brücke und verlaufen zum größten Teil zusammen mit dem *Fasciculus longitudinalis medialis.* Sie erreichen ungekreuzt das Rückenmark, wo sie den medialen Teil des *Funiculus anterior* einnehmen (◘ Abb. 5.5). Die Endigungen finden sich auf allen Segmentebenen in den Laminae VI–IX und sind für die Motoneurone des Halses, des Rückens und der Extremitäten bestimmt.

Die Fasern des *Tractus reticulospinalis medullae oblongatae (lateralis)* haben ihren Ursprung in Kerngebieten der medialen Formatio reticularis der Medulla oblongata. Sie erreichen das Rückenmark sowohl gekreuzt als auch ungekreuzt und liegen dort im mittleren Teil des Seitenstrangs (Funiculus lateralis) (◘ Abb. 5.5). Die Endigungen findet man in den Laminae V und IX des Rückenmarks auf allen Segmentebenen.

Die retikulospinalen Neurone empfangen direkten exzitatorischen Input vom motorischen Kortex, den Kleinhirnkernen und von den Colliculi superiores.

Die Fasern beider retikulospinaler Trakte sind so organisiert, dass sie – einmal aktiviert – Bewegungsschemata generieren, die jene distalen und axialen Muskeln betreffen, die primär der Haltungskontrolle dienen. Die wichtigste Aufgabe dieser Tractus ist daher, die notwendigen Wechsel des axialen und haltungsrelevanten Muskeltonus in Zusammenhang mit den Willkürbewegungen der distalen Extremitätenmuskulatur zu generieren.

5

5.5.2 Tractus tectospinalis

Die Neurone des *Tractus tectospinalis* haben große Perikarya, die in den *Colliculi superiores* liegen. Die Axone kreuzen auf die Gegenseite und erreichen den Vorderstrang des zervikalen Rückenmarks. Die Verbindungen mit den spinalen Motoneuronen sind indirekt, es sind ein oder mehrere Neurone der unteren Medulla oblongata oder des Rückenmarks zwischengeschaltet. Diese Verbindungen bewirken im Wesentlichen die Inhibition ipsilateraler Motoneurone für die Muskulatur des Nackens und die Exzitation der kontralateralen Nackenmuskeln.

In ihrem Verlauf schicken die Fasern des Tractus tectospinalis Kollateralen zur Formatio reticularis, insbesondere zu den retikulospinalen Neuronen, die zu den Halsmuskeln projizieren sowie zu den Kernen der äußeren Augenmuskeln. Zusammen sind die tektospinalen Verbindungen in der Lage, Kopfbewegungen und langsame Augenbewegungen zu generieren, um den Blick in Richtung eines spezifischen Ziels zu lenken.

Fallbeispiel

Ein 65-jähriger Mann war zu Hause gestürzt und konnte wegen einer massiven Schwäche im rechten Arm und Bein nicht alleine aufstehen. Der Ehefrau waren ein ‚schiefes Gesicht‘ und eine verwaschene Sprache aufgefallen. Der Notarzt veranlasste den sofortigen Transport in eine neurologische Klinik.

Der aufnehmende Neurologe fand einen stark übergewichtigen Patienten in gutem AZ. Der Patient war zu Ort und Zeit nur unzureichend orientiert. Die Verständigung war wegen seiner Sprechstörung und seines Wachheitsgrades nur eingeschränkt möglich. Die Ehefrau berichtete, dass ihr Mann seit mehreren Jahren einen insulinpflichtigen Diabetes mellitus habe und auch wegen erhöhten Blutdrucks behandelt werde.

Die neurologische Untersuchung zeigte eine zentrale Fazialisparese links, eine Hypoglossusparese (▶ Kap. 15) links sowie eine Hemiparese der linken Körperhälfte. RR 160/100 mmHg.

Welcher anatomische Ort kommt für die Erklärung der Beschwerden und Befunde in Frage?

Das „schlagartige" Auftreten neurologischer Ausfallerscheinungen lässt primär an eine Störung der zerebralen Durchblutung denken. Die Art der Ausfälle hilft, das Geschehen weiter einzugrenzen. Der Patient zeigt eine zentral bedingte Gesichtslähmung links, eine Lähmung der Zunge links und eine Halbseitenlähmung des Körpers. Es handelt sich also um motorische Störungen, die in erster Linie entweder auf die kontralaterale primär-motorische Hirnrinde (▶Abb. 12.15) oder kontralaterale *Capsula interna* hindeuten. Die Capsula interna weist eine topographische Aufgliederung für die einzelnen dort verlaufenden Bahnen auf (◻ Abb. 5.6). Die zu den motorischen Hirnstammkernen verlaufenden Bahnen (*Tractus corticonucleares*, akuter Fall: *Ncl. n. facialis, Ncl. n. hypoglossi*) und die Pyramidenbahn für die motorische Versorgung der Körperperipherie sind im sog. *Crus posterius* (hinterer Schenkel) der inneren Kapsel lokalisiert. Diese Bahnen kreuzen alle vor Erreichen ihrer Zielgebiete auf die Gegenseite. Das Crus posterius wird von Ästen der *A. choroidea anterior* aus der *A. carotis interna* versorgt.

Welche Verdachtsdiagnose stellen Sie?

Hirninfarkt (Schlaganfall) im Versorgungsgebiet der A. choroidea anterior/A. carotis interna. Es wurde eine technische Untersuchung angeordnet.

Um welches Verfahren wird es sich wahrscheinlich handeln?

Bei Verdacht auf einen Hirninfarkt muss so rasch wie möglich eine Bildgebung des Gehirns durchgeführt werden. Da Untersuchungen mit dem CT schnell durchzuführen und CT-Geräte weit verbreitet sind, ist dies noch immer die Technik der Wahl. Die Bildgebung ist nötig, da der klinische Befund keine Unterscheidung zwischen ischämischem Infarkt (Verlegung eines Gefäßes mit nachfolgender Mangelversorgung des Gefäßterritoriums) bzw. hämorrhagischem Infarkt (Gefäßruptur mit Blutung in das Hirngewebe) erlaubt. Diese ist aber die Vorbedingung für die Einleitung therapeutischer Maßnahmen. Während es für den hämorrhagischen Infarkt keine spezifische Behandlung gibt, ist beim ischämischen Infarkt die Auflösung des verursachenden Gerinnsels (Lysetherapie) prinzipiell möglich, wenn die Therapie innerhalb eines Zeitfensters von ca. 4 h nach Auftreten der Symptome erfolgen kann.

Welchen Befund/welche Befunde erwarten Sie?

Die CT-Aufnahme zeigt eine Hypodensität im Bereich der Capsula interna (◻ Abb. 5.7). Dies spricht für einen akuten ischämischen Infarkt. Diese Diagnose kann mit einer diffusionsgewichteten Magnetresonanztomografie verifiziert werden, weil im Bereich des Infarktes die Diffusion herabgesetzt ist (Hyperintensität).

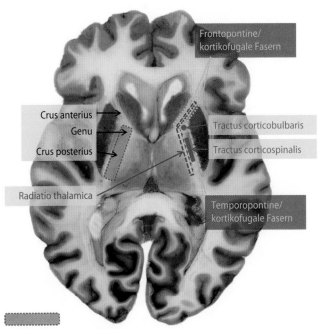

Crus anterius
Genu
Crus posterius
Radiatio thalamica

Frontopontine/
kortikofugale Fasern

Tractus corticobulbaris
Tractus corticospinalis

Temporopontine/
kortikofugale Fasern

Ungefähres Versorgungsgebiet
der A. choroidea anterior

◨ **Abb. 5.6   Die Topographie der Capsula interna und das Schema der in ihr verlaufenden Fasern projiziert auf einen Horizontalschnitt des Gehirns**

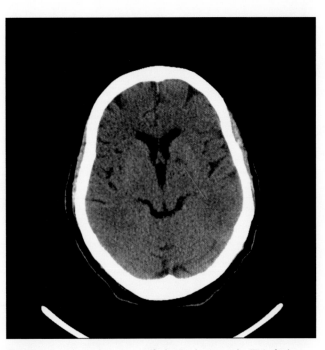

◨ **Abb. 5.7   Akuter lacunarer Infarkt:** Die horizontale CT-Aufnahme zeigt eine kleine (daher „lacunar") Hypodensität im Bereich der linken Capsula interna (Pfeil; mit freundlicher Genehmigung von Prof. D. Maintz und Dr. C. Kabbasch, Institut für Diagnostische und Interventionelle Radiologie, Uniklinik Köln)

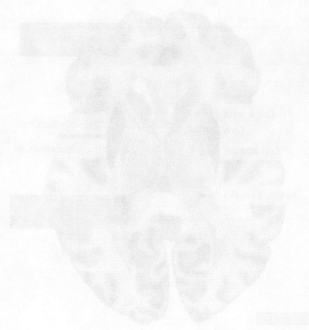

Mesencephalon, Pons und Medulla oblongata

© Springer-Verlag GmbH Deutschland, ein Teil von Springer Nature 2019
S. Huggenberger et al., Neuroanatomie des Menschen, Springer-Lehrbuch
https://doi.org/10.1007/978-3-662-56461-5_6

Dieses Kapitel befasst sich mit den wesentlichen neuroanatomischen Aspekten zum Hirnstamm bestehend aus Mesencephalon, Pons und Medulla oblangata. Es beschreibt die Kerngebiete und Zellsäulen und nennt die wichtigen Bahnen.

6.1   Allgemeine Anmerkungen

Mesencephalon, Pons und **Medulla oblongata** bilden zusammen den Hirnstamm (*Truncus cerebri*), der auf der Schädelbasis ruht. Die Medulla oblongata wird auch als Bulbus (lat. Zwiebel) bezeichnet, ein Begriff der vor allem in der klinischen Praxis verwendet wird[1]. Die Längsachse des Hirnstamms ist mit ihren Lagebezeichnungen eine Forstsetzung der Längsachse im Rückenmark/Rumpfbereich (▶ Achsen des ZNS im Anhang 1).

Die 3 Abschnitte des Hirnstamms sind von unterschiedlichem embryologischen Ursprung, beim Erwachsenen aber in funktioneller Hinsicht schwer voneinander zu trennen. Im Inneren des Hirnstammes verlaufen zum einen Fasertrakte über kurze Distanzen, die die Strukturen des Hirnstamms untereinander bzw. mit dem Kleinhirn verbinden. Im Hirnstamm verlaufende Trakte über längere Distanzen stellen die Verbindung zwischen *Telencephalon* bzw. *Diencephalon* und Rückenmark sicher.

Im Hirnstamm liegen neuronale Kerngebiete, die die Aufrechterhaltung der wichtigsten vitalen Parameter und besonderer funktioneller Systeme garantieren.

6.2   Makroskopische Anatomie

Der **Hirnstamm** hat die Form eines flach gedrückten Kegels, wobei die Basis des Kegels (◘ Abb. 6.1), das *Mesencephalon* (Mittelhirn) nach oben weist. Dieser Kegel setzt sich in das *Diencephalon* (Zwischenhirn) nach kranial und mit der Spitze in Form der *Medulla oblongata* nach kaudal in das Rückenmark fort. Die kraniale Grenze des Rückenmarks wird gebildet von einer Ebene, die durch die kaudalen Wurzeln des *N. hypoglossus* und die obersten Wurzeln des ersten zervikalen Spinalnervs verläuft. In praktischer Hinsicht korrespondiert diese Ebene mit dem Durchgang des ZNS durch das *Foramen magnum*. Der Hirnstamm grenzt ventral an das Os sphenoidale und die basalen Anteile des Os occipitale.

Kranial ist der Hirnstamm (Mesencephalon) bedeckt von den beiden Hirnhemisphären und dorsal (Pons und Medulla oblongata) vom Kleinhirn (◘ Abb. 6.2).

Von dorsal gesehen zeigt der Hirnstamm in seinem kranialen Anteil vier Vorwölbungen: Die beiden *Colliculi superiores* und die beiden *Colliculi inferiores* (◘ Abb. 6.1), voneinander getrennt durch eine kreuzförmige Furche[2].

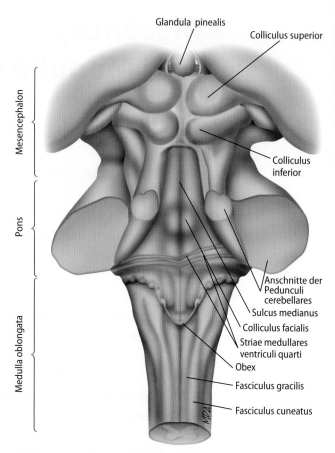

◘ **Abb. 6.1   Hirnstamm.** Ansicht von dorsal nach Entfernung des Kleinhirns

Nach Entfernung des Kleinhirns sieht man kaudal der Colliculi den rautenförmigen Boden des IV. Ventrikels (◘ Abb. 6.1). Dieser wird in der Mitte in Längsrichtung von einer Furche (Sulcus medianus) durchzogen. Links und rechts dieser Furche sind mehrere Vorwölbungen sichtbar. Am Rand des Bodens des IV. Ventrikels befinden sich die *Pedunculi cerebellares* (Kleinhirnstiele, ▶ Kap. 8).

Von ventral gesehen (◘ Abb. 6.3) zeigt der Hirnstamm im kranialen Bereich eine V-förmige Vorwölbung, bestehend aus den beiden *Pedunculi cerebri*. Diese umgreifen die mittig gelegenen *Corpora mammillaria*, die zum Zwischenhirn (*Diencephalon*) gehören). Die Pedunculi cerebri enthalten die absteigenden Fasern des *Tractus corticospinalis* (Pyramidenbahn). Die Pedunculi scheinen am Übergang zum *Pons* (Brücke), einer voluminösen, ringförmigen Vorwölbung, die sich über die Ventralfläche des intermediären Hirnstamms erstreckt, zu verschwinden[3].

Kaudal der Brücke zeigen sich auf der Ventralfläche des Hirnstamms die **Pyramiden** (*Pyramis*, zylinderförmige Vorwölbungen, die die Fasern des Tractus corticospinalis (s. o.)

---

1   Von diesem Wort leitet sich das Adjektiv bulbär ab, das bis heute verwendet wird.

2   Wegen dieser Anordnung wird der dorsale Anteil des Mesencephalons auch mit dem heute weniger gebräuchlichen Namen *Lamina quadrigemina* (Vierhügelplatte) bezeichnet

3   Unter dem Begriff Pedunculi wurden bislang die Crura cerebri und das Tegmentum mesencephali zusammengefasst. Heute wird empfohlen, diesen Begriff nur noch für die Faserbündel zu verwenden, die vom Telencephalon zum Hirnstamm und Rückenmark ziehen.

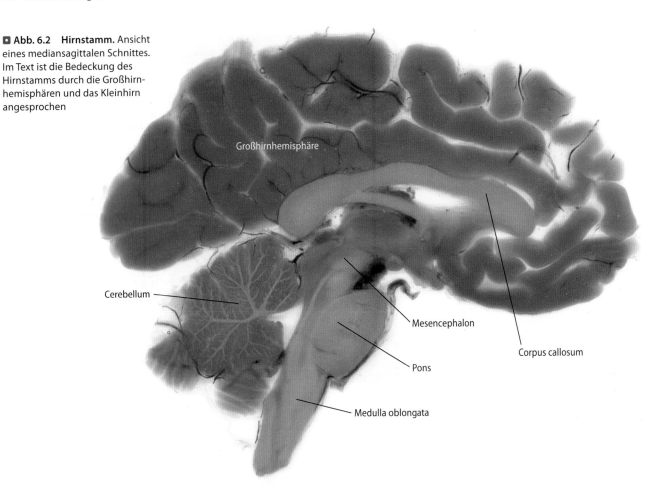

◘ Abb. 6.2   Hirnstamm. Ansicht eines mediansagittalen Schnittes. Im Text ist die Bedeckung des Hirnstamms durch die Großhirnhemisphären und das Kleinhirn angesprochen

Großhirnhemisphäre

Cerebellum

Mesencephalon

Corpus callosum

Pons

Medulla oblongata

enthalten. Zu beiden Seiten der Pyramiden sind die Ursprünge der kaudalen Hirnnerven sichtbar (▶ Kap. 15).

Ventral des Hirnstamms, umgeben von den Meningen und der Schädelbasis benachbart, liegen die *Aa. vertebrales* und die unpaare *A. spinalis anterior*, die sich an der Grenze zwischen Brücke und Medulla oblongata (*Sulcus bulbopontinus*) zur *A. basilaris* vereinigen. Diese verläuft in Richtung der posterioren Anteile des *Circulus arteriosus cerebri*[4]. Aus der A. basilaris entspringen Äste für das Kleinhirn, den Pons und die posterioren Anteile des Telencephalons (▶ Kap. 17).

6.3   Medulla oblongata

Die *Medulla oblongata* (verlängertes Mark), die sich aus dem myelenzephalen Bläschen (▶ Kap. 2) entwickelt, ist kranial mit der Brücke, kaudal mit dem Rückenmark verbunden. Sie stellt den am stärksten abgeflachten und längsten Anteil des Hirnstamms dar (◘ Abb. 6.2). Die Medulla oblongata ist nach dorsal offen zum Ventrikel (◘ Abb. 6.1) und wird von der ventralen Oberfläche des Kleinhirns bedeckt (*Velum medullare inferius*).

Der generelle Aufbau der Medulla oblongata zeigt unter den 3 Anteilen des Hirnstamms die größte Komplexität. Bestimmend für die Binnenstruktur sind vor allem die Kerngebiete und Zellsäulen verschiedener Hirnnerven. Bezogen auf die funktionellen Eigenschaften (somatomotorisch, viszeromotorisch, somatosensibel, viszerosensibel) ändert sich die topographische Anordnung im Vergleich zum Rückenmark[5]. Im Gegensatz zu diesem sind die **somatomotorischen Kerne** nahe der Mittellinie angeordnet, direkt lateral davon die **viszeromotorischen Kerngebiete** (von denen präganglionäre Fasern zu den *Ganglia ciliare, pterygopalatinum, oticum* und *mandibulare* für den Kopfbereich und vagale Fasern für den Thorax und das Abdomen ausgehen). Dann folgen nach lateral die **speziell-viszeromotorischen Kerngebiete** zur Versorgung jener quergestreiften Muskulatur, die sich aus den Branchialbögen herleitet.

Noch weiter lateral liegen in mediolateraler Reihenfolge **allgemein-viszerosensible Zellsäulen**, die Afferenzen aus dem Versorgungsgebiet des *N. glossopharyngeus* und des *N. vagus* erhalten, dann die **speziell-viszerosensiblen Kerngebiete**

---

4   Der *Circulus arteriosus cerebri* wird allgemein auch als *Circulus Willisii* (Thomas Willis war der Erstbeschreiber) bezeichnet. Diese Bezeichnung ist nicht in der Terminologia Anatomica bzw. Neuroanatomica gelistet, wird aber im klinischen Bereich häufig verwendet.

5   In der grauen Substanz des Rückenmarks finden sich die somatomotorischen Perikarya im am weitesten ventral gelegenen Teil des Vorderhorns (Lamina IX nach Rexed). Die viszeromotorischen Perikarya liegen im Seitenhorn in den thorakalen und lumbalen Neuromeren. Neurone mit viszerosensiblem Input liegen in der Basis des Hinterhorns, während die somatosensiblen Perikarya in den am weitesten dorsal gelegenen Schichten des *Cornu posterius* liegen.

6

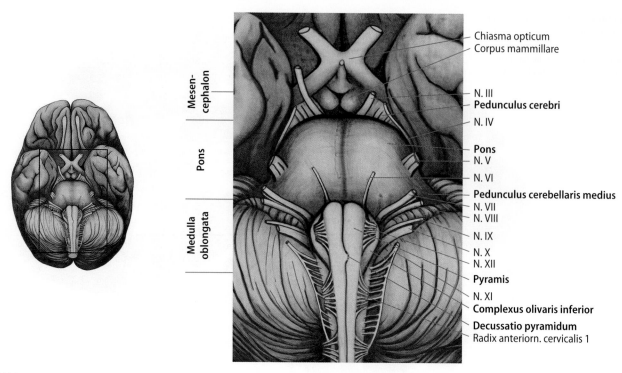

Chiasma opticum
Corpus mammillare

N. III
Pedunculus cerebri
N. IV

Pons
N. V
N. VI
Pedunculus cerebellaris medius
N. VII
N. VIII
N. IX
N. X
N. XII
Pyramis
N. XI
Complexus olivaris inferior
Decussatio pyramidum
Radix anteriorn. cervicalis 1

Mesen-cephalon

Pons

Medulla oblongata

◘ **Abb. 6.3   Hirnstamm.** Ansicht von ventral

◘ **Abb. 6.4   Verteilung der Hirnnervenkerne und ihre funktionelle Bedeutung in einem Horizontalschnitt der Medulla oblongata.** (Mit freundlicher Genehmigung überlassen von Dr. R.A.I. de Vos)

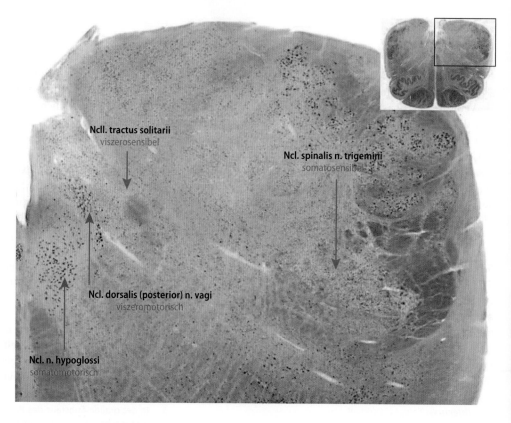

Ncll. tractus solitarii
viszerosensibel

Ncl. spinalis n. trigemini
somatosensibel

Ncl. dorsalis (posterior) n. vagi
viszeromotorisch

Ncl. n. hypoglossi
somatomotorisch

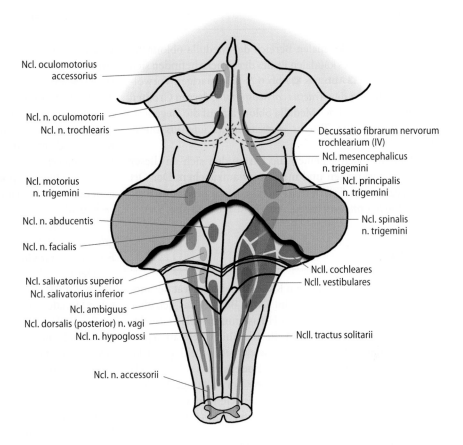

◼ Abb. 6.5 Vereinfachtes Schema der Anordnung der zellulären Säulen im Hirnstamm. Ansicht von dorsal (motorisch links, sensibel rechts)

Ncl. oculomotorius accessorius

Ncl. n. oculomotorii

Ncl. n. trochlearis

Decussatio fibrarum nervorum trochlearium (IV)

Ncl. mesencephalicus n. trigemini

Ncl. motorius n. trigemini

Ncl. principalis n. trigemini

Ncl. n. abducentis

Ncl. spinalis n. trigemini

Ncl. n. facialis

Ncl. salivatorius superior

Ncl. salivatorius inferior

Ncll. cochleares

Ncll. vestibulares

Ncl. ambiguus

Ncl. dorsalis (posterior) n. vagi

Ncl. n. hypoglossi

Ncll. tractus solitarii

Ncl. n. accessorii

mit Input von den Geschmacksknospen der Zunge, die **allgemein-somatosensiblen Säulen** mit Afferenzen aus den sensiblen Versorgungsgebieten der Haut und der Schleimhäute sowie der *Dura mater encephali* (großenteils vermittelt über den *N. trigeminus*) und schließlich die **speziell somatosensiblen Gebiete**, die die Afferenzen aus dem *N. vestibulocochlearis* erhalten. Die Anordnung der beschriebenen Kerngebiete ist in ◼ Abb. 6.4 und 6.5 zu sehen.

6.3.1 Kerngebiete und Zellsäulen

Die *Ncll. gracilis et cuneatus* (◼ Abb. 6.6), die nahe des Übergangs des Rückenmarks in die Medulla oblongata gelegen sind, sind die Endigungsorte der gleichnamigen aufsteigenden Bahnen. Die Axone der beiden Hinterstrangkerne kreuzen in der *Decussatio lemniscorum medialium* auf die Gegenseite und steigen dort im *Lemniscus medialis* zum Thalamus auf (▶ Kap. 4).

Im mittleren Anteil der Medulla oblongata (◼ Abb. 6.7) sind die Zellsäulen der *Formatio reticularis* sichtbar (▶ Kap. 7), unter denen sich auch die vasoregulatorischen Zentren für das vegetative Nervensystem befinden.

Auf dieser Ebene befinden sich auch die serotoninerge *Ncll. raphes* (▶ Kap. 7, Gate control theory). Innerhalb der Formatio reticularis liegt der exspiratorisch aktive *Ncl. retroambiguus.* Inspiratorisch aktive Neurone gehören der Formatio reticularis an, sind aber innerhalb des *Nucleus ambiguus* (s. u.) lokalisiert.

Der girlandenförmige *Complexus olivaris inferior* (zusammen mit zwei kleinen *Ncll. olivares accessorii*) ist deutlich zu erkennen und wölbt sich an der Ventralseite der Medulla oblongata ventrolateral als sog. *Oliva* lateral der Pyramide vor. Von der unteren Olive nehmen die Fasern des *Tractus olivocerebellaris* ihren Ursprung, die über den *Pedunculus cerebellaris inferior* das Kleinhirn erreichen sowie der *Tractus olivospinalis*, die zum polysynaptischen somatomotorischen Schaltkreis gehören (▶ Kap. 5 und 8).

Die Lage der Hauptkerne der Hirnnerven wird im Detail in ▶ Kapitel 15 besprochen. Im Folgenden sind einige essentielle Information zu diesem Thema zusammengestellt (◼ Abb. 6.5 und 6.7).

Der *Ncl. n. hypoglossi*, der aus mehreren Subkernen besteht, ist der Ursprungskern des *N. hypoglossus* (◼ Abb. 6.5 und 6.7). Ventrolateral des Hypoglossuskernes liegt der *Ncl. ambiguus* mit Neuronen, deren Axone sich verschiedenen Hirnnerven anschließen. Dorsal des Ncl. n. hypoglossi finden sich der *Ncl. dorsalis (posterior) n. vagi* und die *Ncll. tractus solitarii* (◼ Abb. 6.4) (mit Unterkernen für die Geschmacksempfindung, Atem- und Blutdruckregulation). Es folgt nach lateral die Zellsäule *des Ncl. spinalis n. trigemini*. Die **vestibulären und kochleären Kerne** sind am weitesten lateral auf Höhe des pontomedullären Übergangs lokalisiert.

6.3.2 Fasern

Im ventralen und kranialen Bereich der Medulla oblongata, direkt unterhalb des kaudalen Endes der Brücke befinden sich die Pyramiden (◘ Abb. 6.6, ◘ Abb. 6.7). Die paarigen Vorwölbungen enthalten den *Tractus corticospinalis*, dessen Großteil im mittleren Drittel des Medulla oblongata auf die Gegenseite kreuzt und den *Tractus corticospinalis lateralis* bildet (▸ Kap. 5).

Makroskopisch scheinen die Pyramiden sich an dieser Stelle zu überkreuzen und ineinander aufzugehen. Der Ort der Kreuzung der Fasern des Tractus corticospinalis wird als *Decussatio pyramidum* bezeichnet (◘ Abb. 6.3, ◘ Abb. 6.6).

6.4 Pons

Der *Pons*, zusammen mit dem Kleinhirn ein Derivat des metenzephalen Bläschens, erscheint als ein Bündel, das sich über die Ventralfläche des mittleren Hirnstammdrittels erstreckt. Er setzt sich offensichtlich in die Kleinhirnstiele an seiner lateralen Oberfläche fort. Die dorsale Oberfläche der Brücke entspricht der rostralen Hälfte des Bodens des IV. Ventrikels (◘ Abb. 6.1). Dort befindet sich eine Vorwölbung, die dem bogenförmigen Verlauf des *N. facialis* (Genu nervi facialis) um den *Ncl. n. abducentis* herum entspricht (*Colliculus facialis*).

Ein Horizontalschnitt durch die Mitte der Brücke zeigt das Vorhandensein verschiedener Kernansammlungen eher geringer Größe, eingestreut in voluminöse Fasertrakte (◘ Abb. 6.8, ◘ Abb. 6.9).

6.4.1 Kerngebiete und Zellsäulen

Unter den pontinen Kerngebiete hat der *Ncl. principalis n. trigemini* große Bedeutung für die Somatosensibilität des Gesichts (▸ Kap. 4). Der Ncl. principalis n. trigemini entlässt den *Tractus trigeminothalamicus* zum Thalamus. Der *Ncl. motorius n. trigemini* ist ebenfalls in der Brücke lokalisiert.

Die zahlreichen *Ncll. pontis* sind das Ziel kortikaler Afferenzen und entsenden ihrerseits Fasern in die kontralateralen *Pedunculi cerebellares medii*.

Kerngebiete im pontinen Tegmentum tragen zum Kontingent der Moosfasern zur Rinde des Vestibulozerebellums bei (▸ Kap. 8).

Der *Locus caeruleus* ist ein noradrenerges Kerngebiet – das größte des ZNS – im Boden des IV. Ventrikels, das zahlreiche Efferenzen zur Großhirn- und Kleinhirnrinde entsendet.

Der *Complexus olivaris superior* (Obere Olive) ist als Teil des auditorischen Systems über den Laufzeitabgleich akustischer Signale von beiden Ohren für das Richtungshören von großer Bedeutung. Über das *Corpus trapezoideum* gelangen die aufsteigenden auditorischen Fasern in die Obere Olive der Gegenseite und bilden von dort aus den *Lemniscus lateralis*.

Die pontine *Formatio reticularis* bildet ein Continuum mit jener von Medulla oblongata und Mesenzephalon.

Der Pons beherbergt den *Ncl. n. abducentis* (◘ Abb. 6.8) und den *Ncl. n. facialis* (somatomotorisch) sowie den *Ncl. salivatorius superior* (viszeromotorische Komponente des *N. intermedius*).

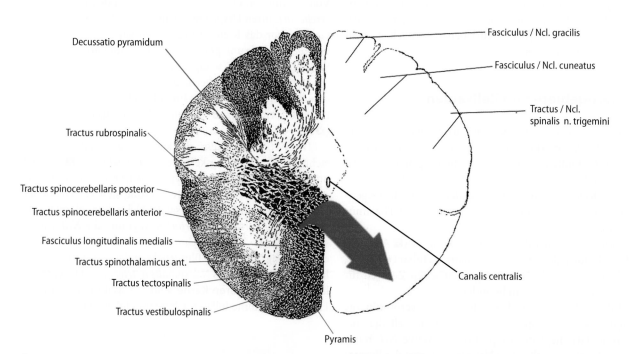

◘ Abb. 6.6   Schematischer Horizontalschnitt durch die humane Medulla oblongata in der Nähe des Foramen magnum. Der rote Pfeil zeigt die absteigende Verlaufsrichtung der Mehrzahl der kortikospinalen Fasern (*Tractus corticospinalis lateralis*), die auf die Gegenseite kreuzen (*Decussatio pyramidum*). Die ◘ Abb. 6.6 bis ◘ Abb. 6.11 beruhen auf Markscheiden/Faserfärbungen

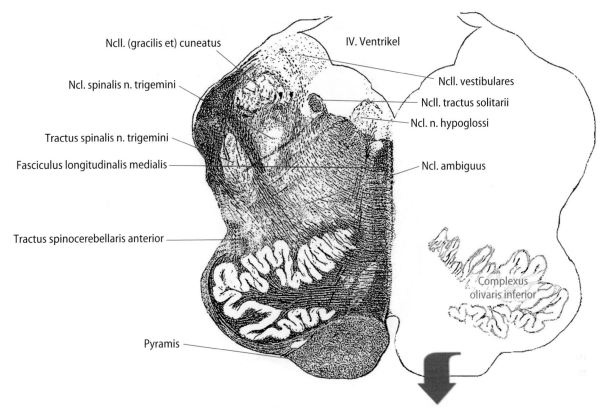

◻ Abb. 6.7 Schematischer Horizontalschnitt durch die humane Medulla oblongata auf Höhe der unteren Olive (*Complexus olivaris inferior*). Der rote Pfeil zeigt die Verlaufsrichtung der kortikospinalen Fasern auf diesem Niveau

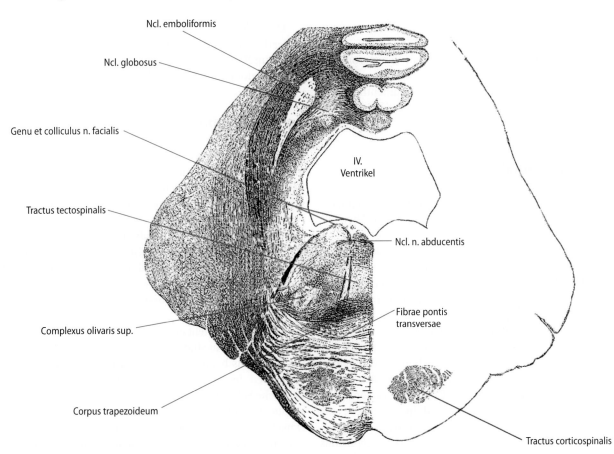

◻ Abb. 6.8 Schematischer Horizontalschnitt durch den Pons des Menschen auf Höhe des Colliculus facialis. Neben den Fibrae pontis transversae verlaufen auch die Fibrae pontocerebellares quer

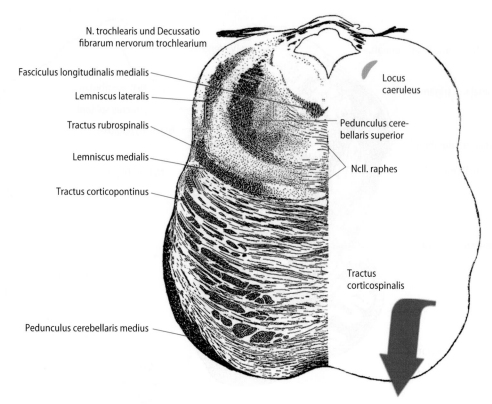

N. trochlearis und Decussatio fibrarum nervorum trochlearium

Fasciculus longitudinalis medialis

Lemniscus lateralis

Tractus rubrospinalis

Lemniscus medialis

Tractus corticopontinus

Pedunculus cerebellaris medius

Locus caeruleus

Pedunculus cere-bellaris superior

Ncll. raphes

Tractus corticospinalis

◻ **Abb. 6.9   Schematischer Horizontalschnitt durch die Brücke am Übergang zum Mittelhirn auf Höhe des Austritts des N. trochlearis.** Der graue Halbmond gibt die Lage des Locus caeruleus an. Der rote Pfeil zeigt die Verlaufsrichtung der kortikospinalen Fasern an, die zur Medulla oblongata verlaufen

6.4.2 Fasern

Die langstreckigen Fasertrakte werden mit denen von Mesencephalon und Medulla oblongata am Ende dieses Kapitels zusammenfassend dargestellt. Der einzige autochthone Fasertrakt der Brücke ist der *Pedunculus cerebellaris medius*, dessen Fasern zum Großteil aus den Ncll. pontis stammen.

6.5   Mesencephalon

Das *Mesencephalon* entwickelt sich aus dem mesenzephalen Bläschen und behält diesen Namen bis in das adulte Alter. Die dem Diencephalon anliegende Oberfläche ist ausgedehnt, reduziert sich aber rasch nach kaudal und ist relativ klein, wenn sie den Pons erreicht. Das Mesencephalon wird von einem kleinen Kanal durchquert, dem *Aqueductus mesencephali* (◻ Abb. 6.10). Der Begriff Aquädukt erscheint gerechtfertigt, wenn man den Kalibersprung in Hinblick auf den III. Ventrikel kranial und den IV. Ventrikel kaudal betrachtet.

Die dorsale Oberfläche des Mesencephalons wird bestimmt von vier halbkugelförmigen Erhebungen, den beiden *Colliculi superiores* (◻ Abb. 6.1, ◻ Abb. 6.10) und den beiden *Colliculi inferiores* (◻ Abb. 6.1). Die Colliculi superiores sind mit dem visuellen System verbunden und sind komplexer aufgebaut als die Colliculi inferiores, die zur Hörbahn gehören.

An der ventrolateralen Oberfläche des Mesencephalons sind die *Pedunculi cerebri* lokalisiert, konische Fasertrakte, die zum Großteil aus den *Tractus corticospinales* bestehen.

Die *Pedunculi cerebellares superiores* (◻ Abb. 6.9), sichtbar an der dorsolateralen Oberfläche des Mesencephalons angrenzend zum Pons und in der Nachbarschaft zu den Vela medullaria superiora, führen zerebellopetale und -fugale Bahnen.

6.5.1   Kerngebiete und Zellsäulen

In transversalen Schnitten des Mesencephalons unterscheidet man einen dorsalen Anteil, das *Tectum,* und einen mittleren Teil, das *Tegmentum.* Das Tectum erstreckt sich von der dorsalen Oberfläche bis zu einer horizontalen Ebene, die den Aqueductus mesencephali berührt. Das Tegmentum dehnt sich von dieser Ebene bis zur *Substantia nigra* (einschließlich) aus (◻ Abb. 6.10). Diese ist auf Grund ihrer Schwarzfärbung gut erkennbar. Der ventrale Teil des Mesencephalons ist die **Basis** oder der **Pes** zwischen der Substantia nigra und der ventralen Oberfläche und besteht im Wesentlichen aus der Pyramidenbahn.

Das Tectum besteht im Wesentlichen aus den Colliculi. Die *Colliculi superiores* sind mit den *Corpora geniculata lateralia* des Thalamus beidseits über die *Brachia colliculi superiores* verbunden. In den Colliculi superiores kann man eine oberflächliche Schicht (mit den *Strata zonale, griseum superficiale et opticum*), eine mittlere Schicht (*Strata griseum intermedium et medullare intermedium*) und eine tiefe Schicht (*Strata griseum profundum et medullareprofundus*) unterscheiden. Die Colliculi superiores erhalten Afferenzen aus der Retina und dem zerebralen Kortex (beide für oberflächliche Schichten),

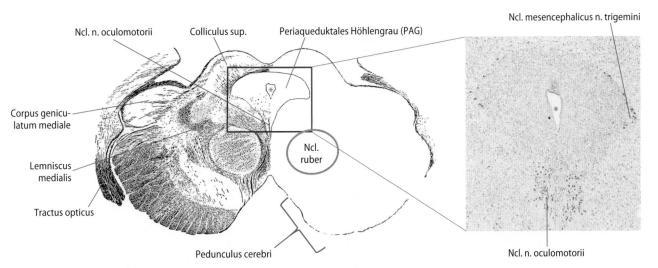

Abb. 6.10 Links: Schematischer Horizontalschnitt durch das menschliche Mittelhirn auf Höhe des Ncl. ruber. Rechts ist der Aque- ductus mesencephali (*) und das periaqueduktale Höhlengrau (Substantia grisea periaqueductalis) bei der Katze im Detail zu erkennen

von den *Colliculi inferiores*, von verschiedenen Hirnstammkernen und aus dem Rückenmark. Die Efferenzen der Colliculi superiores richten sich im Wesentlichen zu den motorischen Hirnnervenkernen für die äußeren Augenmuskeln (▶ Kap. 15). Zudem sind die Colliculi superiores Intergrationszentren, die die Stellung des Kopfes als Reaktion auf visuelle, auditorische auf vestibuläre Stimuli regulieren. Sie erleichtern Kopffolgebewegungen auf sich bewegende Objekte.

Die Colliculi inferiores sind jeweils ipsilateral über das *Brachium colliculi inferioris* verbunden mit den *Corpora geniculata medialia* (■ Abb. 6.10) des Thalamus. Die *Ncll. centrales* der *Colliculi inferiores* zeigen eine lamelläre tonotope Struktur: Die Neuronen sind in Gruppen so angeordnet und ausgerichtet, dass sie spezifisch auf einzelne Frequenzen reagieren. Diese Organisation trägt zur Abwicklung verschiedener Funktionen, wie der Frequenzerkennung, der Lautstärke, ihrer zeitlichen Abfolge und der Lokalisation einer Schallquelle bei.

Der Aqueductus mesencephali ist umgeben von einer Lage von Neuronen, die das periaqueduktale Höhlengrau (Substantia grisea periaqueductalis) bilden[6] (■ Abb. 6.10). Dieses spielt eine wichtige Rolle in der Kontrolle der Nozizeption und der Freisetzung endogener Opioide.

Das *Tegmentum* enthält eine Reihe von Kernen mit wichtigen Aufgaben. Einfach zu identifizieren ist der runde *Ncl. ruber* (■ Abb. 6.10, ■ Abb. 6.11, ■ Abb. 6.12). Er verdankt seinen Namen dem hohen Eisengehalt, der ihm eine leicht rosa Färbung verleiht. Der Kern ist eine wichtige Station des lateralen absteigenden Systems mit einer parvozellulären und einer magnozellulären Komponente. Funktionell ist er in die Generierung motorischer Entwürfe involviert (▶ Kap. 5).

Die *Substantia nigra* (■ Abb. 6.11, ■ Abb. 6.13, ■ Abb. 6.14) besteht aus der vorwiegend dopaminergen *Pars compacta*,

deren Neurone aufgrund ihrer schwarzen Färbung schon makroskopisch als schwarze Streifen erkennbar (■ Abb. 6.13) sind und der *Pars reticulata*. Diese enthält GABAerge Neurone, die zum Rande des ventralen Mesencephalons hin verteilt sind.

Die Substantia nigra, reich an Eisen, verdankt ihren Namen der Anreicherung von Neuromelanin in ihren Neuronen, einem sehr dunklen Pigment, das bei der Biosynthese von **Dopamin** entsteht (■ Abb. 6.14). Dieses Pigment, das nicht mit dem im ZNS und peripheren Ganglienzellen weit verbreiteten Lipofuscin verwechselt werden darf, hat keine bekannte Funktion.

Die Abwesenheit dieses Pigments deutet wie z. B. bei M. Parkinson auf eine Funktionsstörung der Dopaminsynthese (Zellverlust) in der Substantia nigra hin. Die Substantia nigra hat starke Verbindungen mit den Basalganglien. Jene mit dem *Globus pallidus*, dem *Putamen* und dem *Ncl. caudatus* sind essentiell für flüssige Willkürbewegungen (▶ Kap. 11).

Entlang der Mittellinie finden sich Neurone der *Formatio reticularis* (Raphekerne, *Ncl. raphe magnus*). Die retikulären Kernsäulen erstrecken sich auch nach lateral. Die Neurone der Formatio reticularis können in verschiedene neurochemisch definierte Gruppen eingeteilt werden. Die wichtigsten Marker sind Serotonin (Raphekerne) sowie Noradrenalin und Adrenalin (Locus caeruleus, ▶ Abschn. 6.4) (■ Abb. 6.9).

Im Tegmentum sind weitere wichtige Kerne und Zellsäulen der Hirnneven lokalisiert, wie der *Ncl. mesencephalicus n. trigemini*, der *Ncl. n. trochlearis* und die somatischen und visceralen Kerne des *N. oculomotorius*.

An der Grenze zwischen Tegmentum und Basis liegt die *Area tegmentalis ventralis*, deren dopaminerge Neurone zur Hirnrinde (mesokorticales System) und zum *Ncl. accumbens* (mesolimbisches System) projizieren.

---

6   Auch einfach als PAG bezeichnet nach dem englischen Begriff „periaqueductal grey". Diese Abkürzung wir häufig in experimentellem und klinischem Gebrauch verwendet.

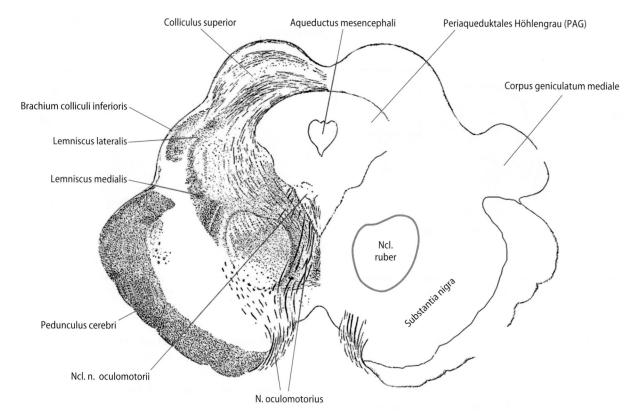

Colliculus superior

Aqueductus mesencephali

Periaqueduktales Höhlengrau (PAG)

Corpus geniculatum mediale

Brachium colliculi inferioris

Lemniscus lateralis

Lemniscus medialis

Ncl. ruber

Substantia nigra

Pedunculus cerebri

Ncl. n. oculomotorii

N. oculomotorius

☐ **Abb. 6.11** Schematischer Horizontalschnitt durch das menschliche Mittelhirn auf Höhe des Ncl. n. oculomotorii

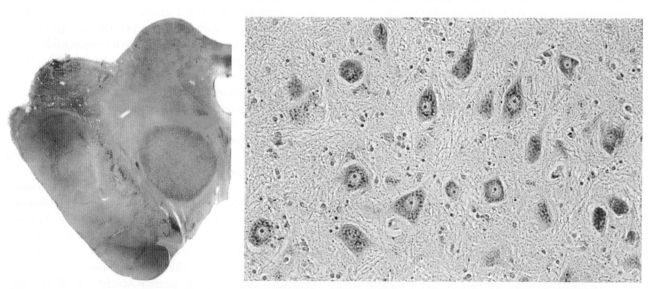

☐ **Abb. 6.12 Ncl. ruber des Menschen.** (links): Histologischer Schnitt (Aldehydfuchsin) durch das menschliche Mesencephalon auf Höhe der ☐ Abb. 6.10. (Mit freundlicher Genehmigung von Dr. R.A.I. de Vos).

Rechts: Neurone des Ncl. ruber bei höherer Vergrößerung (Nissl-Färbung)

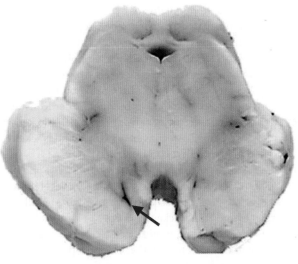

Abb. 6.13   Humaner Hirnstamm. Links: Normalbefund. Bereits makroskopisch ist die Substantia nigra durch die namengebende Schwarzfärbung (Neuromelanin) erkennbar. Rechts: M. Parkinson. Auf vergleichbarer Höhe zu dem Bild links ist das Fehlen der Schwarz- färbung klar zu sehen (der Pfeil weist auf ein Blutgefäß). Die fehlende Färbung ist auf den Untergang der dopaminergen, Neuromelanin-produzierenden Neurone der Substantia nigra zurückzuführen. (Mit freundlicher Genehmigung von Dr. R.A.I. de Vos)

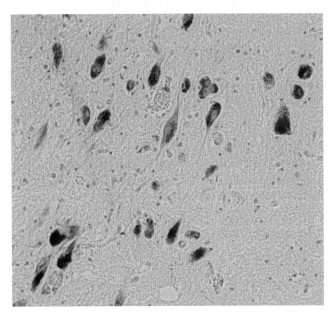

Abb. 6.14   Neurone der Substantia nigra des Menschen. Normal-befund (Nissl-Färbung). Die schwarzen Neuromelanin-Ablagerungen in den Neuronen sind gut erkennbar

6.5.2 Fasern

Das Mesencephalon wird von diversen Fasertrakten durch-quert, die zum besseren Verständnis in den nächsten Ab-schnitten zusammen mit anderen Bahnen des Hirnstamms besprochen werden.

6.6 Langstreckige Faserbahnen, die im Hirnstamm entspringen oder ihn durchziehen

Durch den Hirnstamm ziehen alle jene Faserbahnen, die die rostralen Anteile des ZNS (Prosencephalon, Diencephalon) mit dem Rückenmark verbinden. Diese Faserbahnen bilden definierte Tractus, die – vereinfacht ausgedrückt – in 3 grund-legende Kategorien eingeteilt werden können: Motorische (**efferente**) Bahnen, die üblicherweise im Hirnstamm ab-steigen (**deszendierende Bahnen**) oder die im Hirnstamm entspringen und zum Rückenmark projizieren; sensible, **affe-rente** Bahnen vom Rückenmark, die üblicherweise im Hirn-stamm **aszendieren** (aufsteigen) um den Thalamus und das Großhirn zu erreichen; **kurzstreckige Verbindungen**, die verschiedene Anteile des Hirnstamms miteinander verbinden und sich in benachbarte Regionen erstrecken. Jene Fasern, die in die Kleinhirnstiele (*Pedunculi cerebellares*) eintreten, wer-den im Detail in ▶ Kapitel 8 behandelt.

6.6.1 Motorische Bahnen

Diese Gruppe umfasst Fasertrakte von unterschiedlicher Zu-sammensetzung und funktioneller Bedeutung.

Die langstreckigen Bahnen, die den Hirnstamm durchzie-hen, umfassen (▶ Kap. 5):

— die *Tractus corticospinales laterales und anteriores* (**Abb. 6.8**, **Abb. 6.9**), welche Kollateralen zu den di-versen Hirnnervenkernen abgeben (Fibrae corticonucle-ares)

— den *Tractus reticulospinalis* mit Projektionen der Forma-tio reticularis zum Rückenmark

- den *Tractus rubrospinalis* aus der Pars magnocellularis des Ncl. ruber, der die ersten zervikalen Neuromere des Rückenmarks erreicht (◻ Abb. 6.6, ◻ Abb. 6.9)
- den *Tractus tectospinalis* als Teil einer polysynaptischen Verbindung. die Kopfdrehungen als Antwort auf auditorische Stimuli bewirkt[7] (◻ Abb. 6.6, ◻ Abb. 6.8)
- den *Tractus vestibulospinalis* beteiligt an der Konstanz der Blickrichtung. Steigt ab zum zervikalen Rückenmark, wo er die Bewegungen der Kopf- und Nackenmuskeln kontrolliert (◻ Abb. 6.6)
- die *Fasciculi longitudinales posterior (dorsalis) und medialis* (◻ Abb. 6.6, ◻ Abb. 6.7, ◻ Abb. 6.9), vegetative Bahnen hypothalamischen Ursprungs zur Medulla oblongata und zum Rückenmark
- die *Tractus corticopontini* zu den Ncll. pontis (◻ Abb. 6.9)
- die *zentralen viszeralen Bahnen* vom Hypothalamus zu den präganglionären motorischen Kernen des Rückenmarks
- die *Tractus corticonucleares* zum Complexus olivaris inferior, zum Ncl. n. facialis und zum Ncl. n. hypoglossi, die im Hirnstamm enden.

6.6.2 Sensible Bahnen

Diese Gruppe umfasst Fasertrakte von unterschiedlicher funktioneller Bedeutung (▶ Kap. 5). Der Bahnen des *Funiculus posterior/Lemniscus medialis* (◻ Abb. 6.9, ◻ Abb. 6.10, ◻ Abb. 6.11) und des *Tractus spintothalamicus* (im Hirnstamm schwer abgrenzbar), dessen Axone auf Hirnstammniveau den *Lemniscus spinalis* bilden, sind somatosensibel. Im Hirnstamm verlaufen die sensiblen Bahnen getrennt voneinander. Der *Lemniscus medialis* verläuft medial, während sich der Lemniscus spinalis weiter lateral befindet. Beide Systeme nähern sich in der Brücke an und scheinen sich im Tegmentum mesencephalicum nahe ihrer thalamischen Endigungsstelle zu durchmischen.

Der *Tractus trigeminothalamicus* besteht aus Axonen trigeminaler Herkunft, die somatosensibel Stimuli aus der Haut und den Schleimhäuten des Kopfes zum Thalamus weiterleiten.

Der *Lemniscus lateralis* (◻ Abb. 6.9, ◻ Abb. 6.11) ist Teil der Hörbahn. Seine Fasern entstammen den *Ncll. cochleares* (◻ Abb. 6.5), erhalten Input vom *Complexus olivaris superior* und dem *Corpus trapezoideum* (◻ Abb. 6.8). Der Lemniscus lateralis endet in den Colliculi inferiores[8].

Zu diesen Bahnen kommen noch die *Tractus spinocerebellares* (anterior, posterior, rostralis, ◻ Abb. 6.6, ◻ Abb. 6.7) und *spinoreticularis* und die Fibrae *spinotectalis* aus dem Rückenmark, die zu ihren Zielgebieten verlaufen.

6.6.3 Kurzstreckige Bahnen, die im Hirnstamm verlaufen

Die dopaminergen *Fibrae nigrostriatales* zählen zu den Verbindungen zwischen Substantia nigra und Basalganglien.

Die **mesokorticalen und mesolimbischen Bahnen** umfassen dopaminerge Projektionen zum frontalen Cortex bzw. zum Ncl. accumbens.

Die **rubrooliväre Fasern**, zuerst im *Tractus tegmentalis centralis* verlaufend, sind in die Regulation von palbebralen Reflexen involviert und zählen allgemein zu einem Komplex, der motorische Entwürfe generiert.

Der *Fasciculus retroflexus* (FIPAT: *Tractus habenulo-interpeduncularis*) verbindet die Habenularkerne des Epithalamus mit dem *Ncl. interpeduncularis* im Mesencephalon.

Aus den **Raphekernen** entspringen diffuse **serotoninerge** Projektionen zum Diencephalon und zum Telencephalon.

Der *Fasciculus prosencephali medialis* (mediales Vorderhirnbündel) im Tegmentum umfasst Fasern von und zum Hypothalamus zum großen Teil viszeralen Natur.

6.7 Orientierung in der Magnetresonanztomographie

Traditionell sind die Bilder des Hirnstamms – und im besonderen des Mesencephalon – so orientiert, dass die anterioren Teile ventral zu liegen kommen (eine Position, die sich von der Gleichung anterior = ventral in der allgemeinen und vergleichend-anatomischen Nomenklatur herleitet). Allerdings sind in den MRT-Bildern die Seiten ‚vertauscht‘, da bei der Aufnahmen die Augen nach oben gerichtet werden sind (▶ Anhang). Zu beachten ist auch, dass MRT-Aufnahmen per conventionem von kaudal betrachtet werden, d. h. rechts im Bild ist links beim Patienten und umgekehrt.

---

7   Die Tractus tectospinalis und rubrospinalis sind von großer Bedeutung bei den quadrupeden Säugern. Dennoch können Läsionen der Medulla oblongata auch beim Menschen zu klinischen Zeichen führen, die die Bedeutung dieser Trakte deutlich machen.

8   Es gibt also vier Lemnisci: medialis (Propriozeption, Berührung), spinalis (Berührung, Nozizeption), trigeminalis (Berührung) und lateralis (Gehör).

Formatio reticularis

© Springer-Verlag GmbH Deutschland, ein Teil von Springer Nature 2019
S. Huggenberger et al., *Neuroanatomie des Menschen,* Springer-Lehrbuch
https://doi.org/10.1007/978-3-662-56461-5_7

Dieses Kapitel stellt die wesentlichen neuroanatomischen Aspekte der Formatio reticularis vor. Hierzu zählen die wichtigsten Definitionen, die strukturelle und neurochemische Organisation sowie die Funktionen.

7.1   Definitionen und grundlegende Fakten

Unter dem Begriff *Formatio reticularis* versteht man ein Netz von Neuronen, das sich von der Medulla oblongata bis zum Mesencephalon erstreckt (■ Abb. 7.1)[1].

Im weitesten Sinne erstreckt sich die Formatio reticularis über den Hirnstamm hinaus nach rostral zum *Hypothalamus* und *Thalamus* und setzt sich nach kaudal in das propriospinale Netzwerk des Rückenmarks fort.

Es ist schwierig, eine umfassende Definition der Funktion der Formatio reticularis zu geben. Mit Sicherheit hat sich dieses neuronale Netz in Verbindung mit der Ausbildung olfaktorischer und limbischer Strukturen entwickelt (▶ Kap. 13). Sie stellt eine Ansammlung von aktivierenden, regulatorischen und motorisch-generatorischen Kerngebieten dar. Die Aktivierung der Formatio reticularis seitens telenzephalischer und dienzephalischer Zentren hat einen Aktionsfördernden Einfluss auf somato- und viszeromotorische Systeme. Relativ einfach zu verstehende Aktionen sind zum Beispiel jene, die von Hirnnerven initiiert und ausgeführt werden, die über eine motorische Komponente verfügen. Die Formatio reticularis ist auch in die viszeralen Neuronenkreisläufe zur Blasenentleerung, in die Schlafinduktion und die Regulierung der Atmung involviert. Die Tendenz der Formatio reticularis weitere operative Systeme zuzuschalten, erklärt den Begriff des „*Ascending reticular activating system* (ARAS)", der vor allem verwendet wird, um die größtenteils mesenzephalen Funktionen zu beschreiben.

Im komplexen allgemeinen Aufbau der Formatio reticularis kann man zwischen einer **topographischen Organisation** (mit einer Suborganisation in Kerngebiete) und einer Ansammlung **neurochemischer Systeme**, in denen die einzelnen Einheiten von Neuronen gebildet werden, die denselben Neurotransmitter ausschütten, unterscheiden. Im zweiten Falle sind die Neuronen nicht notwendigerweise direkt benachbart, wie es die im strengen Sinne anatomische Definition für ein Kerngebiet vorsieht.

7.2   Strukturelle und neurochemische Organisation

Auf der Ebene des Mesencephalons können die Neurone, die die Formatio reticularis konstituieren, **morphologisch und topographisch** in mehrere Kategorien auf Basis ihrer Größe klassifiziert werden: **Gigantozelluläre** *Neurone* im *Ncl. gigan-*

tocellularis der Formatio reticularis, **mittelgroße** im magnozellulären Teil, relativ **kleine Neurone** im parvozellulären Teil. Die Neurone, die die Formatio reticularis konstituieren, bilden Kerne oder besser gesagt Kernsäulen von bestimmter Länge (■ Abb. 7.2). Die am weitesten lateral gelegenen Kerngebiete sind allgemein mit der Entschlüsselung und Verarbeitung sensibler Informationen beschäftigt, während die medial gelegenen effektorischer Natur sind. In einem horizontalen Schnitt durch Mesencephalon und Brücke kann man sehen, dass diese Säulen relativ regelmäßig angeordnet sind. Die gigantozellulären Neurone liegen zwischen Pons und Medulla oblongata, die **Raphekerne** sind nahe der Mittellinie angeordnet, die magnozellulären Neurone bilden die sog. *Formatio reticularis pontis paramediana* seitlich der Mittellinie, und noch weiter lateral liegt die parvozelluläre *Formatio reticularis (lateralis)*(■ Abb. 7.1) .

Unter neurochemischen Gesichtspunkten lassen sich die Anteile der Formatio reticularis nach der Freisetzung von **Serotonin, Dopamin, Noradrenalin, Adrenalin** oder **Acetylcholin** unterscheiden. In manchen Fällen sind verschiedene Neurotransmitter im selben Neuron lokalisiert.

Die **Neurone, die Serotonin freisetzen** (■ Abb. 7.1, ■ Abb. 7.3) liegen üblicherweise nahe der Mittellinie (Raphe = Naht) und korrespondieren großenteils mit den Raphekernen. Die Projektionen der Raphekerne dehnen sich bis zum Rückenmark, Thalamus und Telencephalon aus. Die Freisetzung des Transmitters und seine biologische Verfügbarkeit kann durch verschiedene Pharmaka beeinflusst werden, die

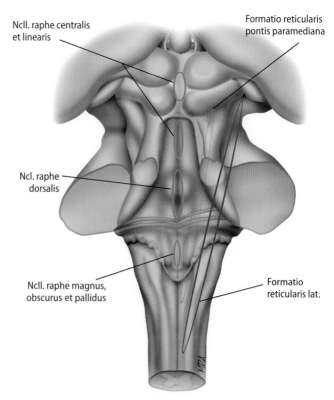

Ncll. raphe centralis et linearis

Formatio reticularis pontis paramediana

Ncl. raphe dorsalis

Ncll. raphe magnus, obscurus et pallidus

Formatio reticularis lat.

■ **Abb. 7.1   Projektion der Positionen der Zellsäulen der Formatio reticularis auf eine Dorsalansicht des Hirnstamms** (Nomenklatur der Raphekerne nach Rüb et al. 2000)

---

1   Der *Ncl. reticularis thalami (Ncl. reticularis prethalami)* gehört zum *Diencephalon* und ist ein GABAerger Kern, der nicht zur Formatio reticularis gehört (▶ Kap. 10), ebenso wie der präzerebellare *Ncl. reticularis lateralis*.(▶ Glossar).

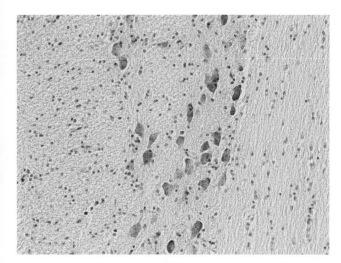

Abb. 7.2   Neurone der menschlichen pontinen Formatio reticularis (Nissl-Färbung)

mittlerweile nachweislich bestätigte Wirkungen haben. Dabei geht es v. a. um die Stimmungsaufhellung bei Depressionen. Das serotonerge retikuläre System steht deshalb im Zentrum des Interesses bei Neuropharmakologen und Neuropsychiatern.

Die **Neurone, die Dopamin freisetzen**, sind im Wesentlichen im Mesencephalon lokalisiert, insbesondere in der *Substantia nigra* und in der *Area tegmentalis ventralis*. Die Substantia nigra projiziert zum *Corpus striatum* (*Ncll. basales*), die Area tegmentalis ventralis zum Frontallappen und zum *Ncl. accumbens*.

Die **Neurone**, die **Noradrenalin freisetzen** (**Abb. 7.3**), darunter der *Locus caeruleus* und einige Teile der *Formatio reticularis* liegen in Pons und Medulla oblongata. Die Projektionen des Locus caeruleus sind für die gesamte Großhirnrinde bestimmt, während die Axone der pontinen und medullären Neurone das Rückenmark erreichen.

Nur wenige Neurone setzen **Adrenalin** (**Abb. 7.3**) frei. Sie liegen in der paramedianen Formatio reticularis der Medulla oblongata und projizieren zum Hypothalamus und zu präganglionären sympathischen Neuronen im Rückenmark. Sie stellen einen Teil des viszeromotorischen Systems dar.

Die **Neurone**, die **Acetylcholin freisetzen**, liegen auf Höhe des mesenzephalen *Ncl. interpeduncularis* und medial des Locus caeruleus und sind Teil des ARAS.

7.3   Funktionen

Die Formatio reticularis ist verantwortlich für viele vitale Funktionen bzw. an diesen beteiligt.

- **Generierung motorischer Schemata**. Zu diesen Aktivitäten zählen die konjugierten Augenbewegungen, die Aufrechterhaltung der Blickrichtung (auch in Verbindung zu Positionsänderungen des Kopfes), die Rhythmizität des Kauvorganges, Erbrechen, Niesen, Husten, Speichelsekretion und Schluckakt. Die Koordination dieser motorischen Aktivitäten wird realisiert durch die Verbin-

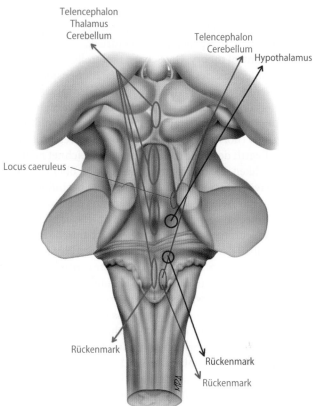

Abb. 7.3   Serotonerge (Ncll. raphes, grün), noradrenerge (rot) und adrenerge (blau) Projektionen der Formatio reticularis

dungen der Formatio reticularis mit den somatomotorischen und viszeromotorischen Hirnnervenkernen.
- **Aktivierung neuronaler Systeme**. Unter dem etwas allgemeinen Begriff ARAS versteht man die Gesamtheit eines Netzwerks, das zur Erregung ausgedehnter zerebrokortikaler Areale (für die Regulierung des Schlaf-Wach-Rhythmus, s. a. weiter oben), des Thalamus und motorischer Hirnnervenkerne im Hirnstamm beiträgt. Der *Ncl. tuberomammillaris* (im Hypothalamus) und der *Ncl. basalis Meynert* (*Ncl. basalis*) (im basalen Vorderhirn) sind weitere kortikale Aktivatoren.
- **Kontrolle der Atmung**. Zu den respiratorischen Kernen des Hirnstamms – die ebenfalls Teil der motorischen Hirnnervenkernsäule sind – werden u. a. die *Ncll. parabrachiales* gezählt. Diese Kerne regulieren die Frequenz und den Wechsel der Atembewegungen. Sie werden beeinflusst von chemosensitiven Arealen der Medulla oblongata und den Chemorezeptoren der *A. carotis communis* (Karotisbifurkation) und *Aorta* (das *Glomus caroticum* und das weniger bedeutende *Glomus aorticum*) und anderen supraspinalen Zentren (wie z. B. die Amygdala, die Hyperventilation bei Angstzuständen induziert).
- **Kardiovaskuläre Kontrolle**. Die Signale von den Rezeptoren in der Wand des *Sinus caroticus* und des Aortenbogens erreichen das barorezeptorische Zentrum (gelegen im medialen Teil des *Ncl. tractus solitarii*, beeinflusst

von den *Nn. glossopharyngeus et vagus*). Die barovagalen (parasympathisch) und barosympathischen (sympathisch) Reflexe regulieren den Blutdruck.

- **Gate control theory.** Die Schmerzkontrolle ist Aufgabe der Hintersäule des Rückenmarks (taktile Sensibilität), der Neuronen der *Substantia gelatinosa* der spinalen Hinterhörner (Lamina spinalis II; nozizeptive Signale von Rumpf und Extremitäten) und des *Ncl. spinalis n. trigemini* (nozizeptive Signale von der Kopfregion). Mit dem Begriff der ,Gate control theory' bezeichnet man die Möglichkeit, die nozizeptive Transmission über rückläufige Kreisläufe (segmentale Kontrolle) zu beeinflussen. Als Beispiel seien die Kreisläufe genannt, die nozizeptive durch mechanozeptive Information überlagern. Dank dieser Neuronenkreisläufe lindern mechanische Reize, wie Reiben der betroffenen Regionen oder Physiotherapie den Schmerz. Im Rahmen der ,Gate control theory' kann auch die Aktivität des periaquäduktalen Höhlengraus verstanden werden, das Endorphine als Reaktion auf extremen Stress ausschüttet. Als Beispiel sei hier das Phänomen genannt, dass im Gefecht verwundete Soldaten den Wundschmerz kaum wahrnehmen.
- **Schlaf-Wach-Kontrolle.** Die Synchronisierung der zerebrokortikalen Aktivität, teilweise induziert durch die ktivität des *Ncl. reticularis thalami (Ncl. reticularis prethalami)* und teilweise durch serotonerge Strukturen, führt zur Somnolenz, während cholinerge retikuläre Strukturen für den REM(rapid eye movement)-Schlaf verantwortlich sind.
- **Miktionskontrolle.** In der paramedianen pontinen Formatio reticularis befindet sich das aus magnozellulären Neuronen bestehende Zentrum für die Kontrolle der Miktion. Dieses Zentrum reguliert die Kontraktion der Blasenwand und den Tonus der Blasensphinkter. Das Zentrum steht seinerseits unter zerebrokortikaler Kontrolle.

Cerebellum (Kleinhirn)

© Springer-Verlag GmbH Deutschland, ein Teil von Springer Nature 2019
S. Huggenberger et al., *Neuroanatomie des Menschen*, Springer-Lehrbuch
https://doi.org/10.1007/978-3-662-56461-5_8

Dieses Kapitel befasst sich mit den neuroanatomischen Charakteristika des Kleinhirns. Neben der makroskopischen Anatomie werden vor allem die Substantia grisea mit Kleinhirnrinde und den Kleinhirnkernen sowie die Konnektivität und die funktionelle Anatomie des Kleinhirns beleuchtet.

8.1   Definition und grundlegende Fakten

Das Kleinhirn, *Cerebellum*, ist der Teil des *Metencephalons,* der dorsal des IV. Ventrikels (*Fossa rhomboidea*) gelegen ist. Es hat im Großen und Ganzen eine kugelförmige Gestalt, ist aber dorsoventral abgeplattet und komplett vom *Lobus occipitalis* des *Telencephalons* bedeckt (◻ Abb. 8.1).

Von diesem ist es durch eine horizontale Duraduplikatur getrennt, dem sog. *Tentorium cerebelli*, die an einer unscheinbaren Erhebung der inneren Oberfläche des *Os occipitale* (Hinterhauptsbein), der *Crista occipitalis interna*, verankert ist.

Das Kleinhirn hinterlässt auf der kranialen Oberfläche des Os occipitale 2 deutliche Vertiefungen (*Fossae cerebellares*), die von den Hemisphären eingenommen werden, während der Wurm in einer unscheinbaren Vertiefung, die häufig fehlt, auf der *Crista occipitalis interna*, liegt[1].

Da das Kleinhirn deutlich abgeflacht ist (◻ Abb. 8.1, ◻ Abb. 8.2), lassen sich eine **obere Oberfläche** (dorsal bezogen auf den Hirnstamm) und eine **untere Oberfläche** (am weitesten ventral gelegen) **unterscheiden,** die voneinander durch die **Zirkumferenz des Kleinhirns** getrennt sind. Schließlich ist eine dritte, vordere Oberfläche vorhanden, die das Dach des IV. Ventrikels bildet. Die Zirkumferenz des Kleinhirns zeigt anterior eine tiefe Einsenkung, den Kleinhirnhilus, von dem auf beiden Seiten die Kleinhirnstiele (*Pedunculi cerebellares*) entspringen, drei voluminöse Bündel weißer Substanz, die das Kleinhirn mit dem Hirnstamm und dem Rückenmark verbinden.

Die *Pedunculi cerebellares superiores* begrenzen seitlich die obere Hälfte des IV. Ventrikels und sind mit dem Mesencephalon verbunden. Die *Pedunculi cerebellares medii* stehen in Verbindung mit dem Pons. Die *Pedunculi cerebellares inferiores* begrenzen seitlich die untere Hälfte des IV. Ventrikels und sind mit der Medulla oblongata verbunden. Über die Kleinhirnstiele verlaufen alle Afferenzen und Efferenzen des Kleinhirns (◻ Abb. 8.3, ◻ Abb. 8.4).

Unter funktionellen und phylogenetischen Gesichtspunkten kann man ein *Vestibulocerebellum*, ein *Spinocerebellum* und ein *Pontocerebellum* (oder *Cerebrocerebellum*) unterscheiden, die weiter unten in diesem Kapitel beschrieben werden.

---

1   Die innere Oberfläche des menschlichen Os occipitale unterscheidet sich in charakteristischer Weise von der anderer Säugetiere. Weil das Kleinhirn die gesamte *Fossa cranii posterior* einnimmt, hinterlässt es auf dem Os occipitale die Einbuchtung der *Fossa cerebellaris*.

8.2   Makroskopische Anatomie der Kleinhirnoberflächen und Unterteilungen

Anatomisch ist es möglich, das Kleinhirn nach verschiedenen Kriterien zu unterteilen:
1. Die erste Möglichkeit bezieht sich auf die Präsenz eines medianen Abschnitts (◻ Abb. 8.2), des Wurms (*Vermis cerebelli*), der sich leicht von den lateral gelegenen Kleinhirnhemisphären unterscheiden lässt. Der C-förmige Wurm hat zwei freie, nach anterior zum Gewölbe des IV. Ventrikels gewandte Enden. Der Kleinhirnwurm und die Hemisphären sind in Wirklichkeit voneinander nur auf der unteren und anterioren Oberfläche des Kleinhirns getrennt, wo der Wurm am Grund einer tiefen Einsenkung, der *Vallecula cerebelli*, entspringt.
2. Eine zweite Einteilung beruht auf der einer deutlichen **Fissur**, der *Fissura prima*, die sich frühzeitig während der Embryonalentwicklung bildet und den *Lobus anterior cerebelli* vom *Lobus posterior cerebelli* trennt. Diese umfassen sowohl Teile des Vermis als auch der Hemisphären. Ein dritter Lappen, der *Lobus flocculonodularis*, ist nur auf der anterioren Oberfläche sichtbar und wird gebildet vom Nodulus des Vermis und vom Flocculus beider Hemisphären. Der Lobus flocculonodularis ist der phylogenetisch älteste, danach sind Lobus anterior und posterior entstanden. Zusätzlich existiert eine *Fissura horizontalis*, die tiefste Einsenkung des Kleinhirns[2]. Diese verläuft entlang der Zirkumferenz des Kleinhirns bis zum Hilus und teilt die obere Fläche der zerebellären Hemisphären von der unteren Fläche (◻ Abb. 8.2).

Die Oberfläche des Cerebellums ist nicht glatt, sondern von zahlreichen, sehr tiefen **Fissuren** durchzogen. Im Vermis haben die Fissuren, die die Folia cerebelli (folium; Plural: folia – das Blatt) begrenzen, einen sehr regelhaften, fast rechtwinkligen und untereinander parallelen Verlauf. Dieser bestimmt einen Gesamtaspekt, der an die segmentierte Oberfläche einer Raupe oder eines Regenwurms (Wurm) erinnert, woher der Name dieses Organteils stammt.

Sowohl auf der Ebene des Vermis als auch der Hemisphären existieren einige tiefe Fissurae, die eine weitere Unterteilung in **Lobuli** bedingen. Auf kernspintomographischen Abbildungen (◻ Abb. 8.5, ◻ Abb. 8.6) lassen sich die einzelnen Abschnitte des Cerebellums gut in vivo erkennen, d. h. die Unterteilung der Folia und die Anordnung von grauer und weißer Substanz. Derartige Abbildungen haben eine hohe diagnostische Relevanz.

In einem beliebigen Schnittbild des Kleinhirns bildet die oberflächliche **graue Substanz** die **Kleinhirnrinde** (◻ Abb. 8.3 bis ◻ Abb. 8.6). Ungefähr 80 % der Kleinhirnrinde sind der Beobachtung von der äußeren Kleinhirnoberfläche her wegen der ausgedehnten Faltung entzogen. Die graue Substanz ist wiederholt auf sich zurückgefaltet, wobei sie dem Verlauf der beobachtbaren Fissuren auf der Oberfläche des Organs folgt.

---

2   Diese Fissur reflektiert die evolutionäre Entwicklung des Cerebellums und ist ein Merkmal der Primaten

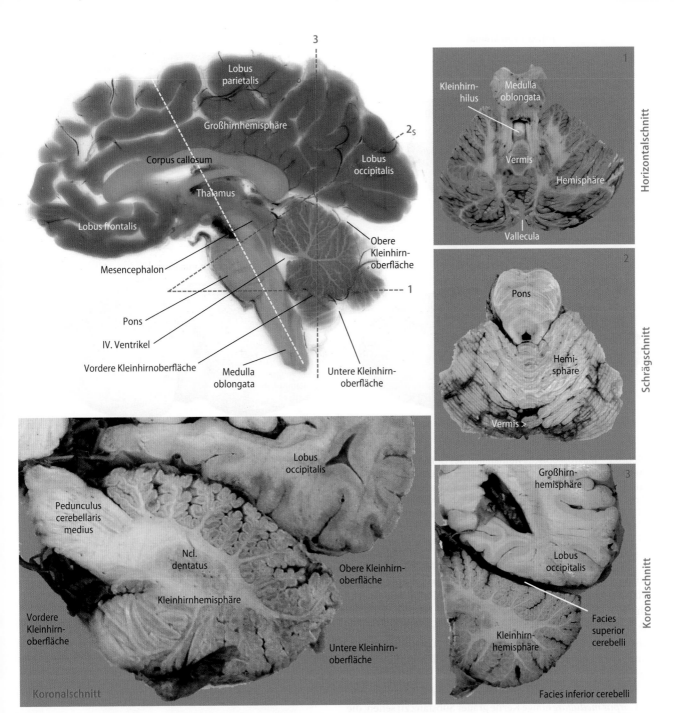

□ **Abb. 8.1   Das menschliche Cerebellum in verschiedenen Schnitt-richtungen.** Die Schnitte auf der linken Seite der Abbildung zeigen zwei paramedian-sagittale Schnitte (Plastinat oben, konventionell fixiertes Präparat unten). In der plastinierten Scheibe sind unterschiedliche Schnittführungen mit 1 bis 3 bezeichnet (gestrichelte rote Linien). Die zugehörigen Schnittbilder (1–3) sind im rechten Teil der Abbildung zu sehen. Die Beziehungen des Kleinhirns zu anderen Hirn-

teilen, seine Oberflächen und die Unterteilung in Vermis cerebelli (Wurm) und Hemisphären (Hemispherium/-ia cerebelli) sind deutlich zu erkennen. Ferner sind die graue und die weiße Substanz (Substantia grisea/alba) des Cerebellums sowie die charakteristischen Verzweigungen der weißen Substanz in Form des Arbor vitae zu sehen. Die gestrichelte weiße Linie im Bild links oben entspricht der Hauptachse des Hirnstamms (Meynert-Achse)

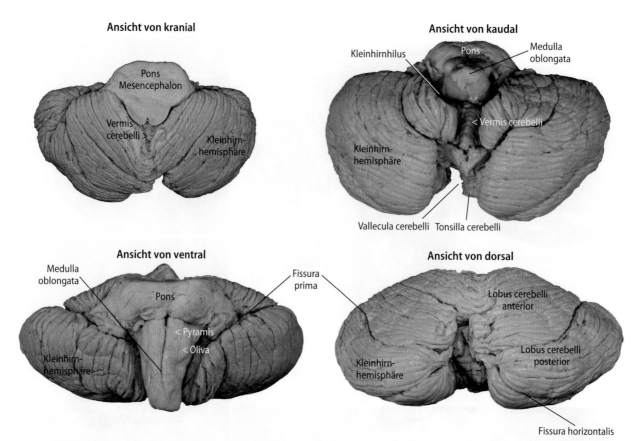

Ansicht von kranial

Pons
Mesencephalon

Vermis
cerebelli >

Kleinhirn-
hemisphäre

Ansicht von kaudal

Kleinhirnhilus   Pons   Medulla
oblongata

< Vermis cerebelli

Kleinhirn-
hemisphäre

Vallecula cerebelli   Tonsilla cerebelli

Ansicht von ventral

Medulla
oblongata

Pons

Fissura
prima

< Pyramis
< Oliva

Kleinhirn-
hemisphäre

Ansicht von dorsal

Lobus cerebelli
anterior

Lobus cerebelli
posterior

Kleinhirn-
hemisphäre

Fissura horizontalis

◘ Abb. 8.2   Makroskopische Aufnahmen des isolierten mensch-lichen Kleinhirns mit einem Teil des Hirnstamms. Die verschiedenen Ansichten zeigen deutlich die Oberflächen des Cerebellums, die Sulci auf der äußeren Oberfläche und die Unterteilung in Kleinhirnwurm und -hemisphären. In der ventralen Ansicht sind die Kleinhirnstiele (Pedunculi cerebellares) nicht zu sehen, da sie durch die Brücke (Pons) und die Medulla oblongata verdeckt sind. Der Farbunterschied zwischen weißer und grauer Substanz ist wegen der Formalin-Fixierung des Materials schwierig zu erkennen

Die in der Tiefe gelegene *Substantia alba* besteht aus einem ungeteilten zentralen Teil, dem *Corpus medullare cerebelli* (Marklager des Kleinhirns) und einer Reihe sehr ausgedehnter Verzweigungen, dem *Arbor vitae*[3] (◘ Abb. 8.5), die wie Einstülpungen in die Folia eindringen und deren zentrale Achse bilden. Die Lobuli mit ihrer eigenen Achse weißer Substanz repräsentieren die morphofunktionellen Einheiten des Kleinhirns (s. u. ▶ Abschn. 8.3).

In paramedianen und koronalen Schnitten sind im Inneren des *Corpus medullare* einige Kerne grauer Substanz zu sehen, die *Nuclei cerebelli*[4] (◘ Abb. 8.1, ◘ Abb. 8.3, ◘ Abb. 8.4). Unter diesen ist der am stärksten entwickelte und makroskopisch deutlich erkennbare Kern der *Ncl. cerebelli lateralis* oder *dentatus*. Die *Ncll. cerebelli interpositi lateralis* und *medialis* bzw. *emboliformis* und *globosus* und der *Ncl. fastigii*, der den höchsten Punkt des Gewölbes des IV. Ventrikels begrenzt, sind deutlich kleiner.

Unter funktionellen Gesichtspunkten müsste auch der *Ncl. vestibularis lateralis* – im oberen Teil der Medulla oblongata gelegen – zu den Kleinhirnkernen gezählt werden (▶ Kap. 15).

8.3   Architektur und Neuronentypen der Substantia grisea

Die histologische, strukturelle Organisation des Kleinhirns ist in allen ihren Anteilen fast gleichförmig.

8.3.1   Kleinhirnrinde

Die Architektur der Kleinhirnrinde ist weitestgehend uniform, wenn man die anomale Verteilung der Bürstenzellen ausnimmt. Von innen nach außen umfasst die Kleinhirnrinde das *Stratum granulare* (Körnerzellschicht), *Stratum purkinjense* (Purkinjezellschicht) und das *Stratum moleculare*.

Das Stratum granulare (◘ Abb. 8.7) zeigt eine massive Dichte an **Körnerzellen**, die sehr kleine Perikaria haben. Diese haben eine Reihe kurzer Dendriten und ein langes Axon, das in das Stratum moleculare aufsteigt, wo sich die Dendriten T-förmig aufzweigen, um die Parallelfasern (s. u.) zu bilden. Die Dendriten der Körnerzellen beteiligen sich am Auf-

---

3   Arbor vitae [Lat.] = Lebensbaum
4   Im deutschen wie im englischen anatomischen Sprachgebrauch wird häufig von den tiefen Kleinhirnkernen oder deep cerebellar nuclei gesprochen. Da es jedoch keine oberflächlichen Kleinhirnkerne gibt, ist dieser Ausdruck nicht sinnvoll.

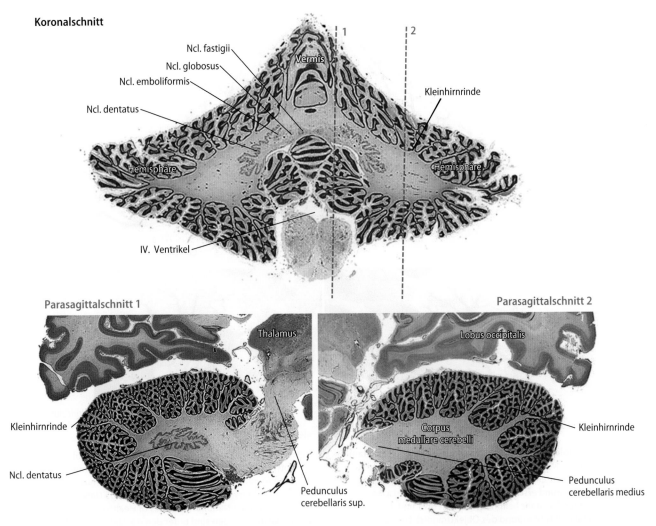

Koronalschnitt

Ncl. fastigii
Ncl. globosus
Ncl. emboliformis
Ncl. dentatus
Vermis
Kleinhirnrinde
Hemisphäre
Hemisphäre
IV. Ventrikel

Parasagittalschnitt 1
Thalamus
Kleinhirnrinde
Ncl. dentatus
Pedunculus cerebellaris sup.

Parasagittalschnitt 2
Lobus occipitalis
Corpus medullare cerebelli
Kleinhirnrinde
Pedunculus cerebellaris medius

◘ Abb. 8.3   Histologische Schnitte durch Kleinhirn und Hirnstamm des Menschen. Die verwendete Nissl-Färbung macht die Perikarya der Neurone sichtbar, aber auch die der Glia- und Endothelzellen. In der Nissl-Färbung erscheint die graue Substanz dunkelblau/violett, während die weiße Substanz schwach blau gefärbt ist. Die Lage der paramedian-sagittalen Schnitte im unteren Teil der Abbildung ist mit gestrichelten roten Linien (1 und 2) im oberen Teil der Abbildung (Koronalschnitt) eingezeichnet. (Die Abbildungen wurden mit Erlaubnis durch http://www.brains.rad.msu.edu, http://brainmuseum.org, http://neurosciencelibrary.org, unterstützt durch die US National Science Foundation und der National Institutes of Health der USA, bearbeitet. Die Originalabbildungen sind unter den o. a. URL verfügbar)

bau der *Glomeruli cerebelli*, multiplen synaptischen Komplexen, die die Körnerzell-Dendriten mit den **Moosfasern** (s. u.) und den Axonen der **Golgizellen** bilden. Die Körnerzellen sind exzitatorisch und benutzen **Glutamat** als Neurotransmitter.

In der Körnerzellschicht kommen drei weitere Typen GABAerger inhibitorischer Neurone vor. Die **Golgizellen** sind Neurone mittlerer Größe, deren Dendriten die Parallelfasern kontaktieren, während ihre Axone sich mehrfach aufzweigen, bevor sie in die Glomeruli eintreten. Die **Lugarozellen** – ebenfalls mittlerer Größe – haben eine horizontal ausgerichtete Hauptachse. Ihre Axone enden im Inneren des Stratum granulare oder erreichen das Stratum moleculare. Die Verbindungen dieser Zellen sind noch immer nicht gut bekannt. Die **Bürstenzellen** sind sehr spezielle Neurone. Sie kommen fast ausschließlich im *Lobus flocculonodularis* vor. Sie besitzen einen einzelnen Dendriten, der mit einer Reihe kleiner Ver-

zweigungen, ähnlich den Borsten eines Pinsels oder einer Bürste, endet. Diese erhalten eine einzige Synapse von enormer Größe von einer einzelnen Moosfaser. Das Axon der Bürstenzellen verzweigt sich lokal und bildet Synapsen mit den Körnerzellen.

Das *Stratum purkinjense* wird gebildet von den **Purkinjezellen** (▶ Abb. 1.5, ◘ Abb. 8.7, ◘ Abb. 8.8), die die Zellen der Kleinhirnrinde mit dem größten Volumen bilden. Sie haben Perikarya, deren Durchmesser 40–60 μm erreichen kann.

Die gesamte Purkinjezellschicht besteht im Wesentlichen aus einer einzigen Reihe von Purkinjezellen, die von speziellen Gliazellen umgeben sind. Diese **Bergmann-Glia**, die radial ausgerichtete Fortsätze besitzen und sich im Stratum moleculare erstrecken, erreichen die Oberfläche der Folia direkt unterhalb der Pia mater.

Im Gegensatz zu allen anderen zerebellären Neuronen verlassen die Axone der Purkinjezellen die Kleinhirnrinde

8

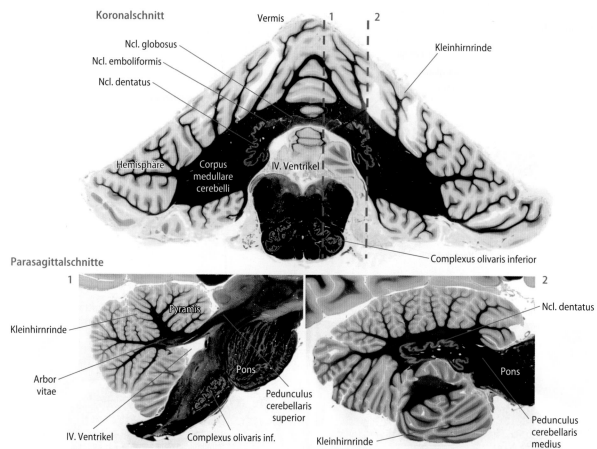

Koronalschnitt

Vermis

Ncl. globosus

Ncl. emboliformis

Ncl. dentatus

Kleinhirnrinde

Hemisphäre

Corpus
medullare
cerebelli

IV. Ventrikel

Complexus olivaris inferior

Parasagittalschnitte

1

Pyramis

Kleinhirnrinde

Arbor
vitae

IV. Ventrikel

Complexus olivaris inf.

Pons

Pedunculus
cerebellaris
superior

2

Ncl. dentatus

Pons

Kleinhirnrinde

Pedunculus
cerebellaris
medius

Abb. 8.4   Histologische Schnitte durch Kleinhirn und Hirnstamm des Menschen. Die Markscheidenfärbung zeigt die myelinisierten Fasern, die den Hauptteil der weißen Substanz des Gehirns ausmachen. Aus diesem Grund erscheint die weiße Substanz tiefschwarz, während die graue Substanz hellbraun aussieht (In 1 und 2 sieht man um das Präparat den Hintergrund des Objektträgers). Die Lage der paramedian-sagittalen Schnitte im unteren Teil der Abbildung ist mit gestrichelten roten Linie (1 und 2) im oberen Teil der Abbildung (Koronalschnitt) eingezeichnet. (Die Abbildungen wurden mit Erlaubnis durch http://www.brains.rad.msu.edu, http://brainmuseum.org, http://neurosciencelibrary.org, unterstützt durch die US National Science Foundation und der National Institutes of Health der USA, bearbeitet. Die Originalabbildungen sind unter den o.a. URL verfügbar)

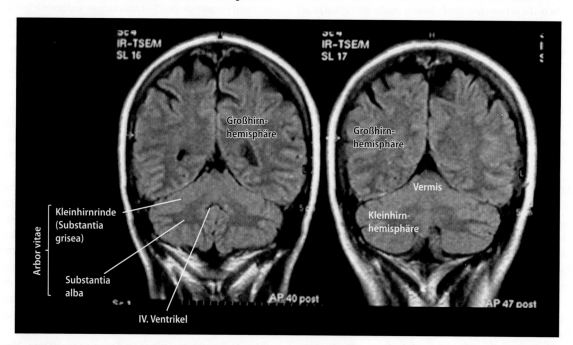

Großhirn-
hemisphäre

Kleinhirnrinde
(Substantia
grisea)

Arbor vitae

Substantia
alba

IV. Ventrikel

Großhirn-
hemisphäre

Vermis

Kleinhirn-
hemisphäre

Abb. 8.5   Magnetresonanztomographische (MRT). Aufnahmen des menschlichen Gehirns in der Koronalebene, T1-Gewichtung. Die graue Substanz kann leicht von der weißen Substanz unterschieden werden

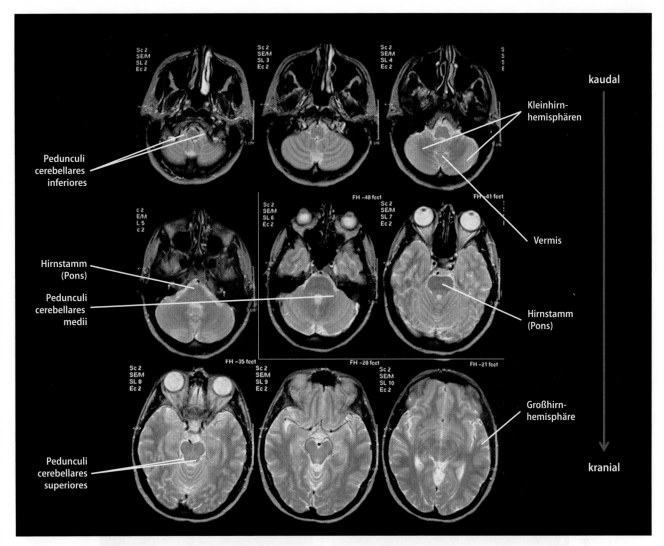

□ Abb. 8.6   Magnetresonanztomographische (MRT) Aufnahmen des menschlichen Gehirns in der Horizontalebene, T2-Gewichtung. Die drei Kleinhirnstiele (Pedunculi cerebellares) sind gut erkennbar.

Der rote Pfeil rechts gibt die Richtung der Darstellungsebenen von kaudal nach kranial an

□ Abb. 8.7   Histologischer Schnitt durch die Kleinhirnrinde eines Maka-ken (Nissl-Färbung). Einige Purkinje-zellen sind durch Pfeile markiert

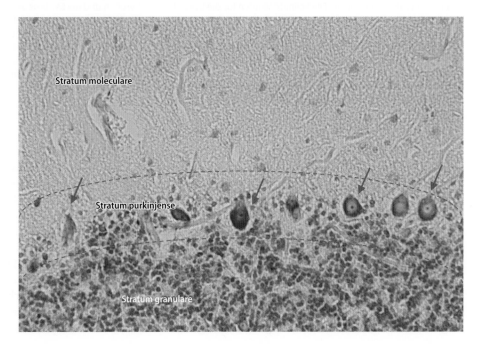

8

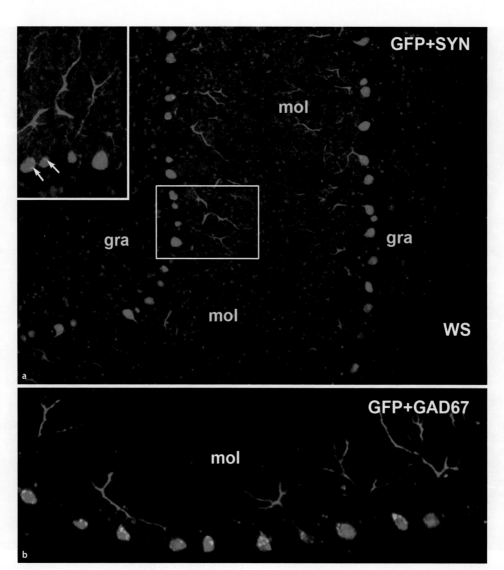

□ **Abb. 8.8a,b   Semidünnschnitt der Kleinhirnrinde der Maus.** Darstellung der Purkinjezellen und ihrer Dendriten, die das green fluorescent protein (GFP) exprimieren. Die Schnitte wurden für die Darstellung des Proteins Synapsin (**a**) bzw. des Enzyms GAD67 (**b**) mit einem rot fluoreszierenden Marker immunhistochemisch behandelt. Synapsin ist Bestandteil der synaptischen Vesikel (▶ Kap. 1). Die punktförmigen Fluoreszenzmarkierungen in den Strata moleculare und granulare deuten auf die Anwesenheit von Synapsen zwischen den verschiedenen Neuronentypen der Kleinhirnrinde hin. (a) Die durch den kleinen Rahmen markierte Region ist links oben vergrößert wiedergegeben. Dort

sind punktförmige gelbe Strukturen (Pfeile) zu sehen, die auf der Überlagerung des grünen GFP-Signals mit dem roten Signal für Synapsin beruhen und die Existenz axosomatischer Synapsen auf den Perikarya der Purkinjezellen zeigen. (b) Die Doppelmarkierung für GFP und GAD67 entspricht den axosomatischen Synapsen zwischen Purkinjezellen und den Terminalen der inhibitorischen Korb-Zellen. Abkürzungen: GAD67, Glutamatdecarboxylase (67kDa); GFP, green fluorescent protein; gra, Stratum granulare; mol, Stratum moleculare; WS, weiße Substanz; SYN, Synapsin

und erreichen die **Kleinhirnkerne** oder den *Ncl. vestibularis lateralis*. Entlang seines Verlaufs gibt das Axon Kollaterale hauptsächlich an die Golgizellen ab. Die Purkinjezellen sind GABAerg und haben ausschließlich inhibitorische Wirkung.

Die Dendriten der Purkinjezellen sind zweidimensional enorm entwickelt (▶ Abb. 1.5 und □ Abb. 8.8) und verzweigen sich im *Stratum moleculare*. Das an der Oberfläche gelegene Stratum moleculare wird fast ganz von diesen Dendriten, den Parallelfasern – den Axonen der Körnerzellen – und den Bergmannfasern eingenommen. Die fächerförmigen dendritischen Verzweigungen der Purkinjezellen sind die am stärksten ausgedehnten dendritischen Verzweigungen des gesamten

ZNS (□ Abb. 8.8). Diese dendritische Fächer sind im rechten Winkel zu den Parallelfasern orientiert, mit denen sie in synaptischen Kontakt auf der Ebene der zahlreichen distalen Spines treten (□ Abb. 8.9). Der Dendritenbaum wird in seinem Ursprungsteil von einer einzelnen **Kletterfaser** kontaktiert.

Das Stratum moleculare enthält 2 Typen inhibitorischer GABAerger Neurone. In der Nähe der Oberfläche befinden sich die kleineren **Sternzellen**, deren Axone zum Ursprungsteil des Dendritenbaums der Purkinjezellen verlaufen. In der Nähe der Purkinjezellschicht finden sich die größeren **Korbzellen**, deren Axone sich mehrfach verzweigen und das Perikaryon und das Initialsegment des Axons der

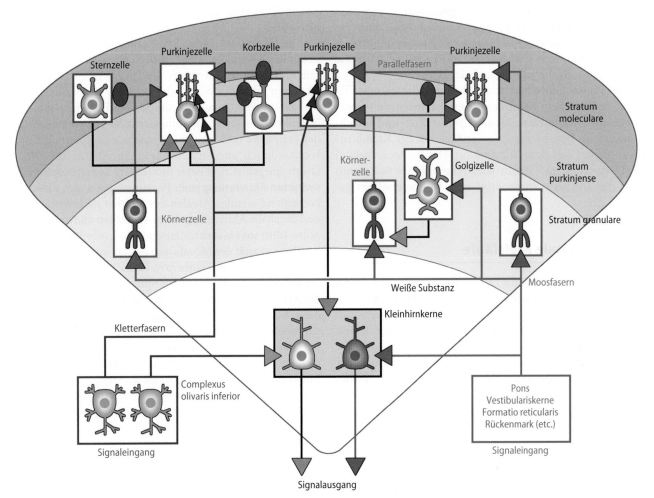

◻ Abb. 8.9   Schematische Darstellung der Kleinhirnkonnektivität. Die Kleinhirnrinde ist in grau wiedergegeben, die Kleinhirnkerne durch das Rechteck auf grauem Grund. Die glutamatergen, exzitatorischen Kleinhirnneurone sind rot markiert, die inhibitorischen GABAergen Neurone grauschwarz. Die Kletterfasern sind blau markiert, die Moos- fasern grün. Die Axone der Purkinjezellen stellen die einzigen Efferen- zen der Kleinhirnrinde zu den Neuronen der Kleinhirnkerne dar (zur vereinfachten Darstellung ist nur ein Purkinjezellaxon in der Mitte der Abbildung eingezeichnet). Axone sind an ihrem terminalen Ende mit einem Pfeilkopf markiert

Purkinjezellen (◻ Abb. 8.8) erreichen. Sowohl die Stern- als auch die Korbzellen erhalten afferenten Input von den **Parallelfasern**.

8.3.2 Kleinhirnkerne

In den **Kleinhirnkernen** (Nuclei cerebelli) finden sich zwei Hauptklassen von Neuronen:

Die **großen exitatorischen Neurone** verwenden meist **Glutamat** als Neurotransmitter. Sie geben lange Axone mit zahlreichen Kollateralen ab, die zu verschiedenen Gebieten des ZNS projizieren, insbesondere zum Thalamus und zum Nd. ruber.

Die **kleinen Neurone** sind Interneurone, die **GABA** oder **Glycin** als Transmitter einsetzen, um inhibitorisch auf die **Kleinhirnkerne** selbst zu wirken.

8.4   Konnektivität und funktionelle Anatomie

8.4.1 Funktionelle Unterteilung des Kleinhirns

Unter funktionellen und phylogenetischen Gesichtspunkten lässt sich das Kleinhirn in 3 Teile unterteilen: Das Vestibulocerebellum, das Spinocerebellum und das Pontocerebellum. Diese Einteilung kann unabhängig von der bisher beschriebenen anatomischen Unterteilung vorgenommen werden.

Das **Vestibulocerebellum** ist der median gelegene und phylogenetisch älteste Teil des Kleinhirns und umfasst den Lobus flocculonodularis und den *Ncl. fastigii*. Es ist reziprok mit dem *Ncl. vestibularis lateralis* verbunden und kontrolliert die Antworten dieses Kerns auf Signale aus dem Labyrinth (Gleichgewicht). Der *Ncl. fastigii* projiziert auch zu den Augenmuskelkernen des Hirnstamms (Blickmotorik).

Das **Spinocerebellum** is phylogenetisch jünger und nimmt eine paramediane Position ein. Es umfasst die paravermale Rinde und den *Ncl. interpositus*. Es ist hauptsächlich verbunden mit dem Rückenmark und ist involviert in die Kontrolle von Körperhaltung und Gang.

Das **Pontocerebellum** ist der phylogenetisch jüngste Tel des Kleinhirns. Sein Name beruht auf den massiven Projektionen aus den kontralateralen *Ncl. pontis* (Ziel- und Sprechmotorik). Es besteht aus einen großen Teil der Kleinhirnhemisphären und dem *Ncl. dentatus*. Das Pontocerebellum wird wegen des direkten kortikalen Inputs in die *Ncll. pontis* über die *Tractus corticopontini* auch **Neocerebellum** genannt.

8.4.2 Neuronale Kreisläufe

Ganz allgemein lässt sich die zerebelläre Konnektivität auf ein einigermaßen einfaches Schema reduzieren (◘ Abb. 8.9).

Von verschieden Regionen des ZNS ziehen Fasern zum Cerebellum (**afferente Fasern**), die die Kleinhirnrinde und -kerne (Letztere über Kollateralen) zum größten Teil über die *Pedunculi cerebellares medii et inferiores* erreichen. Die in der Kleinhirnrinde integrierten Signale modulieren die Aktivierungsfrequenz der Purkinjezellen, die die Aktivität der glutamatergen Neurone der Kleinhirnkerne hemmen, die ihrerseits exzitatorisch wirken und zu verschiedenen ZNS-Gebieten projizieren.

Die **efferenten zerebellären Signale** folgen einer neuronalen Kette, deren erste Station die Purkinjezellen sind. Deren Axone sind die einzigen, die die Kleinhirnrinde verlassen um die zweite Station zu erreichen. Dabei handelt es sich um die Neurone der Kleinhirnkerne oder der Vestibulariskerne. Efferente Signale zum Mesencephalon (u.a. Ncl. ruber) und Thalamus verlassen das Kleinhirn über den Pedunculus cerebellaris superior. Der untere Kleinhirnstiel führt efferente Fasern zum Hirnstamm (Vestibulariskerne, unterer Olivenkernkomplex und Formatio reticularis).

8.4.3 Typen afferenter Fasern

Die afferenten Fasern, die die Kleinhirnrinde und die Kleinhirnkerne erreichen, lassen sich in zwei morphologisch-funktionelle Kategorien einteilen (◘ Abb. 8.9).

Die **Moosfasern**[5] sind exzitatorische Fasern, die ihren Ursprung in verschiedenen Gebieten des ZNS haben und aufgrund dessen in 4 Hauptgruppen unterteilt werden können:

Vestibuläre, spinale/trigeminale, pontobasale und retikuläre Fasern. Letztere sind Ursprung eines großen Teils von Kollateralen für die Kleinhirnkerne, darunter auch ein kleines Kontingent von Kollateralen aus dem Tractus rubrospinalis. Schließlich entstammt eine kleine Zahl von Moosfasern aus Axonkollateralen großer Projektionsneurone der Kleinhirnkerne.

Die Moosfasern enden im *Stratum granulare* und bilden in der Regel Kontakte mit etwa 10 Körnerzellen durch bilaterale Projektion in einer transversalen Ebene aus. Diese Projektionen umfassen einen oder mehrere zerebelläre Lobuli. Die spinozerebellären, trigeminozerebellären und pontozerebellären Moosfasern, die somatosensible Informationen aus der Peripherie und aus der Grosshirnrinde übertragen, sind somatotopisch angeordnet. Diese Anordnung der Moosfasern spiegelt sich in einer **indirekten, somatotopisch geordneten Aktivierung** jener Purkinjezellen wider, die in den korrespondierenden Arealen des *Stratum purkinjense* liegen und durch die Aktivierung der Körnerzellen und der Bürstenzellen (dort wo sie vorhanden sind, s. o.) vermittelt wird.

Die Aktivität der Moosfasern besteht aus Folgen von Aktionspotenzialen, die Frequenzen bis zu 200 Hz erreichen. Die Modulierung der Entladungsfrequenz gibt im Wesentlichen die Art der Information, sensibel oder motorisch, wider, die diese Fasern zur Kleinhirnrinde übermitteln. Die von den einzelnen Fasern generierten Aktionspotenziale haben einen minimalen Effekt auf die Aktivität der Purkinjezellen. Aber diese werden im Allgemeinen in Gruppen aktiviert, da jede Moosfaser zahlreiche Körnerzellen aktiviert. Deswegen ergibt sich eine effektive Modulierung der elektrischen Aktivität der Purkinjezellen über einen divergierenden Neuronenkreislauf.

Die **Kletterfasern**[6] sind ebenfalls exzitatorisch, entstammen aber ausschließlich der **unteren Olive** (*Complexus olivaris inferior*) und erreichen nach Kreuzung in der Mittellinie das *Stratum moleculare*. Hier kontaktieren sie den dendritischen Hauptstamm der Purkinjezellen, der so direkt von diesen Afferenzen über äußerst potente Synapsen aktiviert wird. Beim Erwachsenen kontaktiert jede Kletterfaser eine einzelne Purkinjezelle und ruft somit eine komplexe, charakteristische und langandauernde synaptische Antwort in ihrer Zielzelle hervor. Dennoch ist die Entladungsfrequenz der Kletterfasern erstaunlich niedrig, im allgemeinen 1 bis 2 Hz und in jedem Fall kleiner als 10 Hz. Wegen dieses schwachen Eingangs wirken diese Fasern auf die Purkinjezellen modulierend (s. u.).

Kerngebiete, die das Kleinhirn über Moos- oder Kletterfasern erreichen, werden auch als präzerebellär bezeichnet.

■■ Afferente Bahnen

Vestibulozerebelläre Moosfasern Die vestibulo-zerebellären Moosfasern entstammen direkt den zentralen Ausläufern der primär-sensiblen vestibulären Neuronen, d. h. dem N. vestibularis (**primäre vestibulo-zerebelläre Moosfasern**) oder indirekt von Neuronen in den *Ncll. vestibulares superior, medialis* oder *inferior* (**sekundäre vestibulo-zerebelläre Moosfasern**). In beiden Fällen enden die Fasern im Vestibulocerebellum. Die primären Fasern übermitteln Informationen aus dem Labyrinth zum Kleinhirn, also solche die mit der

---

5   Der Begriff Moosfasern bezieht sich auf die besondere Art der terminalen Aufzweigung dieser Fasern auf die Dendriten der Körnerzellen, die mit einem Moosbüschel verglichen werden.

6   Der Begriff Kletterfasern bezieht sich auf das charakteristische Aussehen der Endigung dieser Fasern, die nach oben aufsteigen um den Hauptdendritenstamm der Purkinjezellen zu erreichen.

Regulierung des Gleichgewichts verbunden sind. Die sekundären Fasern übermitteln dem Kleinhirn auch Informationen über die Körperhaltung und die Stellung der Augen, weil die Vestibulariskerne als Zentren der Regulierung **posturaler und vestibulookulärer Reflexe** dienen.

Spinozerebelläre und trigeminozerebelläre Moosfasern Die taktilen Reize von den Hautrezeptoren und Gelenkoberflächen sowie die propriozeptiven Reize aus Muskelspindeln und Golgi-Sehnenorganen erreichen das Spinocerebellum über 2 Arten von Moosfasern. Der direkteste Weg für die untere Extremität ist der *Tractus spinocerebellaris anterior und posterior* und für die obere Extremität die *Tractus cuneocerebellaris* und *spinocerebellaris rostralis* (s. a. spinozerebelläre Bahnen, ▶ Kap. 4). Die Informationen aus dem Kopfbereich entstammen dem *Ncl. spinalis n. trigemini* (▶ Kap. 15). Alle diese Bahnen sind wahrscheinlich ungekreuzt. Das Kreuzungsverhalten der menschlichen spinocerebellären Bahnen ist jedoch bis dato nicht definitiv geklärt.

Retikulozerebelläre Moosfasern Die Moosfasern, die der Formatio reticularis entstammen, kommen hauptsächlich aus dem *Ncl. reticularis lateralis* der Medulla oblongata und den **Kernen des pontinen Tegmentum**. Die Fasern aus dem Ncl. reticularis lateralis haben ein Projektionsgebiet analog dem der spino- und trigeminozerebellären Fasern und erreichen daher ebenfalls das Spinocerebellum. Die Fasern aus den tegmentalen Kernen laufen hingegen zum Vestibulocerebellum.

Insgesamt sind die retikulozerebellären Moosfasern in die sensomotorische Integration der Bewegungen der oberen Extremität und in die Regulierung der Augenbewegungen in Verbindung mit Signalen aus dem Labyrinth (▶ Kap. 15) involviert.

Pontozerebelläre Moosfasern Aus den **pontinen Kernen** entstammen extrem viele Fasern (ca. 20 Millionen), die auf die Gegenseite kreuzen und über den *Pedunculus cerebellaris medius* das Cerebellum erreichen. Die pontinen Kerne ihrerseits erhalten Input aus verschiedenen kortikalen Arealen (sensibel, auditorisch, visuel und motorisch). Die pontinen Moosfasern verteilen sich im Pontocerebellum.

Olivozerebelläre Kletterfasern Die Kletterfasern entstammen der kontralateralen **unteren Olive** (Complexus olivaris inferior) und erreichen das Kleinhirn über den *Pedunculus cerebellaris inferior*. Jede Faser kontaktiert eine Purkinjezelle und gibt in ihrem Verlauf Kollaterale zu den zugehörigen Kleinhirnkernen und im Ncl. vestibularis lateralis ab.

Die olivozerebellären Neurone sind hauptsächlich während des Erwerbs neuer motorischer Aufgaben aktiv. Sie rufen eine Dämpfung (LTD, long time depression) der poststimulatorischen Antwort der Purkinjezellen auf die Aktivität von Moosfasern hervor. Dieses Phänomen ist mit dem motorischen Lernen verbunden. Die Kletterfasern werden während der Ausführung von Bewegungen aktiviert, die eine besondere Aufmerksamkeit erfordern, und während des Erlernens von neuen motorischen Fähigkeiten, wenn sich leichte motorische oder nicht erwartete sensorische und sensible Fehler einstellen. Die Aktivität der Neurone der unteren Olive ist mit den Signalen aus den Kleinhirnkernen synchronisiert. Deswegen fungiert die untere Olive als Schrittmacher, der eine rhythmische Aktivität in der Kleinhirnrinde generiert, während die Kleinhirnkerne ihrerseits diese Rhythmizität an andere mit dem Kleinhirn verbundene Anteile des Gehirns verbreiten.

■■ **Efferente Bahnen**

Die efferenten zerebellären Bahnen lassen sich entsprechend der weiter oben beschriebenen funktionellen Unterteilung des Kleinhirns beschreiben.

Die efferenten Bahnen des **Vestibulocerebellums** entspringen den Purkinjezellen des Vermis und bilden synaptische Kontakte mit dem *Ncl. fastigii* und den *Ncl. vestibulares laterales* aus. Die Neurone des Ncl. fastigii projizieren ihrerseits bilateral zu den Ncll. vestibulares laterales und zur Formatio reticularis. Von dort gehen *die Tractus reticulospinalis* aus (▶ Kap. 5). Eine zweite Projektion des Vestibulocerebellums erreicht die *Colliculi superiores* und die Blickzentren.

Die efferenten Bahnen des **Spinocerebellum** umfassen die Purkinjezellen des paravermalen Kortex, die Synapsen mit Neuronen des *Ncl. interpositus* ausbilden. Deren Axone kreuzen nach Verlassen des Kleinhirns über die *Pedunculi cerebellares superiores* im Tegmentum an der Grenze zwischen Pons und Mesencephalon auf die Gegenseite. Sie enden im *Ncl. ruber* und im Thalamus, hauptsächlich im *Ncl. ventralis lateralis*. Die Axone, die den Ncl. ruber erreichen und vom *Ncl. emboliformis* kommen, bilden Synapsen mit den magnozellulären Neuronen, die Ursprung eines Teils des *Tractus rubrospinalis* sind (▶ Kap. 5 und 6), aus. Die zum Thalamus ziehenden Fasern bilden Synapsen mit thalamischen Neuronen aus, die zum primär motorischen Kortex projizieren.

Über diese beiden Regelkreise kontrolliert das Kleinhirn daher die Willkürbewegungen, die über die Tractus rubrospinalis und corticospinalis vermittelt werden. Diese Kontrolle wird **ipsilateral** ausgeübt, da die Bahnen auf zwei unterschiedlichen Ebenen kreuzen – *Tractus cerebellorubrothalamicus* und *Tractus rubrospinalis/corticospinalis lateralis*.

Die efferenten Bahnen des **Pontocerebellums** haben ihren Ursprung in Purkinjezellen der am weitesten lateral gelegenen Teile der hemisphärischen Kleinhirnrinde, die zum *Ncl. dentatus* projizieren. Von diesem gehen Axone aus, die zum Thalamus und zu den parvozellulären Neuronen des Ncl. ruber ziehen. Die thalamischen Neuronen, die pontozerebellären Input erhalten, projizieren ihrerseits zu den am weitesten rostral gelegenen Teilen des Frontallappens. Beide Axontypen verlassen das Kleinhirn über den *Pedunculus cerebellaris superior*.

■■ **Funktionelle Anatomie der Verbindungen mit dem Nucleus ruber und der Hirnrinde**

Der *Pedunculus cerebellaris superior* und der *Ncl. ruber* haben sich während der Phylogenese parallel entwickelt. Anschließend haben sich parallel zur Rückbildung der Pars magnozellularis des Ncl. ruber und damit der Verbindungen mit dem Spinocerebellum (s. o.) die Pars parvocellularis des Ncl. ruber, der Tractus rubroolivaris, die untere Olive, das Neocerebellum (s. o.), der Ncl. dentatus und die Großhirnrinde ausgebildet. Die Rückbildung des Tractus rubrospinalis wurde begleitet von einer Zunahme der rückkoppelnden Regelkreise entlang der zerebrozerebellären und rubroolivozerebellären Verbindungen. Die funktionellen Verbindungen mit dem motorischen Kortex und dem Ncl. ruber sind von großer Bedeutung, um eine korrekte Aktivierungssequenz agonistischer und antagonistischer Muskeln sicherzustellen, wenn es um Bewegungen über mehrere Gelenke geht.

Das **Vestibulocerebellum** kontrolliert die Körperhaltung und die äußeren Augenmuskeln. Deshalb führen Läsionen der unteren Anteile des Vermis zu einer **Ataxie des Rumpfes**, wenn das entsprechende Individuum sitzt, steht oder geht (Rumpf-, Stand- und Gangataxie). Desweiteren kann es zu einem Nystagmus kommen.

Das **Spinocerebellum** dient im Wesentlichen der Analyse und Regulierung von Willkürbewegungen während deren Ausführung. Diese Funktion wird ermöglicht durch die Konvergenz zerebellärer Efferenzen mit denen der Hirnrinde zu den Ursprungsneuronen der Tractus rubrospinalis und reticulospinalis. Dies erklärt, warum Läsionen des Spinocerebellum üblicherweise eine **Gangataxie oder eine Rumpfataxie** hervorrufen. Letztere ist dadurch gekennzeichnet, dass der Patient anteroposteriore Pendelbewegungen des Rumpfes zeigt. Die Läsionsymptomatik kann derjenigen des Pontocerebellum ähneln.

Das **Pontocerebellum** ist zusammen mit dem motorischen Kortex in die Programmierung von Bewegungen vor dem Beginn der Ausführung beteiligt. Läsionen des Pontocerebellum führen zu **Ataxien des Armes und der Hand**, insb. Störungen in der Bewegungskoordination und Zielmotorik (Dysmetrie, Intentionstremor, skandierende Sprache (Dysarthrie)).

Patienten mit zerebellären Läsionen berichten, dass sie Bewegungen nicht schnell einleiten können, auch wenn sie sich dazu zwingen. Das deutet darauf hin, dass die absteigenden motorischen Bahnen nicht in der Lage sind, eine Willkürbewegung zu realisieren, wenn das Kleinhirn lädiert ist. Die zerebellären Läsionen interferieren dennoch nicht nur mit der korrekten Aktivierung von Willkürbewegungen, sondern auch mit der Ausführung und Beendigung der gleichen Bewegung und können sich daher als Erscheinen diskontinuierlicher Bewegungen oder als **Dysmetrie** manifestieren. Jüngere Untersuchungen haben gezeigt, dass das Neocerebellum auch für einige höhere cerebrale Funktionen, wie Kognition und Sprache, eine Rolle spielt.

Hypothalamus

© Springer-Verlag GmbH Deutschland, ein Teil von Springer Nature 2019
S. Huggenberger et al., *Neuroanatomie des Menschen*, Springer-Lehrbuch
https://doi.org/10.1007/978-3-662-56461-5_9

In diesem Kapitel stehen die wichtigsten neuroanatomischen Strukturen des Hypothalamus im Vordergrund. Neben der makroskopischen Anatomie werden die allgemeine Organisation, Verbindungen und die funktionelle Anatomie besprochen.

9.1   Definitionen und Grundlegendes

Der Hypothalamus – um den III. Ventrikel herum gelegen (◘ Abb. 9.1) – wurde traditionell als Abkömmling des Diencephalons betrachtet. Neuere Erkenntnisse deuten allerdings darauf hin, dass der Hypothalamus ontogenetisch dem Telencephalon entstammt (▶ Box in Kapitel 2).

Die engen Verbindungen mit dem limbischen System stellen ihn ins Zentrum zahlreicher primärer vitaler Funktionen (Wachstum, Entwicklung, Reproduktion, Hunger, Durst), die mit der Aufrechterhaltung des inneren Gleichgewichts (Homöostase, z. B. Regulation von Körpertemperatur, Flüssigkeitshaushalt, Schlaf-Wach-Rhythmus, zirkadiane Rhythmen, vegetativen Nervensystem). Darüber hinaus beeinflusst er über die Verbindungen mit der Hypophyse das endokrine System.

9.2   Makroskopische Anatomie und Unterabteilungen

Die dorsalen Begrenzungsstrukturen des Hypothalamus sind der *Sulcus hypothalamicus* des III. Ventrikels, der *Fornix* und die *Commissura anterior*, die ihn vom *Thalamus* trennen (◘ Abb. 9.2a). Die anteriore Grenze bildet die *Lamina terminalis* (◘ Abb. 9.2b), während der Hypothalamus sich nach posterior in das *Mesencephalon* fortsetzt (◘ Abb. 9.2a). Lateral wird der Hypothalamus von der *Capsula interna* begrenzt. Der Hypothalamus ist an der Basis des Gehirns lokalisiert, oberhalb des *Chiasma opticum* (anterior) (◘ Abb. 9.2), der

Eminentia mediana, **der tuberalen Hypothalamusregion** und den *Corpora mammillaria* (posterior). Die tuberale Hypothalamusregion, eine Erhebung an der Hirnbasis direkt hinter dem Chiasma opticum, gibt seinerseits das *Infundibulum* (Hypophysenstiel) mit den *Tractus hypothalamohypophysiales* und den portalen Gefäßen ab, das die Hirnbasis mit der Hypophyse verbindet (◘ Abb. 9.2b).

9.3   Allgemeine Organisation des Hypothalamus

Der Hypothalamus stellt weniger als 1 % des gesamten Gehirns dar und wird von einer Reihe von Kernen entlang der Wände des III. Ventrikels gebildet. In einem Medianschnitt betrachtet kann man sie traditionell in eine präoptische, eine supraoptische, eine tuberale und eine mammilläre Region unterteilen (◘ Abb. 9.2a).

Eine weitere Einteilung kann auf koronalen Schnitten, bezogen auf den Abstand von der Ventrikelwand, getroffen werden. Von medial nach lateral lassen sich eine **periventrikuläre Kerngruppe**, eine **mediale Kerngruppe** und eine **laterale Kerngruppe** unterscheiden.

Unter funktionellen Gesichtspunkten ist es sinnvoll die hypothalamischen Kerne nach ihren Projektionen einzuteilen. Die **magnozellulären Kerne**, i.e. der *Ncl. supraopticus* und der *Ncl. paraventricularis hypothalami* (nicht zu verwechseln mit dem Ncl. paraventricularis thalami), projizieren direkt zur **Neurohypophyse** (*Tractus supraoptico-* und *paraventriculohypophysiales, Tractus hypothalamohypophysiales*) (◘ Abb. 9.2b), in deren Kapillarbett zwei Neuropeptide freigesetzt werden, **Oxytocin** und **Vasopressin** (auch antidiuretisches Hormon [ADH] genannt) (◘ Tab. 9.1). Die Axone dieser Neurone werden durch das Vorhandensein typischer Auftreibungen entlang ihres Verlaufs charakterisiert, die die Stellen repräsentieren, an denen sich die Sekretgranula mit den beiden Neuropeptiden akkumulieren (neuroendokrine

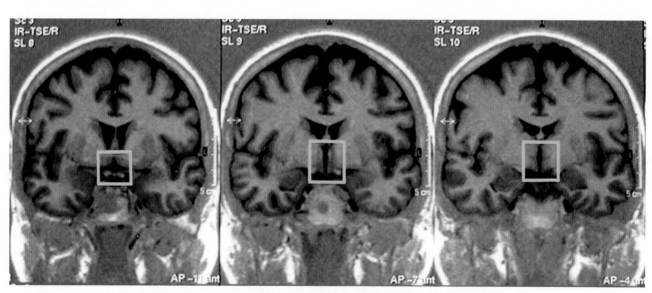

◘ **Abb. 9.1   Koronale MRT-Darstellung (T1-Gewichtung) des Hypothalamus (innerhalb des gelben Rahmens)**

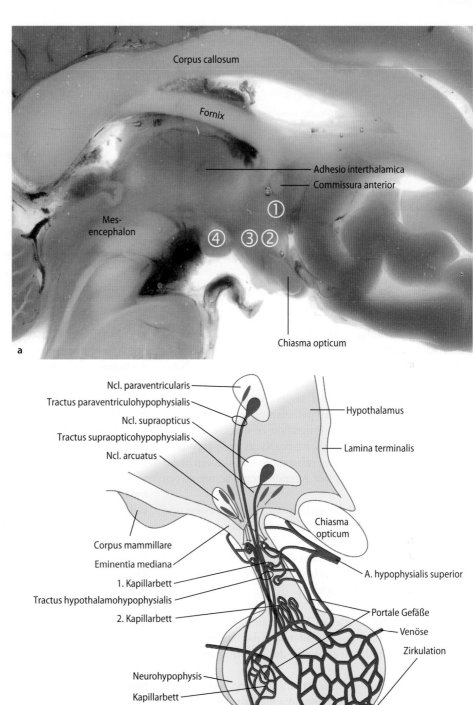

Sekretion). Die Neurohypophyse besteht neben den neuro-
sekretorischen Axonen der *Ncll. supraopticus et paraventricularis hypothalami* aus Gliazellen und Blutgefäßen.

Die **parvozellulären Neurone** findet man in den *Ncll. pre-
optici, periventriculares, arcuatus* (■ Abb. 9.2b), *ventromedialis
hypothalami* und anderen. Sie produzieren eine Reihe von
Peptiden, die sog. Releasing- oder Release-Inhibiting-factors
sowie das Katecholamin Dopamin, insbesondere im Ncl. arcuatus. Diese Steuerhormone werden in der Eminentia mediana
an Kapillarschlingen (1. Kapillarbett) freigesetzt, die ihrerseits

an kleine Venen münden, die zum Hypophysenvorderlappen
(**Adenohypophyse**) ziehen und hier ein 2. Kapillarbett bilden
(**hypophysäres Portalsystem** = Hintereinanderschaltung von
zwei Kapillarbetten mit zwischengeschalteter Vene) (■ Abb.
9.2). Auf diese Weise gelangen die in den parvozellulären
Hypothalamuskernen gebildeten Steuerhormone in die Adenohypophyse, wo sie die Produktion und Ausschüttung der
Hypophysenvorderlappenhormone (■ Tab. 9.1) spezifisch
fördern (Releasing-factors oder Liberine) oder hemmen
(Release-Inhibiting-factors oder Statine).

▢ Tab. 9.1   Steuerhormone und Hormone der hypothalamischen Neurosekretion

Ursprung	Bezeichnung der Steuerhormone/Hormone	Wirkung
Parvozelluläre Neurone	Corticotropin-releasing hormone (CRH)	ACTH-Freisetzung in der Adenohypophyse
	Thyrotropin-releasing hormone (TRH)	TRH-Freisetzung in der Adenohypophyse
	Somatoliberin	Wachstumshormon-Freisetzung in der Adenohypophyse
	Somatostatin	Wachstumshormon-Hemmung in der Adenohypophyse
	Prolactin-releasing hormone	Prolactin-Freisetzung in der Adenohypophyse
	Prolactin-inhibiting hormone factor = Dopamin	Prolactin-Hemmung in der Adenohypophyse
	Gonadotropin-releasing hormone	FSH/LH-Freisetzung (Folikelstimulierendes Hormon, Luteinisierendes Hormon) in der Adenohypophyse
Magnozelluläre Hormone	Oxytocin	Milchsekretion, Uteruskontraktion, „indungshormon"
	Vasopressin	Wasserrückresorption in den Sammelrohren der Niere, Vasokonstriktion

9

Die magnozellulären und die parvozellulären Neurone sind **neuroendokrine Zellen,** weil sie ihre Sekrete direkt in das Kapillarbett der Neurohypophyse (magnozelluläre Neurone) bzw. in den hypophysären Portalkreislauf (parvozelluläre Neurone) freisetzen, der seinerseits die Adenohypophyse erreicht. So kann der Hypothalamus beide Anteile der Hypophyse über die direkte Projektion zu den Gefäßen der Neurohypophyse (von den Ncll. supraopticus und paraventricularis hypothalami) oder die Freisetzung von Faktoren in das hypophysäre Portalsystem der Adenohypophyse regulieren (▢ Abb. 9.2b).

In der ▢ Tab. 9.1 sind die wichtigsten Steuerhormone und Hormone der hypothalamischen Neurosekretion und ihre Wirkungen zusammengestellt.

Neben den bisher genannten Kerngebieten, gibt es im Hypothalamus weitere Kerngebiete, die mit anderen Arealen des Gehirns in Verbindung stehen.

Der *Ncl. arcuatus* (▢ Abb. 9.2b) projiziert zum limbischen System und zu verschiedenen katecholaminergen Zentren. Neurone des Ncl. arcuatus enthalten u. a. das Neuropeptid Y (NPY), das u. a. an der Regulierung der Nahrungsaufnahme beteiligt ist.

Die *Corpora mammillaria* (▢ Abb. 9.2) sind paarig angelegte Strukturen hinter der Eminentia mediana, die mit dem limbischen System und dem Thalamus verbunden sind.

9.4   Verbindungen und funktionelle Anatomie

Die neuroendokrinen Mechanismen im Hypothalamus werden durch komplexe Vorgänge gesteuert, die zum Teil von den zahlreichen Verbindungen mit anderen Gebieten des ZNS abhängig sind.

Zahlreiche afferente und efferente Bahnen verbinden den Hypothalamus mit dem Cortex cerebri, dem Hirnstamm und dem Rückenmark (▢ Abb. 9.3). Unter diesen ist das **mediale Vorderhirnbündel** (*Fasciculus prosencephali medialis*), das

sowohl **afferente absteigende Fasern** aus dem Cortex cerebri, vom Hippocampus, vom Fornix, von der Amygdala, der Septumregion, vom *Ncl. accumbens* und vom Nucl. striae terminalis, als auch **afferente aszendierende Fasern** von der Formatio reticularis, aus dem *Ncl. tractus solitarii* und aminergen Hirnstammkernen führt. Das mediale Vorderhirnbündel enthält auch **efferente hypothalamische Fasern** zur Hirnrinde, zur Septumregion, zur Amygdala, zum Thalamus, zu den parasympathischen Kernen der Hirnnerven und zu den vegetativen spinalen Neuronen, seien sie sympathisch (intermediolaterale thorakolumbale Säule) oder parasympathisch (sakrale Säule).

Das **System der periventrikulären Fasern** (früher als *Fasciculus longitudinalis posterior* bezeichnet), die Bahn der *Commissura supraoptica ventralis*, zusammen mit anderen kleineren Bahnen, gewährleisten weitergehendere Verbindungen des Hypothalamus mit verschiedenen Arealen des ZNS.

Im Inneren des Hypothalamus existieren darüber hinaus zahlreiche **intrinsische Verbindungen**, die die funktionelle Synergie seiner verschiedenen Areale ermöglichen.

Insgesamt betrachtet, empfängt der Hypothalamus **olfaktorische Afferenzen** aus dem limbischen System, direkten visuellen Input von der Retina, **somatische Afferenzen**, darunter spinale und trigeminale Projektionen, und viszerale vom *Ncl. tractus solitarii* und von anderen Zentren geringerer Bedeutung.

9.5   Regulierung der neuroendokrinen Produktion des Hypothalamus

Einige hypothalamische Funktionen, die mit der **Homöostase** verbunden sind, sind einzigartig und sollen hier kurz angesprochen werden.

Die Produktion von ADH wird über den osmotischen Druck des Blutes reguliert, der direkt von den **magnozellulären Neuronen** und von **zirkumventrikulären Organen**

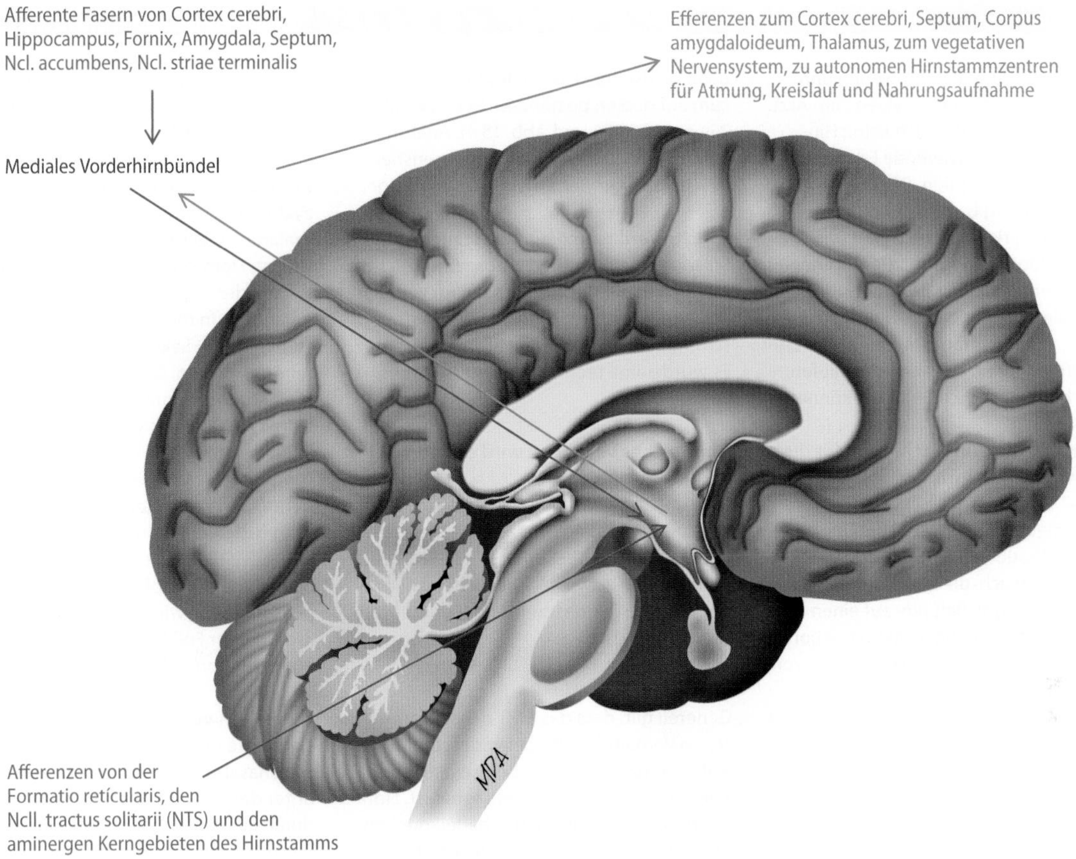
Afferente Fasern von Cortex cerebri, Hippocampus, Fornix, Amygdala, Septum, Ncl. accumbens, Ncl. striae terminalis
Efferenzen zum Cortex cerebri, Septum, Corpus amygdaloideum, Thalamus, zum vegetativen Nervensystem, zu autonomen Hirnstammzentren für Atmung, Kreislauf und Nahrungsaufnahme
Mediales Vorderhirnbündel
Afferenzen von der Formatio reticularis, den Ncll. tractus solitarii (NTS) und den aminergen Kerngebieten des Hirnstamms

Abb. 9.3 Schematische Darstellung der wichtigsten afferenten und efferenten Verbindungen des Hypothalamus

(*Organum vasculosum laminae terminalis, Organum subfornicale*, so benannt wegen ihrer Lage zum III. Ventrikel bzw. zum Fornix), registriert wird. In diesen Arealen fehlt die **Bluthirnschranke** (▶ Kap. 18), wodurch es zu einem direkten Austausch von Substanzen zwischen Blut und dem ZNS kommen kann.

Die Sekretion von Oxytocin wird durch einen neurohumoralen Reflex über das Saugen während der Stillzeit reguliert.

Die Regulation der Körpertemperatur hängt von den **thermosensiblen hypothalamischen Neuronen** ab, deren Verhalten für die Fieberbildung bedeutsam ist.

Die massiven limbischen Verbindungen (Hippocampus, Amygdala) erklären die Beteiligung des Hypothalamus an Aggression, Angst und emotionalem Verhalten.

Neuronengruppen im lateralen und ventromedialen Hypothalamus sind für die Glukosekonzentration im Blut empfindlich und mit der Regulation der Nahrungsaufnahme verbunden (**Appetit- und Sättigungszentren**) und projizieren diffus zur Hirnrinde, während andere Strukturen in der *Zona incerta* für die Lipidaufnahme verantwortlich sind.

Der *Ncl. suprachiasmaticus*, der Kollateralen vom *N. opticus* empfängt, liegt in der Nähe des *Chiasma opticum* und ist die innere Uhr des ZNS. Dieser Kern ist auch eines der **sexuell dimorphen Zentren** (morphologisch oder funktionell unterschiedlich zwischen Mann und Frau) des Hypothalamus.

Gruppen von Neuronen in der *Area preoptica* enthalten für Sexualsteroide empfindliche Enzyme und sind verantwortlich für die nichtgenetische Orientierung in männlich und weiblich während der Entwicklung des Gehirns.

Abnorme Zustände von Wachheit oder Lethargie können verbunden sein mit einer Änderung der Aktivität des *Ncl. tuberomammillaris*. Der Ncl. tuberomammillaris ist eines der bei M. Alzheimer stark durch neurofibrilläre tangles befallenen Kerngebiete.

In den *Corpora mammillaria* stehen Gedächtnis-assoziierte Funktionen in enger Verbindung mit dem Fornix, der für hippocampalen Input sorgt und damit mit dem limbischen System (→ **Korsakow-Syndrom**: alkoholtoxisch-induzierte Läsion der Corpora mammillaria führt zu Gedächtnisstörungen, Desorientiertheit und Konfabulationen). Der *Fasciculus mammillothalamicus* verbindet die Mammillarregion mit den *Ncll. anteriores thalami*.

Fallbeispiel

Eine 25-jährige Frau kommt wegen unregelmäßiger Menstruationszyklen zum Arzt. In der Anamnese finden sich keine Hinweise auf frühere gravierende Erkrankungen. Keine Kontrazeption. Die körperliche Untersuchung ergibt keinen Anhalt auf internistische Erkrankungen. Eine orientierend neurologische Prüfung der Hirnnerven lässt den Verdacht auf eine Einschränkung des lateralen Gesichtsfeldes beidseits aufkommen. Auf Nachfrage: Ja, sie sei in letzter Zeit häufiger gegen Türrahmen gelaufen, habe sich das aber nicht erklären können.

Welcher anatomische Ort kommt für die Erklärung der Beschwerden und Befunde in Frage?
Das allgemeine Prinzip der neurochirurgischen Lokalisationsdiagnostik ist im ersten Ansatz der Versuch, die bekannten Beschwerden und ggf. Befunde auf einen anatomischen Ort einzuengen. Menstruationsstörungen können natürlich eine Reihe von Ursachen haben, die neben dem ZNS als Störungsort auch periphere Organe wie u. a. die Ovarien (Eierstöcke), die Tuba ovarica (Eileiter) und den Uterus (Gebärmutter) sowie auch die Nebennieren betreffen. Der wichtigste differentialdiagnostische Hinweis in unserem Fall ist der Verdacht auf eine Einschränkung des lateralen/temporalen Gesichtsfeldes beidseits, der durch die Beobachtung der Patientin hinsichtlich des „Türrahmenproblems" (im klinischen Jargon auch als Scheuklappenphänomen bezeichnet) gegeben ist. Aus klinischer Erfahrung und aufgrund des Verlaufs der Sehbahn sprechen die Befunde für eine medial gelegene beidseitige Läsion des Chiasma opticum auf dessen posterioren Seite (▶ Fall Nr. 2 in ▶ Abb. 14.6 und Abb. 15.4). Anatomisch kommt am ehesten der Hypophysenstiel bzw. eine vergrößerte Hypophyse in Frage.

Welche Verdachtsdiagnose stellen Sie?
Solange eine nähere Diagnose noch nicht möglich ist, wird man neutral vom Verdacht auf eine Raumforderung im Bereich des posteromedialen Chiasma opticum sprechen. Es wurde eine technische Untersuchung angeordnet.

Um welches Verfahren wird es sich wahrscheinlich handeln?
Primär wird es darum gehen, eine möglichst genaue Ortsdiagnose bezogen auf das Chiasma opticum zu bekommen. Hier bieten sich prinzipiell zwei Möglichkeiten an:
— Gesichtsfeldbestimmung (Perimetrie) (▶ Abb. 14.6)
— CT/MRT

Generell gilt, dass das MRT die anatomischen Verhältnisse besser widergibt, während das CT bei der Beurteilung der Knochenverhältnisse unschlagbar ist. Notabene: Das MRT zeigt den Schädelknochen nur schemenhaft, das CT den Schädelknochen aufgrund seiner hohen dichte als hyperdense Struktur.

Welchen Befund/welche Befunde erwarten Sie?
— Perimetrie: Bitemporale homonyme Hemianopsie (▶ Fall Nr. 2 in ▶ Abb. 14.6)

— CT/MRT: Umschriebene Raumforderung im posterioren Anteil des Chiasma opticum (◨ Abb. 9.4)

Zusammenfassung: Der Menstruationszyklus wird hormonell reguliert. Der Hypothalamus sezerniert das Gonadotropin Releasing Hormone (GnRH) in das Pfortadersystem der Hypophyse (▶ Kap. 9). GnRH gelangt so in die Adenohypophyse und stimuliert die Sekretion von LH (luteinisierendes Hormon, Gelbkörperhormon) und FSH (Follikel-stimulierendes Hormon). Durch den Einfluss von LH und FSH wird die Reifung der Follikel im Eierstock (Ovar) getriggert und die Freisetzung von Östrogenen und Progesteron stimuliert. Eine Störung der Produktion und Freisetzung von LH und FSH durch eine Raumforderung im Bereich der Hypophyse (i. d. R. ein Hypophysentumor) wird peripher durch eine Störung der Follikelreifung und damit des Menstruationszyklus reflektiert.

Kurzer Hinweis zur Therapie
Der heute übliche Zugang zur Resektion ist transnasal-transphenoidal (◨ Abb. 9.5), d. h. unter dem Operationsmikroskop wird durch ein in die Nasenhöhle eingesetztes Spekulum die Vorderwand der Keilbeinhöhle (Sinus sphenoidalis) aufgesucht. Diese wird entfernt, am Ende der Höhle stellt sich dann der Boden der – häufig durch das Tumorwachstum – vorgewölbten Sella turcica (in der Abbildung ohne Hypophyse) dar. Wenn auch dieser reseziert ist, kann der Tumor nach und nach entfernt werden.

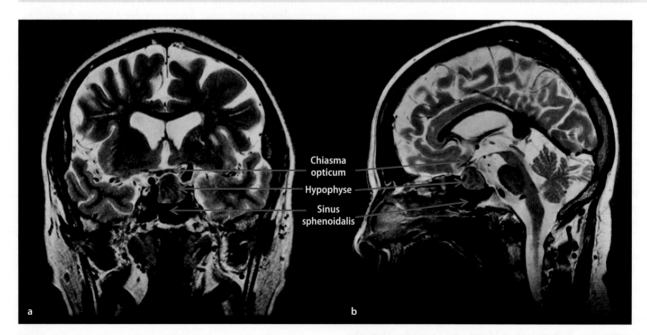

Chiasma opticum
Hypophyse
Sinus sphenoidalis

a   b

◨ **Abb. 9.4**   Das **T2-gewichtete MRT** in koronaler (**a**) und sagittaler Darstellung (**b**) zeigt am dorsalen Rand des Sinus sphenoidalis eine rundliche, scharf abgegrenzte Raumforderung, die den N. opticus nach oben (dorsal) angehoben hat (Aus Lin et al. 2011)

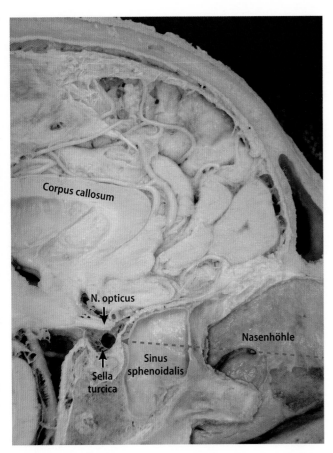

□ Abb. 9.5 Schematische Darstellung (roter Pfeil) des transnasal-transphenoidalen Zugangs zur Resektion der Hypophyse. (Mit freundlicher Genehmigung der Anatomischen Sammlung der Universität zu Köln)

Thalamus und Epithalamus

© Springer-Verlag GmbH Deutschland, ein Teil von Springer Nature 2019
S. Huggenberger et al., *Neuroanatomie des Menschen*, Springer-Lehrbuch
https://doi.org/10.1007/978-3-662-56461-5_10

In diesem Kapitel werden neben den makroskopischen Aspekten zum Thalamus, Epithalamus und Subthalamus auch die allgemeine Organisation, Konnektivität, die wichtigsten Funktionen und Charakteristika dieser Abschnitte besprochen.

10.1   Definitionen und allgemeine Daten

Der *Thalamus* ist ein Ensemble von Kerngebieten der grauen Substanz des Diencephalon (◘ Abb. 10.1). Die Thalamuskerne dienen der Übertragung und Integration von Informationen aus Rückenmark, Hirnstamm und Retina auf dem Wege zum *Cortex cerebri*. Die ausgedehnten reziproken Verbindungen mit der Hirnrinde sind Ausdruck seiner Rolle als wichtiges übergeordnetes Zentrum für die Verarbeitung von Signalen aus der Umwelt.

10.2   Thalamus

10.2.1   Makroskopische Anatomie und Unterteilung

In embryologischer und funktioneller Hinsicht kann das Diencephalon in den **eigentlichen Thalamus**, den *Epithalamus*, den *Metathalamus* und den *Subthalamus* eingeteilt werden.

Mit Ausnahme des *Ncl. reticularis thalami*, (Ncl. reticularis prethalami), der Zona incerta und des Ncl. subthalamicus, die zum *Prethalamus* (Thalamus ventralis) gezählt werden, gehören alle anderen in diesem Kapitel besprochenen Strukturen zum *Thalamus*.

Die Thalami beider Seiten des Gehirns bilden eine ovoide Struktur, deren Hauptachse rostrokaudal ausgerichtet ist, und liegen unmittelbar zu beiden Seiten des III. Ventrikels (◘ Abb. 10.2). Allerdings wird bei 70%–80% der Menschen der Ventrikel durch eine rundliche, wenige Millimeter breite Struktur, die *Adhesio interthalamica (Massa intermedia)* überbrückt.

Lateral grenzt der Thalamus an das *Crus posterius* der *Capsula interna*, dort, wo die Pyramidenbahn (*Tractus corticospinalis*) verläuft.

10.2.2   Allgemeine Organisation, Konnektivität und funktionelle Anatomie

Aufgrund der zahlreichen thalamischen Kerne sind Konnektivität und Funktion des Thalamus sehr komplex. Allerdings können für alle diese Kerne einige generelle Motive beschrieben werden.

Der Thalamus kann als eine Art Tor zum *Cortex cerebri* betrachtet werden. Das generelle Schema seiner Verbindungen ist sehr einfach (◘ Abb. 10.3). Afferente, aszendierende Bahnen erreichen die Mehrzahl der thalamischen Kerngebiete und versorgen diese mit verschiedenen, vorwiegend sensiblen (z. B. Rückenmark) und sensorischen Informationen (z. B. *Retina* [Sehsinn], *Colliculus inferior* [Hörsinn]). Ferner erreichen aszendierende motorische Signale aus dem Kleinhirn und den Basalganglien den Thalamus. Die einzige sensorische Qualität, die auf dem Weg zur Hirnrinde nicht im Thalamus umgeschaltet wird, ist der Geruchssinn (Olfaktion).

Wie in ◘ Abb. 10.3 dargestellt sind die aszendierenden Afferenzen zum Thalamus in aller Regel nicht deszendierend reziprok, d. h. zu den Ursprungsgebieten der thalamopetalen Kerngebiete projizierend. Die thalamischen Neurone vermitteln also die empfangenen Signale über thalamokortikale Verbindungen zur Hirnrinde. Diese Form der Weiterleitung kann als Relais-Funktion betrachtet werden. Die Hirnrinde projiziert ihrerseits zurück zum Thalamus (reziproke Verbindung). Während im Allgemeinen die thalamofugalen Fasern zur Hirnrinde gerichtet sind, gibt es einige nach subkortikal projizierende Fasern, insbesondere zum Striatum.

Der Thalamus ist lateral in Form einer Schale vom *Ncl. reticularis thalami* mit seinen GABAergen Neuronen umgeben. Dieser Kern gehört zum ventralen Thalamus und unterscheidet sich von den übrigen thalamischen Kernen dadurch,

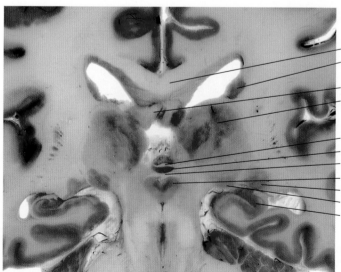

◘ Abb. 10.1   Thalamus im Koronalschnitt auf Höhe der Habenula. (Mit freundlicher Genehmigung der Anatomischen Sammlung der Universität zu Köln)

Corpus callosum
Corpus nuclei caudati

Fornix
Thalamus

Commissura habenularum
Glandula pinealis
Commissura posterior
Substantia grisea periaqueductalis
Corpus geniculatum laterale
Corpus geniculatum mediale
Hippocampus

Abb. 10.2 Thalamus im Koronalschnitt auf Höhe des Ncl. ruber. 1, Capsula extrema; 2, Capsula externa; 3, Capsula interna; CGL, Corpus geniculatum laterale; III, Ventriculus tertius. (Mit freundlicher Genehmigung der Anatomischen Sammlung der Universität zu Köln)

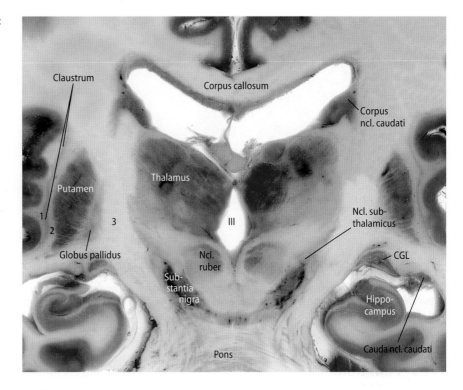

Abb. 10.3a,b a Allgemeines Verschaltungsmuster des Thalamus: Der Thalamus erhält aufsteigenden Input vor allem aus sensiblen und sensorischen Systemen und überträgt die Signale zur Großhirnrinde. Diese Verbindungen sind reziprok organisiert (thalamokortikale und kortikothalamische Fasern). **b** Allgemeine synaptische Beziehungen

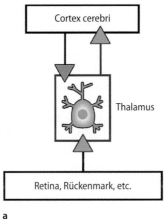

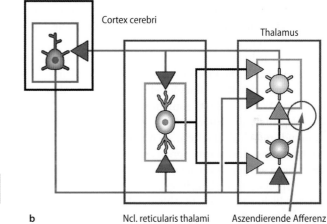

zwischen Thalamus und Cortex cerebri. Die rot dargestellten Verbindungen sind exzitatorisch, die schwarz markierten inhibitorisch. Man beachte, dass der Ncl. reticularis thalami Kollateralen sowohl von thalamokortikalen als auch kortikothalamischen Fasern erhält

dass er zwar Input vom Cortex cerebri erhält, selbst aber nicht zur Hirnrinde projiziert. Damit stellt er eine Ausnahme von der Regel der Reziprozität thalamokortikaler Verbindungen dar. Der Hauptoutput des Ncl. reticularis thalami ist zu den Kernen des Thalamus gerichtet.

Es gibt 2 Typen von Neuronen in den thalamischen Kernen: **Projektions-/Relaisneurone**, die ihr Axon zur Hirnrinde oder auch zum *Striatum* senden (**Abb. 10.4b**) und **Interneurone**, deren Axone andere Neurone innerhalb desselben Kerns kontaktieren. Die Projektionsneurone sind glutamaterg (exzitatorisch), die Interneurone haben GABA

als Transmitter (inhibitorisch). Die **Abb. 10.3b** zeigt die komplexen synaptischen Beziehungen der einzelnen Neuronentypen im Thalamus. Die Komplexität wird noch verstärkt durch die sog. **Triaden**, die aus (1) einer Axonterminale der afferenten sensiblen oder sensorischen Fasern, (2) einem Dendriten der Relaisneurone und (3) einem Dendriten eines GABAergen Interneurons bestehen. Der interneuronale Dendrit ist also nicht nur postsynaptisch zum afferenten Axon, sondern auch präsynaptisch zum Dendriten des Relaisneurons gerichtet und bildet so eine inhibitorische dendrodendritische Synapse.

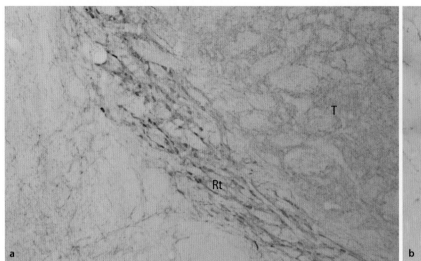

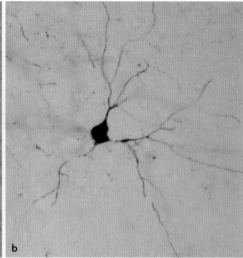

Abb. 10.4a,b   a Mikrophotographische Aufnahme des Ncl. reticularis thalami (Rt) der Ratte. Die GABAergen Neurone des Ncl. reticularis sind durch eine immunhistochemische Darstellung des Kalziumbin-denden Proteins Parvalbumin dargestellt. T, Thalamus. **b** Die Aufnahme zeigt ein Relaisneuron des Ncl. ventralis posterolateralis der Ratte mit dessen dendritischen Verzweigungen

10.2.3 Funktionen

Es wurde lange Zeit angenommen, dass der Thalamus ausschließlich der Weiterleitung von vorwiegend sensiblen und sensorischen Informationen zum Cortex cerebri diene. Die in **◘** Abb. 10.3 dargestellte Komplexität der synaptischen Architektur legt jedoch eine wesentliche wichtigere Funktion des Thalamus nahe. Die Projektionsneurone des Thalamus können 2 unterschiedliche funktionelle Zustände in Abhängigkeit vom Wachheitsgrad einnehmen. Im wachen Zustand übertragen sie die Information vollständig zur Hirnrinde, während im Schlaf eine relative Abkopplung des Thalamus erfolgt, so dass die Informationen anders als im Wachzustand übertragen werden. Im ersten Fall leiten die Neurone einzelne Aktionspotenziale entlang ihres Axons, die einander mit unterschiedlicher Frequenz in Abhängigkeit von der Intensität des sensiblen oder sensorischen Stimulus folgen. Im zweiten Falle generieren die Neurone dagegen schnelle Sequenzen von Aktionspotentialen *(bursts*, Salven), unterbrochen von Ruhephasen. Der Übergang zwischen den beiden Zuständen scheint abhängig vom *Ncl. reticularis thalami* zu sein. Dieser wird heute als eine Art Schalter (oder pacemaker = Schrittmacher) betrachtet, der den Wechsel der unterschiedlichen Phasen steuert.

Charakteristika und Verbindungen der einzelnen Thalamuskerne

Die **◘** Abb. 10.5 zeigt die Verbindungen der einzelnen Thalamuskerne. Aus didaktischen Gründen werden die Kerne hier in drei Gruppen unterteilt:

a. **Spezifische oder Relaiskerne.** Zu dieser Kategorie gehören die Kerne der lateralen Kerngruppe[1] des Thala-

1   Die einzelnen Kerne der lateralen Kerngruppe tragen als erstes Adjektiv „ventralis" nicht „lateralis".

mus ebenso wie die *Corpora geniculata laterale* und *mediale*. Diese Kerne übertragen ganz allgemein spezifische sensible und sensorische Informationen zur Hirnrinde. Die laterale Kerngruppe (*Ncll. ventrobasales thalami*) umfasst die *Ncll. ventralis posterolateralis* und *posteromedialis*. Ersterer erhält Input vom *Lemnicus medialis*, letzterer vom *Lemniscus trigeminalis* (*Tractus: trigeminothalamicus anterior*). Beide Kerne werden von den *Tractus spinothalamici* (Nozizeption) kontaktiert und enthalten in ihrer *Pars parvocellularis* gustatorische Afferenzen. Die Efferenzen dieses Kerns erreichen vorwiegend den primär-sensorischen Kortex im *Gyrus postcentralis* (Areale 1–3 nach Brodmann). Die Lage des gustatorischen Kortex ist beim Menschen nicht genau bekannt. Die Rolle des *Ncl. ventralis posterior inferior* für die Verarbeitung von Schmerzsignalen erscheint komplex. Theoretisch müsste man nach Läsionen des Thalamus eine Abschwächung der Schmerzempfindung aufgrund der unterbrochenen Schmerzleitung erwarten. Stattdessen klagen viele Patienten mit einer Gefäß- oder Tumor-bedingten Thalamusschädigung über unerträgliche Schmerzen in der kontralateralen Körperhälfte (Thalamusschmerz oder *central post-stroke pain*). Zur lateralen Kerngruppe gehören auch der *Ncl. ventralis anterior* und die *Ncll. ventrales laterales* (ein schmaler Bereich wird auch als *Ncl. ventralis intermedius* bezeichnet). Diese Kerne erhalten Afferenzen vom Kleinhirn, dem *Globus pallidus* und der *Pars reticulata* der *Substantia nigra* und leiten die Signale weiter zu motorischen und prämotorischen Rindenfeldern unter Einschluss der okulomotorischen Areale. Funktionell betrachtet kann die Region mit den Ncll. ventrales laterales als motorischer Thalamus bezeichnet werden. Die Ncll. ventrales laterales scheinen eine wichtige Rolle bei der Entstehung verschiedender Tremorformen zu haben, die durch die

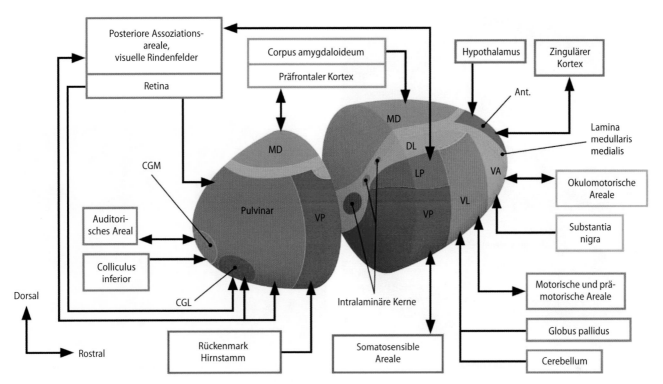

Abb. 10.5 Schematische Seitenansicht der prominenten Kerngebiete des Thalamus mit den zugehörigen afferenten Quellen und den kortikalen Zielgebieten. Die unidirektionalen Pfeile bezeichnen aszendierende Verbindungen, während die bidirektionalen Pfeile reziproke Verbindungen mit der Großhirnrinde markieren. Abkürzungen: Ant., Ncll. anteriores thalami; DL, Ncl. dorsalis lateralis thalami; CGM, CGL, Corpus geniculatum mediale/laterale; LP, Ncl. lateralis posterior thalami; MD, Ncl. mediodorsalis thalami; VA, Ncl. ventralis anterior thalami; VL, Ncll. ventrales laterales thalami; VP, Ncll. ventrobasalis

gezielte Läsion oder elektrische Stimulation (Stereotaxie) dieses Kerns gelindert werden können. Die *Corpora geniculata mediale* und *laterale* bilden den **Metathalamus** und empfangen auditorische bzw. visuelle Afferenzen. Der auditorische Input stammt aus dem *Colliculus inferior*, der visuelle aus der Retina. Ersterer wird weitergeleitet in die primäre Hörrinde im Temporallappen, letzterer zum primär visuellen Kortex (A17 nach Brodmann) im Okzipitallappen.

b. **Assoziationskerne.** Die anteriore Kerngruppe (*Nuclei anteriores thalami*), der *Ncl. mediodorsalis* und die *Ncll. posteriores thalami* mit dem *Pulvinar thalami* gehören zu dieser Kerngruppe. Allgemein betrachtet erhalten diese Kerne multimodalen Input, den sie zu Assoziationsarealen des Cortex cerebri weiterleiten. Die anteriore Kerngruppe ist auch über den Gyrus cinguli mit dem limbischen System verknüpft. Die klassische Verknüpfung besteht zwischen dem Ncl. mediodorsalis und dem präfrontalen Kortex. Läsionen in diesen Kernen können zu kognitiven Störungen führen (Gedächtnis, Lernen, Sprache etc.).

c. **Unspezifische Kerne.** Es handelt sich hier vor allem um die intralaminären Kerne, kleine Zellansammlungen innerhalb der *Lamina medullaris medialis*. Der Terminus unspezifisch rührt daher, dass diese Kerne nicht mit spezifisch definierten kortikalen Arealen verbunden sind, sondern divergente Verbindungen mit unterschiedlichen Gebieten der Hirnrinde haben. Diese Kerngruppe empfängt viele verschiedene Afferenzen, v. a. aus der Formatio reticularis (ARAS), dem Cerebellum und den *Tractus spinothalamici*. Eine gewisse topologische Ordnung ist darin zu sehen, dass einzelne Neurone dieser Kerne mit einem bestimmten Teil eines Hirnrindenareals verbunden sind. Schließlich projizieren diese Kerne auch zu den Basalganglien.

10.3 Epithalamus

Der posterodorsale Teil des Diencephalon wird als als **Epithalamus** bezeichnet (Abb. 10.6) und enthält die *Striae medullares prethalami*, die *Glandula pinealis* (Epiphyse, Zirbeldrüse) und der *Habenula*.

Die Striae medullares prethalami sind Streifen weißer Substanz, die entlang des dorsalen Randes des III. Ventrikels verlaufen, und sich scheinbar im Parenchym der Glandula pinealis verlieren. Sie stellen die zentralen Verbindungen der Drüse dar.

Die Glandula pinealis hat die Form eines Pinienzapfens. Ihre Basis nimmt die Striae medullares auf und liegt der Wölbung des III. Ventrikels auf, während die Spitze auf der *Lamina quadrigemina* zu liegen kommt. Oberhalb der Drüse liegt die *V. cerebri magna*, die auch die Drüse drainiert. In der Glandula pinealis kommen mindestens 2 Zelltypen vor, die neuroendokrinen **Pinealozyten**, die das Hormon Melatonin produzieren, und **Gliazellen**.

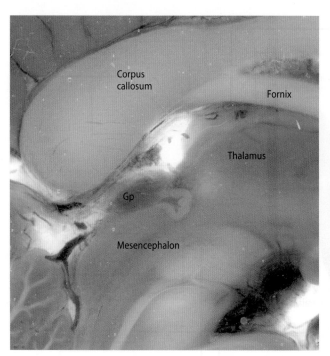

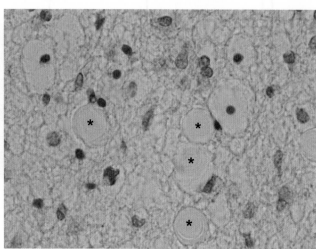

◻ Abb. 10.6   Menschliche Glandula pinealis (Gp). Sagittalschnitt

◻ Abb. 10.7   Acervuli (*) in der menschlichen Glandula pinealis (Zirbeldrüse)

Im Parenchym der Zirbeldrüse bilden sich mit zunehmendem Alter (aber individuell verschieden) Kalkablagerungen (Acervuli, „Hirnsand", ◻ Abb. 10.7), die in konventionellen Röntgenaufnahmen und im CT wegen ihrer hohen Dichte gut zu erkennen sind und als Orientierungspunkt dienen können.

Das von der Zirbeldrüse gebildete **Melatonin**, eine Indolverbindung, synchronisiert die Rhythmik des Körpers in Bezug auf die Hell- und Dunkelphasen des Tages und der Jahreszeiten. Die Melatoninproduktion wird über eine komplexe Neuronenkette von der Retina über den *Ncl. suprachiasmaticus* bis hin zum *Ggl. cervicale superius* mit seinen postganglionären Fasern zur Zirbeldrüse geregelt.

Der Habenularkomplex bestent aus zwei Kerngruppen (den *Ncl. habenulares mediales* und *laterales*) in der Wand des III. Ventrikels. Sie sind verbunden mit der Formatio reticularis des Mittelhirns und beteiligen sich indirekt am limbischen System (▶ Kap. 13). Sie sind involviert in die olfaktorische Wahrnehmung und die Regulierung zirkadianer Rhythmen.

Unter und vor der Glandula pinealis liegt die *Commissura habenularum* die die Habenularkerne beider Seiten miteinander verbindet. Hinter dieser Kommissur liegt die *Commissura posterior* in der Nähe des *Fasciculus retroflexus*, der die Habenularkerne mit dem *Ncl. interpeduncularis* verbindet.

Basal der Glandula pinealis im Dach des III. Ventrikels liegt das *Organum subcommissurale* aus ependymalen Zellen. Es gehört zu den zirkumventrikulären Organen (▶ Kap. 9), in denen die Blut-Hirn-Schranke aufgehoben ist.

10.4 Subthalamus

Aus dem Thalamus ventralis entwickeln sich Kerngebiete (s. o.), die als Subthalamus zusammengefasst und u. a. zum extrapyramidal-motorischen System gerechnet werden können. Aufgrund der funktionellen Zugehörigkeit des Globus pallidus zu den Basalganglien (▶ Kap. 11), zählen einige Autoren auch diesen zum Subthalamus.

Klinisch relevant sind Läsionen des Ncl. subthalamicus, die zum **Hemiballismus** (hyperkinetisches, hypotones Syndrom, ▶ Kap. 11.3) führen. Durch die Enthemmung thalamokortikaler Bahnen kommt es zu blitzartig halbseitig auftretenden unwillkürlichen Schleuderbewegungen, die meist proximal betont sind.

Basalganglien

© Springer-Verlag GmbH Deutschland, ein Teil von Springer Nature 2019
S. Huggenberger et al., *Neuroanatomie des Menschen,* Springer-Lehrbuch
https://doi.org/10.1007/978-3-662-56461-5_11

Neben makroskopischen und funktionell anatomischen Besonderheiten der Basalganglien werden die Neuronenkreise
und synaptische Organisation näher beleuchtet.

11.1   Definitionen und allgemeine Daten

Die Basalganglien umfassen eine Gruppe von subkortikal gelegenen Kerngebieten. Sie stehen untereinander in ausgedehnter Weise in Verbindung, aber auch mit dem Thalamus
und der Hirnrinde. Die Hauptfunktion der Basalganglien ist
die Kontrolle von Bewegungen der Skeletmuskulatur, weshalb
Schädigungen der Basalganglien sich klinisch üblicherweise
als somatomotorische Störungen manifestieren. Häufig bezeichnet man im klinischen Sprachgebrauch solche Störungen als „Erkrankungen des extrapyramidalen Systems". Allerdings sind die Bezeichnungen „Extrapyramidales System"
und Basalganglien nicht synonym. Als extrapyramidales System (▶ Kap. 5) bezeichnet man nämlich die polysynaptischen
Bahnen, die die somatischen Motoneurone des Rückenmarks
oder der Hirnnerven parallel zum *Tractus corticospinalis* (Pyramidenbahn) ansteuern. Wie die weiteren Teile des Kapitels
noch deutlicher zeigen werden (▶ Kap. 5), sind die Neuronenkreisläufe der Basalganglien nur zum geringsten Teil in die
direkte Kontrolle der Aktivität von Motoneuronen involviert.
Das Netzwerk der Neurone der Basalganglien kontrolliert vor
allem den motorischen Kortex, von dem die Pyramidenbahn
ihren Ursprung nimmt. Daher würde man die Bahnen der
Basalganglien besser als prä- anstatt extrapyramidal bezeichnen.

11.2   Makroskopische Anatomie
und Untergliederung

11.2.1 Kerngebiete der grauen Substanz

Um die Lokalisation der Basalganglien zu verstehen, sind anatomische oder magnetresonanztomographische Bilder des
Gehirns in koronaler (◘ Abb. 11.1) oder horizontaler Schnitt-
ebene (◘ Abb. 11.2) hilfreich. Die wichtigsten Gebiete der
grauen Substanz, die zu den Basalganglien zählen, sind hier
zu sehen.

Unter diesen bilden der *Ncl. caudatus* und das *Putamen*
zusammen das *Corpus striatum* (Nuclei basales), vereinfacht
auch Striatum genannt. Der Begriff darf nicht mit der *Area
striata*, der primären Sehrinde, verwechselt werden. Der Kopf
(Caput Ncl. caudati) liegt rostral des Thalamus und medial
des *Crus anterius* der *Capsula interna* (◘ Abb. 11.3). Das *Putamen* liegt zwischen Capsula interna und externa (s. u.). Nach
medial setzt es sich mit dem *Globus pallidus* (vereinfacht *Pallidum*) fort, das sich von lateral in das Knie der Capsula interna hineinerstreckt.

Pallidum und Putamen zusammen werden auch als
Ncl. lentiformis bezeichnet. Diese Struktur ist anatomisch ein-
fach zu identifizieren, aber funktionell nicht homogen. Das
Putamen ist Teil des Striatum, während das Pallidum eine

eigenständige Schlüsselstruktur innerhalb der neuronalen
Verknüpfungen der Basalganglien darstellt. Das Pallidum wird
weiter in einen inneren Teil (*Globus pallidus medialis*) und
einen äußeren Teil (*Globus pallidus lateralis*) unterschieden.

Ventral des Thalamus liegt als Teil des Subthalamus der
Ncl. subthalamicus. Im Mesencephalon ist die schwarz pig-
mentierte *Substantia nigra* (◘ Abb. 11.4, ▶ Kap. 6), bestehend
aus der *Pars compacta* und der *Pars reticulata* zu finden. Letztere kann wegen ihrer histochemischer und funktioneller
Ähnlichkeit als Teil des Globus pallidus medialis betrachtet werden (Pallidum-mediale-Komplex). Die reziproken
Verbindungen zwischen der Substantia nigra und den Basalganglien sind in ◘ Abb. 11.7 dargestellt.

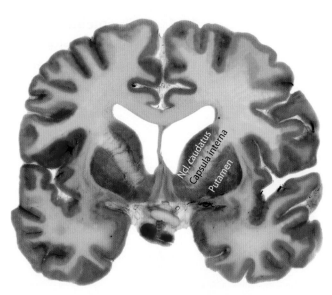

◘ **Abb. 11.1   Darstellung des Corpus striatum (Putamen und
Ncl. caudatus). Koronalschnitt.** (Mit freundlicher Genehmigung der
Anatomischen Sammlung der Universität zu Köln)

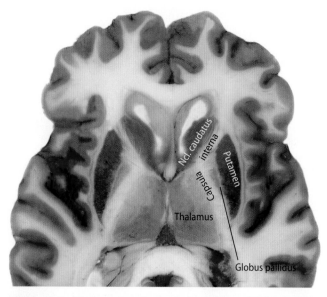

◘ **Abb. 11.2   Horizontalschnitt durch das Gehirn auf Höhe von Thalamus und Corpus striatum.** (Mit freundlicher Genehmigung der Anatomischen Sammlung der Universität zu Köln)

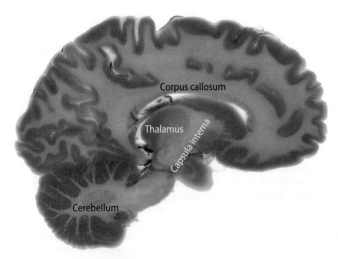

Abb. 11.3   Parasagittaler Schnitt durch das menschliche Gehirn (Plastinat) zur Verdeutlichung der Beziehung zwischen weißer und grauer Substanz im Bereich von Corpus striatum und Thalamus

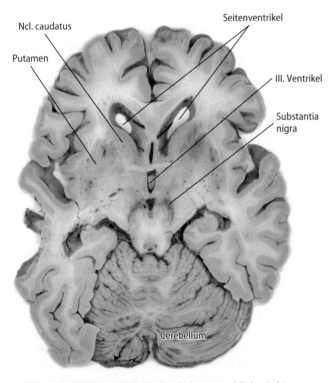

Abb. 11.4   Horizontalschnitt durch das menschliche Gehirn zur Verdeutlichung der Beziehung zwischen weißer und grauer Substanz im Bereich des Corpus striatum und zur Lokalisation der Substantia nigra

Schließlich haben Striatum, Pallidum und Substantia nigra jeweils eine direkt benachbarte limbische Struktur, mit der sie in enger Verbindung stehen; für das Striatum ist das der *Ncl. accumbens,* der ventral des Caput *Ncl. caudati* gelegen ist, für das Pallidum das *Pallidum ventrale* und für die Substantia nigra die *Area tegmentalis ventralis,* ebenfalls eine mesencephale Struktur.

11.2.2   System der Capsulae

Der Terminus *Capsula* bezeichnet einen Streifen weißer Substanz, der in koronalen und horizontalen Schnitten des Gehirns sichtbar ist und auf- und absteigende Faserbahnen enthält. Diese sind reziproke Verbindungen zwischen dem Cortex cerebri einerseits und den Basalkernen, Hirnstamm und Rückenmark andererseits. Im Einzelnen bildet die *Capsula interna* ein *Crus anterius* zwischen dem *Caput Ncl. caudati* (vorne medial) und dem *Ncl. lentiformis* (Linsenkern; lateral) und ein *Crus posterius* zwischen Thalamus (hinten medial) und Ncl. lentiformis (lateral). Das Crus posterius enthält die Pyramidenbahn (Tractus corticospinalis; ▶ Kap. 5). Der Tractus corticonuclearis verläuft im Knie (Genu capsulae internae), das sich zwischen den beiden Crura befindet. Die *Capsula externa* liegt zwischen den lateralen Anteilen des Ncl. lentiformis und der medialen Oberfläche des *Claustrum,* während die *Capsula extrema* zwischen der lateralen Oberfläche des Claustrum und der Inselrinde lokalisiert ist (▶ Abb. 10.2). In der Capsula externa und extrema verlaufen v.a. die langen Assoziationsbahnen. Durch die Capsula interna ziehen Äste der A. cerebri anterior (Crus anterius), der A. choroidea anterior (Crus posterius) und der A. cerebri media (Genu capsulae internae), die eine große klinische Bedeutung haben (▶ Kap. 5 und 18).

11.3   Funktionelle Anatomie

Die genaue Funktion der Basalganglien für die Kontrolle der Motorik ist bis heute nicht komplett geklärt. Hilfreich ist vielleicht die Analogie des „Wasserhahns". Die von den Basalganglien ausgehenden Neuronenkreise dienen dazu, ein adäquates, zielgerichtetes Miteinander aller Bewegungen zu erreichen, sei es topographisch in Bezug auf die beteiligten Muskeln oder im zeitlichen Ablauf. Solche Kreisläufe kann man mit einer Wasserleitung vergleichen, die von einem Wasserhahn verschlossen wird. Ein fast verschlossenes Ventil wird nur sehr schwierig zu passieren sein. In diesem Zustand ist es schwierig, fließende Bewegungen durchzuführen. Das Paradebeispiel ist der M. Parkinson, dessen Symptomatik durch die **Hypokinese** (Bewegungsarmut) gekennzeichnet ist. Wenn umgekehrt das Ventil maximal geöffnet wird, kommt es zu einem stark turbulenten Fluss, analog zu exzessiven oder unwillkürlichen Bewegungen, wie sie bei der Chorea Huntington oder dem Hemiballismus (▶ Kap. 10.4) auftreten.

Der richtige Öffnungsgrad des Ventils garantiert einen gleichmäßigen Fluss, umgesetzt in die Motorik durch adäquate Bewegungen mit Begleitbewegungen der Arme etwa beim Gehen oder der mimischen Muskulatur beim Sprechen.

Das Beispiel des Ventils dient auch zur Erklärung eines physiologischen Aspekts der Basalganglien, das momentan im Mittelpunkt des wissenschaftlichen Interesses steht, nämlich der Durchflussregulierung als Antwort auf definierte externe Bedingungen. Dies ist v. a. in Zusammenhang mit dem Missbrauch psychotroper Substanzen oder Medikamente von Bedeutung. In unserem Beispiel handelt es sich um die Fähig-

M. Parkinson

Diese Störung des motorischen Systems trägt den Namen ihres Erstbeschreibers, dem britischen Arzt James Parkinson (1755–1824), der 1817 seine Beobachtungen in einer Abhandlung veröffentlicht hat („An Essay on the Shaking Palsy").

Die Erkrankung gehört zu den häufigsten neurologischen Krankheiten in den industrialisierten Ländern. Das klinische Bild ist gekennzeichnet durch eine ausgeprägte Bewegungsarmut (**Hypokinese**), die auch die Gesichtsmuskulatur (mimische Muskeln) betrifft. Typisch ist ein kleinschrittiger Gang mit leicht nach vorne gebeugtem Rumpf. Ferner findet man einen **Ruhetremor** (schüttelnde Bewegung der Hände, daher auch der deutsche Name Schüttellähmung) und den sog. **Rigor** (erhöhter Muskeltonus). Während sich physiologischerweise Gelenke passiv gleitend bewegen

lassen, hat der Untersucher bei Parkinsonkranken den Eindruck, dass sich die Gelenke in diskreten Schritten bewegen (**Zahnradphänomen**).

Pathologisch liegt der Erkrankung eine Degeneration der dopaminergen Neurone in der Substantia nigra des Mittelhirns zugrunde. Diese „schwarze Substanz" ist bei der Autopsie von neurologisch Gesunden deutlich mit bloßem Auge zu sehen (▶ Abb. 6.13). Die dopaminergen Neurone enthalten ein dunkles Neuropigment (Neuromelanin), das im Laufe der Degeneration mit den Zellen verschwindet. Daher ist die Substantia nigra bei Betroffenen makroskopisch nicht mehr zu erkennen. Die Bewegungsarmut kann aufgrund der Kenntnis der neuronalen Verbindungen zwischen Substantia nigra und den Basalganglien erklärt werden, während der Hintergrund von

Ruhetremor und Rigor bis heute nicht genau bekannt ist.

Die primäre Therapie besteht aus dem Ersatz (Substitution) des Transmitters Dopamin, der bei der Erkrankung nicht im ausreichenden Maße ausgeschüttet wird. Dopamin passiert nicht die Bluthirnschranke, aber sein Vorläufer DOPA kann von den Neuronen aufgenommen und weiter verstoffwechselt werden. Die Wirkung dieses Medikaments ist solange effektiv, wie noch dopaminerge Neuronen in der Substantia nigra vorhanden sind. Es gibt aber heute pharmakologische Alternativen zur Behandlung und für Medikamenten-resistente Erkrankungsformen – als ultima ratio – die Tiefe Hirnstimulation (deep brain stimulation, DBS).

keit, bestimmte Verhaltensantworten bzw. motorische Reaktionen als Antwort auf Belohnungs- oder Motivationssituationen zu realisieren. Möglicherweise ist der phylogenetisch älteste Teil der Basalganglien ein „limbischer", mit dem Gefühlsleben verbundener Anteil. Aktuell werden Störungen der Basalganglien als Ursache wichtiger psychiatrischer Störungen wie des obsessiv-kompulsiven Verhaltens (Zwangsstörungen) untersucht, bei denen die Patienten z. B. unzählige Male kontrollieren, ob der Gashahn geschlossen ist, bevor sie das Haus verlassen.

11.4   Allgemeine Organisation der Basalganglien

11.4.1   Neuronenkreise

Der Hauptneuronenkreis der Basalganglien hat als Aufgabe die Regulierung der Motorik. Man unterscheidet einen direkten Weg (◪ Abb. 11.5) und einen indirekten Weg (◪ Abb. 11.6). Die Betrachtung der Schemata zeigt Folgendes:

A. In beiden Fällen handelt es sich um **geschlossene Neuronenkreise** im eigentlichen Sinne. Sie nehmen ihren Ursprung in der Hirnrinde, vor allem, aber nicht nur, vom primär motorischen Kortex. Sie durchlaufen verschiedene Stationen der Basalganglien, gelangen von dort zum Thalamus (*Ncll. ventrales laterales* und *Ncl. ventralis anterior*), um schließlich wieder die Hirnrinde zu erreichen, insbesondere den supplementärmotorischen Kortex auf der Medialseite der Hemisphäre. Von dort erfolgt dann die Projektion zum primär-motorischen Kortex. Der Rücklauf des Kreises zur primär motorischen Rinde – Ursprungsort der Pyramidenbahn – rechtfertigt die Bezeichnung präpyramidale Bahn, wie bereits weiter oben erwähnt. Ein kollateraler Anteil dieser Bahn (in den Schemata nicht gezeigt) erreicht

Strukturen des Mittelhirns und der Formatio reticularis im Hirnstamm (▶ Kap. 7). Von dort können die Basalganglien über retikulospinale Bahnen die Aktivität spinaler Motoneurone unabhängig von der Aktion der Pyramidenbahn (extrapyramidaler Anteil der Basalganglien) regulieren.

B. Der **direkte Weg** stellt eine unmittelbare Verbindung zwischen Striatum und Globus pallidus medialis dar (striopallidal), der den Globus pallidus lateralis umgeht. **Im indirekten Weg** projiziert das Striatum zum Globus pallidus lateralis, dieses zum *Ncl. subthalamicus* und von dort führt der Weg zum inneren Pallidum.

C. Der initiale Anteil (kortikostriatal) und der letzte Abschnitt (thalamokortikal und kortikokortikal) ist für beide Wege durch **exzitatorische glutamaterge Verbindungen** gekennzeichnet. Im Gegensatz dazu sind die striopallidalen, pallidothalamischen und pallidosubthalamischen Wege inhibitorisch und nutzen den Transmitter **GABA**. Die Verbindung zwischen Ncl. subthalamicus und dem Globus pallidus medialis ist exzitatorisch. Inhibitorische Verknüpfungen spielen eine wichtige Rolle für die Basalganglien. Durch Hintereinanderschaltung kann eine Inhibition der Inhibition (Disinhibition) bewirkt werden, die funktionell einer Exzitation entspricht. Dies gilt für die striopallidale und die pallidothalamische Strecke im direkten Weg.

D. Der direkte Weg übt auf sein Ziel, den primär motorischen Kortex, eine exzitatorische oder faszilitatorische Wirkung aus. Umgekehrt hemmt der indirekte Weg den primär motorischen Kortex, denn die zwei aufeinander folgenden Inhibitionen aktivieren den Ncl. subthalamicus, der seinerseits den Globus pallidus medialis erregt. Dieser inhibiert den Thalamus, was zur Inhibition des Kortex führt.

Zusammenfassend lässt sich sagen, dass der direkte Weg die Bewegung erleichtert, während der indirekte Weg sie

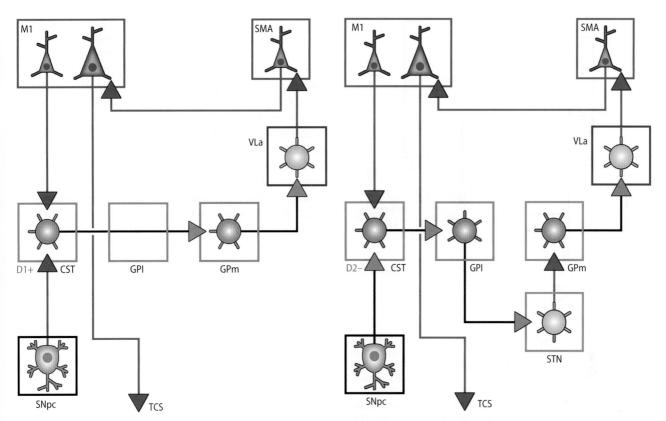

☐ **Abb. 11.5   Schematische Darstellung des direkten Weges der Basalganglien.** Die roten Pfeile stehen für exzitatorische Verbindungen (glutamaterg), die schwarzen Pfeile repräsentieren inhibitorische Verknüpfungen (GABAerg). Die exzitatorische nigrostriatale Verbindung (die auf die D1-[Dopamin] Rezeptoren wirken) ist in rot dargestellt. Abkürzungen: CST, Corpus striatum; GPl, Globus pallidus lateralis; GPm, Globus pallidus medialis; M1, Primär motorischer Kortex; SMA, Supplementär-motorisches Areal des Cortex cerebri; GPl, SNpc, Substantia nigra, pars compacta; TCS, Tractus corticospinalis; VLa, Ncll. ventrales anterior et laterales thalami

☐ **Abb. 11.6   Schematische Darstellung des indirekten Weges der Basalganglien.** Die roten Pfeile stehen für exzitatorische Verbindungen (glutamaterg), die schwarzen Pfeile repräsentieren inhibitorische Verknüpfungen (GABAerg). Die inhibitorische nigrostriatale Verbindung (die auf die D2-(Dopamin) Rezeptoren wirken) ist in schwarz dargestellt. Abkürzungen: CST, Corpus striatum; GPl, Globus pallidus lateralis GPm, Globus pallidus medialis; M1, Primär motorischer Cortex; SMA, Supplementär-motorisches Areal des Cortex cerebri; STN, Ncl. subthalamicus; TCS, Tractus corticospinalis; VLa, Ncll. ventrales anterior et laterales thalami

hemmt. Weil die Basalganglien topographisch organisiert sind, ist es denkbar, dass der direkte Weg jene Bewegungen befördert, die zur Ausführung bestimmt sind, während der indirekte Weg gleichzeitig mögliche unerwünschte Bewegungen hemmt (das „motorische Ventil" ist im richtigen Maß geöffnet). Eine Läsion im Ncl. subthalamicus, der nur in den indirekten Weg eingeschaltet ist, führt dazu, dass die unerwünschten Bewegungen nicht mehr gehemmt werden und automatische, ungewollte Bewegungen entstehen (Hemiballismus; ► Kap. 10.4).

E. Die *Pars compacta* der Substantia nigra enthält **dopaminerge Neurone**. Diese projizieren zum Striatum, üben jedoch unterschiedliche Wirkungen auf die Neurone des direkten bzw. des indirekten Weges aus. Erstere werden durch die Wirkung von Dopamin auf die D1-Rezeptoren erregt. Im Gegensatz dazu werden die Neurone des indirekten Wegs durch Dopaminwirkung auf die D2-Rezeptoren inhibiert. Die unterschiedlichen pharmakologischen Eigenschaften der beiden Dopaminrezeptoren erklären, warum ein und derselbe Transmitter unterschiedlich auf die Anfangsneurone beider Wege

wirken kann. Die Freisetzung von Dopamin aus den Terminalen der Substantia nigra erleichtert motorische Aktionen, indem es den direkten Weg positiv moduliert und den indirekten negativ. Für den M.Parkinson, bei dem es zur Degeneration der dopaminergen Neurone kommt, bedeutet dies das Auftreten der **Hypokinese**.

Ein anderer Neuronenkreis der Basalganglien reguliert die sakkadischen Augenbewegungen (schnelle Bewegungen, die dem „Scannen" der Umgebung dienen). Dieser Kreis beginnt wie die oben beschriebenen in der Hirnrinde. Von dort verläuft die Bahn mit Verbindungen zum Striatum und zur Substantia nigra (*Pars reticulata*) analog zu den striopallidalen Verbindungen des motorischen Weges (die Pars reticulata der Substantia nigra ist eine Erweiterung des medialen Pallidums, Pallium-medialer Komplex). Die Pars reticulata projiziert zum Thalamus (analog zu den pallidothalamischen Verbindungen des motorischen Weges) und der Kreis schließt sich durch thalamokortikale Projektionen. Außer zum Thalamus projiziert die Pars reticulara auch zum *Colliculus superior*, der mesenzephalen Kontrollstruktur für die Augenmotilität.

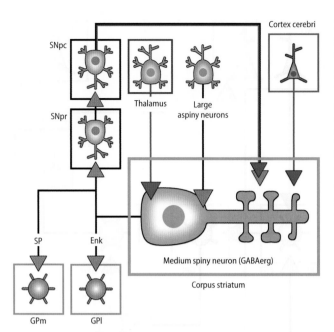

Kernen des Thalamus. Ein wichtiger Input kommt von anderen striatalen Neuronen, den medium spiny neurons selbst und größeren Neuronen mit glatten Dendriten (large aspiny neurons). Die Endköpfchen der dendritischen Spines konstituieren die kortikostriatalen Synapsen. Die nigrostriatalen dopaminergen Afferenzen aus der *Pars compacta* der Substantia nigra bilden synaptische Kontakte mit den striatalen Neuronen v. a. im Halsbereich der spines aus. Dadurch sind sie in einer idealen Situation, um die Transmission auf Ebene der kortikostriatalen Afferenzen zu modulieren. Durch die enge Nachbarschaft nigrostriataler mit kortiko- und thalamostriatalen Synapsen kann das aus ersteren freigesetzte Dopamin die Glutamatfreisetzung der kortikalen und thalamischen Terminalen beeinflussen.

◻ **Abb. 11.7   Schematische Darstellung der Synapse des Corpus striatum.** Aus Gründen der Übersichtlichkeit ist nur ein einzelnes striatales Neuron mit einem Dendriten dargestellt. Die roten Pfeile bezeichnen exzitatorische Verbindungen (glutamaterg), die schwarzen Pfeile inhibitorische Verknüpfungen (GABAerg). Abkürzungen: Enk, Enkephalin; Gpl, Globus pallidus lateralis; GPm = Globus pallidus medialis; SNpc, Substantia nigra, pars compacta; SNpr, Substantia nigra, pars reticulata; SP, Substanz P

Schließlich verlaufen dopaminerge Fasern von der Area tegmentalis ventralis zum *Ncl. accumbens*, der zu den Limbischen Hirnarealen gehört, die in enger Beziehung zu den Basalganglien stehen. Diese als mesolimbisch bezeichneten Verbindungen stehen funktionell mit dem Missbrauch psychotroper Substanzen wie Alkohol und anderen Drogen in Verbindung.

11.4.2   Synaptische Organisation des Striatum

Ncl. caudatus und *Putamen* haben eine äußerst komplexe synaptische Struktur, die in den vergangenen Jahren durch eine Vielzahl von experimentellen Untersuchungen weiter aufgeklärt wurde. Das wissenschaftliche Interesse erklärt sich aus der wichtigen Rolle der Basalganglien für viele pathologische Phänomene, darunter, wie bereits erwähnt, der M. Parkinson. Der häufigste Zelltyp im Striatum sind die GABAergen „medium spiny neurons", deren Dendriten mit spines besetzt sind (◻ Abb. 11.7). Dieser Neuronentyp kann in zwei Subpopulationen unterteilt werden. Der eine exprimiert den Dopaminrezeptor D1 und das Neuropeptid Substanz P und projiziert zur Pars medialis des Globus pallidus über den direkten Weg. Der andere Zelltyp exprimiert den D2-Rezeptor und Neuropeptide aus der Klasse der Enkephaline. Dieser projiziert zur Pars lateralis des Globus pallidus über den indirekten Weg. Die striatalen Neurone empfangen Axonterminalen von zahlreichen zentralen Regionen, darunter den intralaminären

Großhirnrinde (Cortex cerebri)

© Springer-Verlag GmbH Deutschland, ein Teil von Springer Nature 2019
S. Huggenberger et al., *Neuroanatomie des Menschen*, Springer-Lehrbuch
https://doi.org/10.1007/978-3-662-56461-5_12

Dieses Kapitel fokussiert die wichtigsten neuroanatomischen Aspekte zur Großhirnrinde. Neben makroskopischen Fakten werden die allgemeine Organisation, funktionelle Anatomie, Verbindungen, Hierarchien und wichtige Areale näher beleuchtet.

12.1   Definitionen und allgemeine Daten

Die Großhirnrinde bildet einen Mantel (Pallium) aus grauer Substanz, der die gesamten Hemisphären bedeckt (◘ Abb. 12.1, ◘ Abb. 12.2, ◘ Abb. 12.3). Der *Cortex cerebri* nimmt hierarchisch, funktionell und topographisch das höchste Niveau des *Telencephalons* ein. Beim Menschen ist die Hirnrinde verantwortlich für die sog. höheren zerebralen Funktionen (Sprache, abstraktes Denken, Sozialverhalten, Lernvermögen, etc.). Die Bedeutung des Cortex cerebri ist auch an seiner evolutionären Vergrößerung zu erkennen, die bei den Primaten und beim Menschen ihre größte Entwicklung erfahren hat (◘ Abb. 12.4). Die Aufnahme des vergrößerten Gehirns im Schädel erfordert starke Einfaltungen (*Sulci, Sg. Sulcus*) des Hirnmantels, die tief in die weiße Substanz hineinreichen. Zwischen den Sulci liegen die Windungen (*Gyri, Sg. Gyrus*), die auf der äußeren Oberfläche des Gehirns sichtbar sind (gyrencephales Gehirn) (◘ Abb. 12.1 bis ◘ Abb. 12.3). Die beiden Großhirnhemisphären sind voneinander durch die *Fissura longitudinalis cerebri* (Interhemisphärenspalt) getrennt, an deren tiefstem Punkt das *Corpus callosum* (Balken) liegt.

Auf phylogenetischer Basis kann man den Cortex cerebri in drei Anteile trennen: Den *Palaeocortex* (oder **Palaeopallium**; olfaktorische Rinde, beim Menschen wenig ausgeprägt), den *Archicortex* (oder **Archipallium**; Hippocampusformation) und den *Neocortex* (oder **Neopallium**), der beim Menschen den größten Anteil des Kortex ausmacht. Archi-

cortex und Paleocortex, die das olfaktorische und limbische System beinhalten, werden in ▸ Kap. 13 behandelt. In diesem Kapitel wird nur der Neocortex behandelt, der von hier ab der Einfachheit halber Hirnrinde genannt wird.

12.2   Makroskopische Anatomie und Unterteilung

Die Sulci auf der Oberfläche des Großhirns erlauben es, die beiden Hemisphären in *Lobi* (Sg. *Lobus*; Lappen) einzuteilen: *Lobus frontalis* und *Lobus parietalis* (getrennt durch den *Sulcus centralis*), *Lobus temporalis* (ventral des *Sulcus lateralis*) und *Lobus occipitalis* (posterior des *Sulcus parietooccipitalis*; nur am mediansagittal geteilten Gehirn sichtbar; ◘ Abb. 12.5). In der Tiefe des Sulcus lateralis liegt die **Inselrinde** (*Lobus insularis*; ◘ Abb. 12.4). Auf der Medialseite jeder Hemisphäre läuft der **zinguläre Kortex** (*Gyrus cinguli*; ◘ Abb. 12.5) parallel zum Corpus callosum.

Die Großhirnrinde zeigt unterschiedliche histologische und funktionelle Charakteristika. Durch unterschiedliche Zytoarchitektonik, die mikroskopisch-anatomische Kriterien, wie z. B. die Breite der unterschiedlichen Schichten, heranzieht, ist es möglich im 6-schichtigen Neocortex (Isocortex) drei grundlegende Typen der Hirnrinde zu unterscheiden (vergl. ▸ Kap. 12.4):

1. Den **agranulären Kortex** mit einer wenig entwickelten 4. Schicht und einem Überwiegen der 5. Schicht. Dabei handelt es sich um einen für kortikale Efferenzen charakteristischen Rindentyp. Ein typisches Beispiel ist der primäre motorische Kortex.

2. Den **granulären Kortex** (oder *Koniocortex*) mit deutlicher Ausbildung der 4. Schicht, die Afferenzen aus dem Thalamus erhält. Als Beispiele seien die primäre

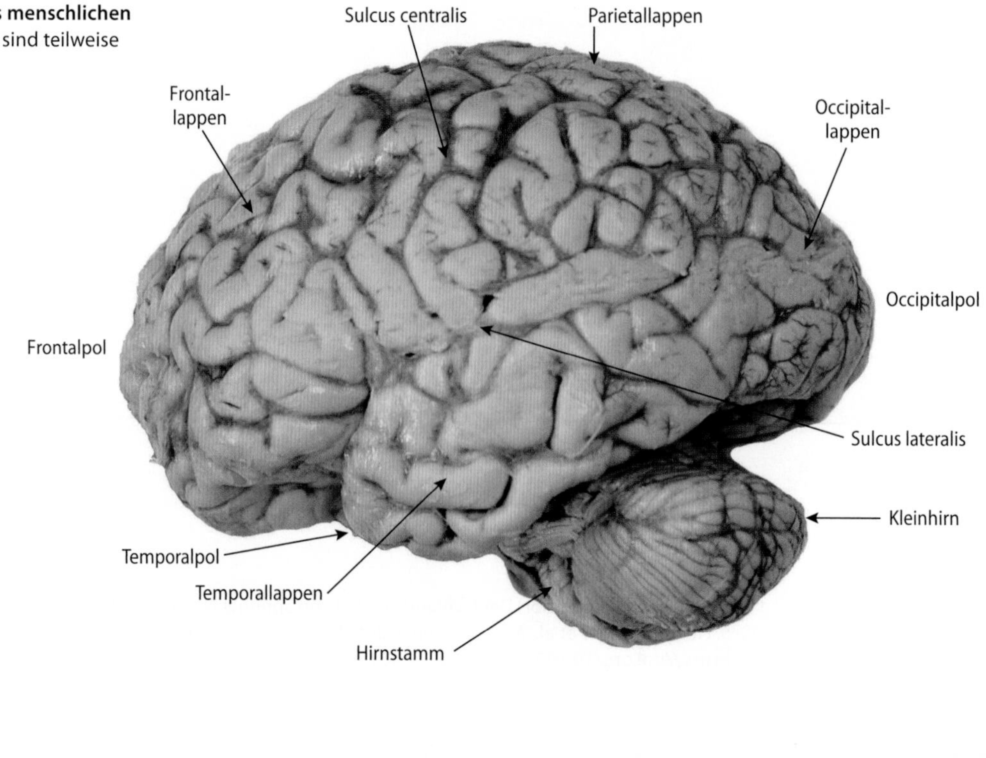

◘ **Abb. 12.1   Lateralansicht des menschlichen Gehirns von links.** Die Hirnhäute sind teilweise präparationsbedingt entfernt

◨ **Abb. 12.2   Dorsalansicht des menschlichen Gehirns.**
Die weichen Hirnhäute sind auf der rechten Seite entfernt,
um den Blick auf das Gyrierungsmuster des Großhirns freizugeben

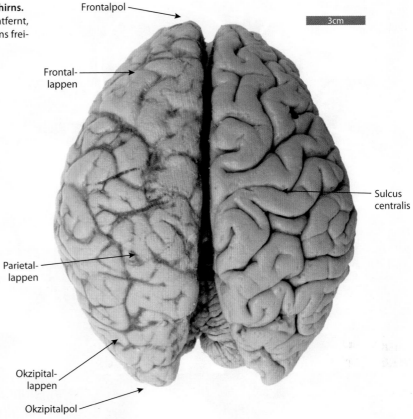

Frontalpol

3cm

Frontal-
lappen

Sulcus
centralis

Parietal-
lappen

Okzipital-
lappen

Okzipitalpol

◨ **Abb. 12.3   Ventralansicht des menschlichen Gehirns.** Die weichen Hirnhäute sind auf der rechten Seite
(linke Bildseite) entfernt, um den Blick auf das Gyrierungsmuster des Großhirns freizugeben

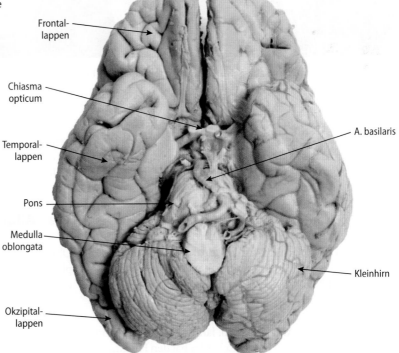

Frontal-
lappen

Chiasma
opticum

A. basilaris

Temporal-
lappen

Pons

Medulla
oblongata

Kleinhirn

Okzipital-
lappen

12

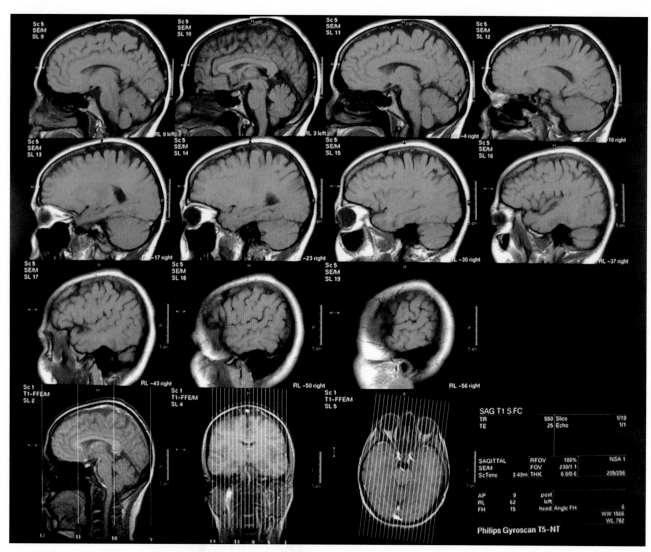

■ **Abb. 12.4** **Sagittale Serie einer Magnetresonanztomographie (T1-Gewichtung) des menschlichen Gehirns.** Die Gyri und Sulci sind gut zu erkennen. Der Pfeil weist auf die Lage der Inselrinde

somatosensorische, die auditorische und die visuelle Hirnrinde genannt.

3. Der **Assoziationskortex** mit einer ausgeglichenen Ausbildung von Schichten und Neuronentypen. Im Gegensatz zur Aufnahme von thalamischen Afferenzen oder dem Ursprung von Efferenzen zu nachgeordneten motorischen Zentren, dient dieser Kortextyp typischerweise der Integration (höhere Funktionen). Seine Verbindungen sind hauptsächlich kortikokortikal, auch wenn er zusätzlich thalamische Afferenzen empfängt und Efferenzen zu subkortikalen Strukturen entsendet.

Eine genauere Einteilung der Hirnrinde bietet die von Korbinian Brodmann zu Anfang des 20. Jahrhunderts vorgenommene Kartierung. Dieser Wissenschaftler hat den Hirnmantel in etwa 50 mit arabischen Zahlen bezeichnete Areae unterteilt (■ Abb. 12.7, BOX). Die Klassifikation, die auf streng zytoarchitektonischen Kriterien beruht, hat einen wichtigen funktionellen Wert, weshalb sich noch heute die meisten Abhandlungen über die Hirnrinde auf sie bezieht. Im Laufe der Jahre

ist die Unterteilung der Hirnrinde in Areale auf der Basis neuerer experimenteller Daten angepasst worden. So sind z. B. durch die Entdeckung der Spiegelneurone[1] die funktionellen Aspekte motorischer Areale erweitert worden.

12.3   Allgemeine Organisation der Hirnrinde

Obwohl Struktur und Funktion der Großhirnrinde sehr komplex und auch noch nicht vollständig bekannt sind, erscheint die zelluläre Zusammensetzung relativ einfach. Im Kortex sind im Wesentlichen 2 Zelltypen zu finden: Die Pyramidenzellen (einschließlich der modifizierten Pyramidenzellen) und die Interneurone (Nicht-Pyramidenzellen).

Die **Pyramidenzellen** sind Projektionsneurone mit langen Axonen, die Verbindungen über lange Strecken mit anderen Kortexarealen oder subkortikalen Hirnregionen eta-

---

1   Siehe Arbeiten über die mirror neurons und die revidierten Hirnkarten der Gruppe um Giacomo Rizzolatti an der Universität von Parma.

Arealisierung der Großhirnrinde

Schon am Anfang des 19. Jahrhunderts machten Ärzte wie Franz Joseph Gall (1758–1828) den Versuch, geistige Eigenschaften und Zustände abgrenzbaren Hirnarealen zuzuordnen. Bei diesen frühen Versuchen wurde ein Zusammenhang zwischen Gehirnform, Schädelform und geistigen Fähigkeiten unterstellt. Diese Disziplin wurde als Phrenologie (griechisch „Lehre des Geistes") bekannt und wurde durch ihre ideologisch ausgerichtete Herangehensweise ein typisches Beispiel einer Pseudowissenschaft. Daraus hervorgegangen ist die Kraniometrie („Lehre der Schädelvermessung"). Diese Pseudolehre wurde vor allem Anfang des 20. Jahrhunderts besonders im Zusammenhang mit rassistischen Theorien populär.

Doch schon gegen Ende des 19. Jahrhunderts konnten der französische Arzt Paul Broca (1824–1880) und der deutsche Neurologe Carl Wernicke (1848–1905) durch eine streng akademische Herangehensweise Gehirnregionen identifizieren, die für die Sprachverarbeitung essentiell sind. Damit entstand eine erste grobe Einteilung der menschlichen Großhirnrinde im Sinne der modernen Neurowissenschaften.

Im Jahr 1909 wurde dann das Werk „Vergleichende Lokalisationslehre der Großhirnrinde" von Korbinian Brodmann (1868–1918) veröffentlicht. In diesem Werk beschrieb er die Großhirnrinde nach histologischen Kriterien und teilte sie in 52 Felder ein, die nach ihm heute als Brodmann-Areale benannt sind. Obwohl Brodmann bereits in Ansätzen die funktionelle Bedeutung der Arealisierung erkannte (das Broca-Areal entspricht den Areae 44 und 45 nach Brodmann), wurde diese für die meisten Areale erst später geklärt.

Seit den 1990ern hat die funktionelle Kartierung des Gehirns durch die Weiterentwicklungen der Magnetresonanztomographie (MRT, Kernspintomographie) rasante Fortschritte erlangt. Allgemein kann man mit der MRT Schnittbilder des menschlichen Körpers erzeugen, die eine Beurteilung der Organe erlauben. Dafür werden die Achsen der Eigendrehung von Atomkernen, in erster Linie die Wasserstoffkerne (Kernspin), durch ihr eigenes schwaches Magnetfeld in einem starken äußeren Magnetfeld des Tomographen parallel ausgerichtet. Durch ein 2., hochfrequent wechselndes Magnetfeld werden diese Achsen ausgelenkt. Sie beginnen zu „schlingern" (präzidieren). Diese Präzessionsbewegung induziert wie jede Bewegung eines Magneten einen elektrischen Strom. Nach Abschalten des hochfrequenten Wechselfeldes nimmt die Präzessionsbewegung wieder ab, die Spins richten sich also wieder parallel zum statischen Magnetfeld aus. Für diese sogenannte Relaxation benötigen sie eine charakteristische Abklingzeit, die in der Veränderung des induzierten Stroms gemessen wird. Diese Relaxation ist vom chemischen Aufbau des Gewebes abhängig, in der sich die präzedierenden Wasserstoffkerne befinden. Daher unterscheiden sich die verschiedenen Gewebearten charakteristisch in ihrem Signal, was zu verschiedenen Signalstärken (dargestellt in unterschiedlichen Grauwerten) im resultierenden Bild führt.

Mittels der modernen funktionellen Magnetresonanztomographie (fMRT) können nun Gehirnareale sichtbar gemacht werden, die wegen ihrer Aktivität einen höheren Energiebedarf haben. Wenn wir einen Finger bewegen oder einen Delphin ansehen, wird in den verantwortlichen Arealen Energie in Form von Sauerstoff und Glucose über die Blutgefäße zu den Nervenzellen transportiert. Dieses Ereignis nutzt die fMRT, indem es den unterschiedlichen Sauerstoffgehalt der Erythrozyten mittels des sogenannten BOLD-Effektes (Blood Oxygen Level Dependent) sichtbar macht. Dabei wird von einem hohen Sauerstoffgehalt indirekt auf eine Aktivierung der Nervenzellen des jeweiligen Ortes geschlossen. Dieser Sauerstoffnachweis wird als Aktivitätsniveau interpretiert und in einer Falschfarbenskala von gelb (stark) bis rot (schwach) dargestellt. Wenn im Hintergrund das anatomische MRT-Bild eingeblendet ist, ist eine Zuordnung der Unterschiede im Sauerstoffniveau zu einer bestimmten anatomischen Region möglich. Im Vergleich dazu ist die diffusionsgewichtete Magnetresonanztomografie (DW-MRI – diffusion-weighted magnetic resonance imaging) ein bildgebendes Verfahren, das Rückschlüsse auf den Verlauf der großen Nervenfaserbündel (Traktographie) erlaubt. Hierbei werden Diffusionsbewegungen von Wassermolekülen im Gehirngewebe räumlich dargestellt.

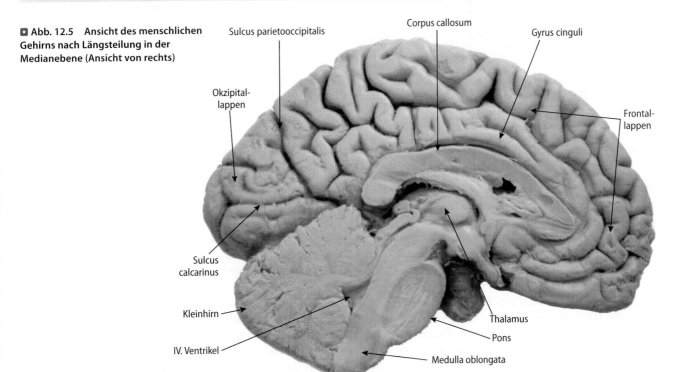

◻ Abb. 12.5 Ansicht des menschlichen Gehirns nach Längsteilung in der Medianebene (Ansicht von rechts)

Sulcus parietooccipitalis

Corpus callosum

Gyrus cinguli

Okzipital-lappen

Frontal-lappen

Sulcus calcarinus

Kleinhirn

IV. Ventrikel

Thalamus

Pons

Medulla oblongata

◾ **Abb. 12.6   Sagittales Plastinations-präparat des menschlichen Gehirns.**
IV = IV. Ventrikel

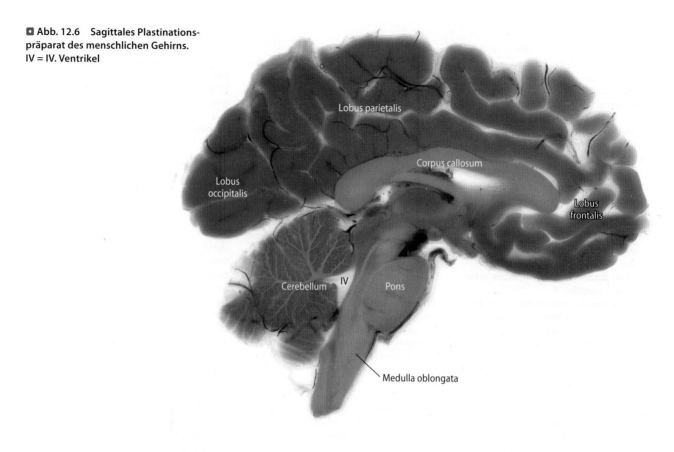

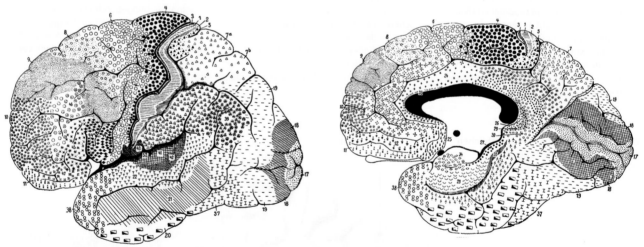

◾ **Abb. 12.7   Zytoarchitektonische Parzellierung des menschlichen Cortex cerebri nach Korbinian Brodmann.** (Aus Brodmann 1909)

blieren. Die charakteristische Morphologie der Pyramiden-zellen zeigt ein dreieckiges Perikaryon, die Spitze zur pialen Oberfläche gerichtet. Von der Basis der Zellen entspringen 4 bis 6 basale Dendriten (Basaldendriten), während die Spitze des Neurons einen großkalibrigen Dendriten (Apikaldendrit) in Richtung Lamina I (siehe unten) entsendet. Das Axon ent-springt basal und ist zur weißen Substanz gerichtet, in die es hineinläuft. Die Verzweigungen der Dendriten sind dicht mit sog. spines (Dornen) besetzt, an denen sich zahlreiche zentro-petale synaptische Kontakte ausbilden. Durch ihren ausge-dehnten Dendritenbaum und der Länge der Axone sind die Pyramidenzellen in der Lage, eine beträchtliche Anzahl von

Informationen zu integrieren und derart generierte Signale über größere Distanzen weiterzuleiten. Sie können daher als die *Output*-Neurone der Hirnrinde betrachtet werden. Ihr Transmitter ist Glutamat. Es gibt modifizierte Pyramiden-zellen, die nicht alle Charakteristika der Pyramidenzellen aufweisen, diesen jedoch in wesentlichen Kennzeichen, wie dem basalen Axonursprung und Vorhandensein von dendri-tischen spines, entsprechen.

Die **Interneurone** unterscheiden sich deutlich von den für Pyramidenzellen typischen Charakteristika: Sie sind u. a. viel-gestaltig und besitzen keine spines an den Dendriten. Ihr Axon, das stark verzweigt ist und von allen Abschnitten des

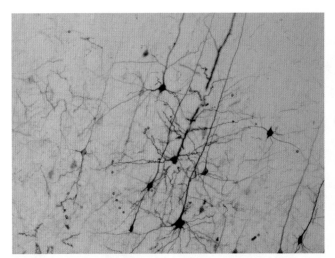

◘ Abb. 12.8   Pyramidenzellen der Großhirnrinde einer Ratte

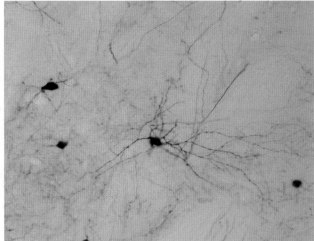

◘ Abb. 12.9   Interneurone der Großhirnrinde einer Ratte

Somas entspringen kann, ist i. d. R. kurz und bildet Terminalen, die in der Hirnrinde verbleiben, in der Mehrzahl der Fälle sogar in der Umgebung der Ursprungszelle. Interneurone sind daher Neurone lokaler Schaltkreise. Sternzellen (eine Subgruppe der Interneurone) benutzen den exzitatorischen Transmitter Glutamat, während die meisten Interneurone inhibitorische Zellen GABAerg sind.

Die einfache zytologische Organisation der Hirnrinde darf jedoch nicht darüber hinwegtäuschen, dass auch die Pyramidenzellen als klassisch häufigste Zellform (◘ Abb. 12.8) eine bemerkenswerte Diversität der Morphologie des Dendritenbaumes und ihrer physiologischen Eigenschaften in Abhängigkeit von den einzelnen Kortexarealen zeigen. In ähnlicher Weise stellt die seit langem bekannte Diversität der GABAergen Interneurone einen der funktionell wichtigsten Aspekte der Hirnrinde dar. Viele der inhibitorischen Interneurone (◘ Abb. 12.9) haben synaptische Kontakte mit dem Soma und dem Axonhügel pyramidaler Neurone und beeinflussen so die ausgehenden Signale (Output). Andere Interneurone bilden Synapsen mit pyramidalen Dendriten aus und können so, häufig abschnittsweise, die eingehenden Signale (Input) verändern. Die Interneurone können aufgrund ihrer neurochemischen Charakteristika, der Expression von Ionenkanälen und Rezeptoren sowie ihrer elektrophysiologischen Eigenschaften weiter unterschieden werden (◘ Abb. 12.10). Daraus ergibt sich ein differenziertes Bild, das, wenn auch noch nicht in allen Details bekannt, die strukturelle Basis der physiologischen Komplexität der Hirnrinde widerspiegelt.

Schon aus Cresylviolett-(Nissl) gefärbten histologischen Schnitten der Hirnrinde wird klar, dass der Cortex cerebri eine horizontale Schichtung aufweist. Sie ist in allen Arealen des Neocortex in 6 parallel zur Oberfläche angeordneten Schichten zu erkennen, die entweder mit arabischen oder römischen Zahlen bezeichnet werden, wobei die erste Schicht außen direkt der pialen Oberfläche und die 6. Schicht der subkortikalen weißen Substanz zugewandt ist. Das Hauptunterscheidungsmerkmal zwischen den Schichten (Laminae) ist die unterschiedliche zelluläre Zusammensetzung, die Größe

und Form der Zellen sowie die Dichte der Neurone und dem Volumen der Faseranteile (Zytoarchitektonik).

Die Schichten (◘ Abb. 12.11) sind von außen nach innen:
I.   Die 1. Schicht (*Lamina molecularis*) ist sehr zellarm und besteht vorwiegend aus Nervenfasern.
II. Die 2. Schicht (*Lamina granularis externa*) besteht aus kleinen dicht gepackten Pyramidenzellen und Interneuronen.
III. Die 3. Schicht (*Lamina pyramidalis externa*) besteht aus locker angeordneten Pyramidenzellen (◘ Abb. 12.12).
IV. Die 4. Schicht (*Lamina granularis interna*) besteht aus kleinen dicht gepackten Pyramidenzellen bzw. exitatorische Interneurone.
V.   Die 5. Schicht (*Lamina pyramidalis interna*) enthält locker gepackte Pyramidenzellen aller Größen (◘ Abb. 12.13).
VI. Die 6. Schicht (*Lamina multiformis*) besteht hauptsächlich aus modifizierten Pyramidenzellen.

Die 2. und 4. Schicht befinden sich ähnlich aussehende Interneurone. Von beiden hat die 4. Schicht (Lamina granularis interna) eine besondere funktionelle Bedeutung, weil in ihr die thalamokorticalen Terminalen (primär sensorische Areale) enden. Man darf aber nicht vergessen, dass in dieser Schicht auch Fasern aus den aminergen Hirnstammkernen, den cholinergen Vorderhirnkernen, der Amygdala und dem Claustrum enden. Dennoch können sich extrathalamische Afferenzen auch in den anderen Schichten verteilen.

Die 3., 5. und 6. Schicht sind Output-Strukturen der Hirnrinde, von denen kortikofugale Projektionen ausgehen. Diese Schichten besitzen daher eine große Anzahl an Pyramidenzellen, von denen einige, v. a. in Lamina V, beachtliche Größe haben können, wie z. B. die Betz-Riesenzellen des primär motorischen Kortex (max. 120 μm). Die drei aus Pyramidenzellen bestehenden Schichten (III, V, VI) sind untereinander nicht gleich, da die von ihnen jeweils ausgehenden Projektionen unterschiedlich sind. Aus Lamina III gehen hauptsächlich kortikokortikale Verbindungen hervor, d. h. zu anderen Arealen der Hirnrinde gerichtete Fasern. Diese können un-

**◨ Abb. 12.10   Kalzium-bin-
dende Proteine im motorischen
Kortex des Schimpansen** (links:
Immunhistochemische Markierung für Parvalbumin [PARV],
rechts oben für Calbindin und
rechts unten für Calretinin). Die
Kartierung und Verteilung der
Kalzium-bindenden Proteine in
Neuronen unterschiedlicher Kortexschichten erlaubt die Identifizierung spezifischer neuronaler
Subpopulationen

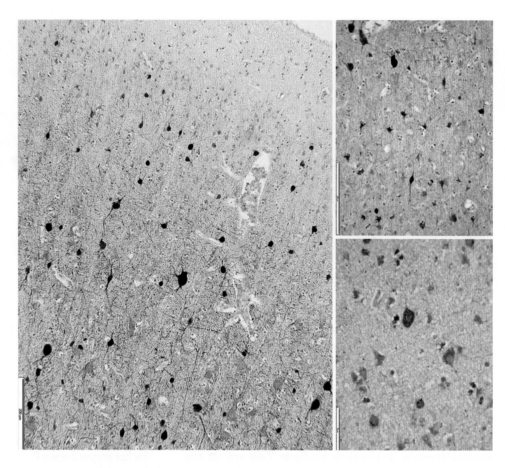

**◨ Abb. 12.11   Schematische
Darstellung der Schichtung des
Neocortex und des Konzepts
der kortikalen Säule.** Die in rot
dargestellten Neurone sind exzitatorische Pyramidenzellen, die
grau markierten Neurone sind
inhibitorische (GABAerge) Interneurone, das gelbe Neuron stellt
ein exzitatorisches Interneuron
dar. Das thalamokortikale Neuron (blau) ist exzitatorisch

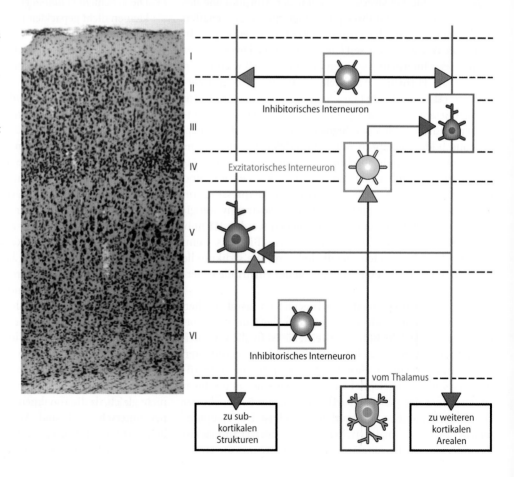

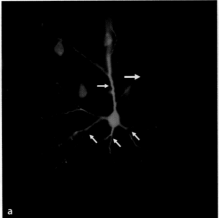
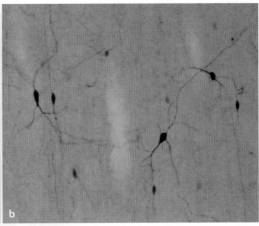

Abb. 12.12a,b **a** Pyramidenzelle der Lamina III der Hirnrinde
der Ratte. Die Pfeile bezeichnen
die dendritischen Verzweigungen.
b Zerebrokortikale Interneurone
(Calbindin-Immunhistochemie)

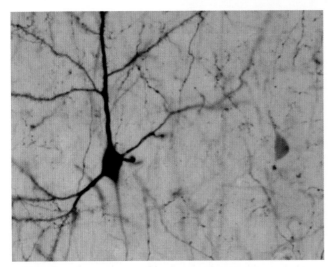

Abb. 12.13 **Simultane Darstellung einer Pyramidenzelle
(schwarz) und eines Interneurons (orange, Calbindin-Immunhistochemie) im Cortex cerebri der Ratte**

terteilt werden in Assoziationsfasern (zu unterschiedlichen
Arealen derselben Hemisphäre verlaufend) und **Kommissurenfasern** (gerichtet zu homo- oder heterologen Arealen der
kontralateralen Hemisphäre). Die Kommissurenfasern heißen so, weil sie durch Kommissuren, z. B. durch die Commissura anterior, ziehen. Von den Pyramidenzellen der Lamina V
verlaufen viele Efferenzen nach subkortikal (Projektionsfa-
sern), darunter die kortikospinalen, kortikobulbären und
kortikostriatalen Fasern. Die zahlreichen modifizierten Neurone der Lamina VI sind der Ursprung von kortikothalamischen und kortikoklaustralen Projektionen (▶ Kap. 13).

Wenn auch die laminäre Struktur der Hirnrinde seit langem bekannt ist, ist die funktionelle Rolle, die ihr zugeschrieben werden kann, letztendlich noch nicht klar. Viele Hinweise
deuten darauf hin, dass die Schichtung einen Vorteil für die
Verrechnung von Aufgaben in der Hirnrinde darstellt. So
werden Verarbeitungsschritte eines Signals räumlich und
zeitlich getrennt.

12.4 Funktionelle Anatomie und Konnektivität

Man kann sich die Hirnrinde als eine Abfolge von sehr vielen
vertikal orientierten Modulen vorstellen, die nebeneinander
gereiht die gesamte Ausdehnung des Hirnmantels ausmachen. Die Module werden Kortexsäulen genannt, haben einen
Durchmesser in der Größenordnung von 100 μm und erstrecken sich senkrecht von der Oberfläche, wobei sie alle *Laminae* durchziehen. Während die Laminae der Hirnrinde ein
anatomisches Konzept darstellen, ist die Idee der Säulen vorwiegend das Ergebnis elektrophysiologischer Untersuchungen wegen der vorwiegend vertikal verlaufenden Mikro-
schaltkreise.

Unter der Voraussetzung, dass die mittlere Schicht dieje-
nige der thalamischen Afferenzen ist (Lamina IV, *Lamina
granularis interna*), kann man aus einem vereinfachten funk-
tionell-anatomischen Blickwinkel die 6 Schichten auf drei
reduzieren. Die Schichten oberhalb von L. IV können als su-
pragranulär, die Schichten V und VI als subgranulär oder
tiefe Schichten bezeichnet werden. Wie in Abb. 12.11 dargestellt, werden die Signale der thalamischen Afferenzen auf
die exzitatorischen Interneurone der Lamina IV übertragen.
Von dort setzt sich der Informationsfluss auf die Pyramidenzellen der supragranulären Schichten derselben Säule fort.
Diese stellen die Verbindung mit entfernteren Säulen her und
über Axonkollateralen den Kontakt mit den subgranulären
Pyramidenzellen, die reziproke Verbindungen mit dem Thalamus haben und zu subkortikalen Regionen projizieren. Natürlich ist diese Beschreibung der kortikalen Mikroverschal-
tung gewollt vereinfacht. Man darf dabei nicht die Rolle der
inhibitorischen Interneurone (Abb. 12.12) und die ausgedehnten Verbindungen zwischen benachbarten Säulen außer
Acht lassen.

12.5 Interhemisphärische und andere kortikale Verbindungen

Die Verbindungen zwischen den beiden Hirnhälften bildet
im Wesentlichen das *Corpus callosum* (**Balken**), ein breites

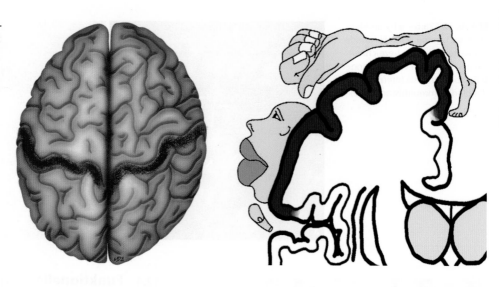

Abb. 12.14 Sensibler Homunculus im somatosensiblen Kortex

12

weißes Band myelinisierter Fasern, das in einem sagittalen Schnitt durch das Gehirn gut sichtbar ist (□ Abb. 12.6). Von rostral nach posterior kann man am Corpus callosum ein *Rostrum*, ein *Genu*, ein *Corpus* und ein *Splenium* unterscheiden. Im Inneren des Corpus callosum ordnen sich die am weitesten anterior und posterior gelegenen Fasern am Rand des Balkens parallel zum Interhemisphärenspalt an und bilden so die *Forceps frontalis* und die *Forceps occipitalis* des Corpus callosum.

Der Großteil der das Corpus callosum durchziehenden Fasern dient der Kommunikation zwischen homologen (sich entsprechenden) Rindenanteilen beider Hemisphären. Dieses Organisationsschema hat eine bemerkenswerte Variabilität. So sind z. B. nicht alle Teile des primär visuellen Kortex beider Hemisphären miteinander über das Corpus callosum verbunden. Die Anteile des visuellen Kortex, die Afferenzen aus der Retina erhalten sind akallosal, d. h. sie senden oder empfangen keine Fasern über das Corpus callosum.

Die dauerhafte Durchtrennung des Corpus callosum wird als sog. **Split-Brain-Syndrom** (geteiltes Gehirn) bezeichnet, bei dem die Reduzierung des Informationsaustausches beider Hirnhälften oft nur unter speziellen Testbedingungen erkennbar wird. Weniger deutlich sind dagegen die Folgen, wenn das Corpus callosum von Geburt an fehlt (**Agenesie des Corpus callosum**). In diesem Falle wird der interhemisphärische Austausch von den anderen Kommissuren des Großhirns übernommen. Neuere Untersuchungen haben gezeigt, dass der Balken sexuell dimorph ist, d. h. morphologisch unterschiedlich zwischen Frauen und Männern (▶ BOX ▶ Kap. 1 S. 4).

Zusätzlich zum Corpus callosum gibt es andere Verbindungen zwischen den beiden Hirnhälften des Gehirns. Die *Commissura anterior* leitet olfaktorische Fasern, die *Commissura fornicis* ist die wichtigste Kommissur des Hippocampus (▶ Kap. 13). Die *Commissura posterior* und die *Commissura habenularum* wurden schon in ▶ Kapitel 10 beschrieben.

Die kortikopetalen (▶ Kap. 4 und 6) und kortikofugalen Bahnsysteme (▶ Kap. 5) wurden schon beschrieben. Verbin-

dungen mit anderen Teilen des Gehirns werden in speziellen Kapiteln behandelt (▶ Kap. 7, 8, 9, 10, 11, 13, 14).

12.6   Kortikale Karten und Hierarchien

Viele Areale der Hirnrinde stellen Repräsentationen der oberflächlichen Sensibilität oder topographisch organisierter Bewegungen dar. So findet sich zum Beispiel im primär sensorischen Kortex eine somatotope Repräsentation der Körperoberfläche (Homunculus, □ Abb. 12.14), in der primären Sehrinde eine Karte der Retina (Retinotopie). Diese Karten repräsentieren die mit Rezeptoren versehenen Oberflächen (Haut, Retina etc.). Benachbarte Haut- oder Photorezeptoren sind in benachbarten Säulen der Hirnrinde repräsentiert. Das Repräsentationsmuster ist nicht proportional, d. h. es zeigt nicht die reale Größe der Oberfläche, von denen die Areale Input bekommen, sondern eher die Dichte der Rezeptorzellen, die die Informationen übertragen. Zum Beispiel sind die Ganglienzellen der Retina, die visuelle Informationen über den Nervus und Tractus opticus zum Thalamus vermitteln, besonders in der Region des schärfsten Sehens (*Fovea centralis*) der Retina dicht gepackt. Daher ist die Fovea centralis auf der Fläche der primären Sehrinde überproportional repräsentiert.

Die kortikalen Karten können nicht nur aus diesen Gründen verzerrt, sondern auch durch andere Aspekte inhomogen sein: So sind z. B. nicht alle Punkte der retinotopen Karte in der primären Sehrinde mit den entsprechenden Punkten der kontralateralen Karte über das Corpus callosum verbunden. Vielmehr sind nur die Repräsentationsorte des zentralen Meridians der Retina untereinander über den Balken verbunden.

Ein anderes wichtiges Konzept der Physiologie kortikaler Areale ist die **Hierarchie**. In der Hirnrinde der Säugetiere gibt es verschiedene Areale, die ein und dieselbe Modalität verarbeiten. Ein typisches Beispiel hierfür sind die verschiedenen visuellen Rindenfelder, die intensiv miteinander verbunden sind. Die primäre Sehrinde (Area 17 nach Brodmann) erhält den Großteil der Afferenzen, die vom entsprechenden thalamischen Relaiskern (*Corpus geniculatum laterale*; ▶ Kap. 10) stammen und prozessiert relativ einfache Aspekte der Umgebung (retinotope Lokalisation, Form und Orientierung der optischen Reize). Die hierarchisch höheren Areale der Sehrinde (sekundäres Rindenfeld Area 18) verarbeiten nach und nach komplexere Aspekte der visuellen Umgebung bis hin zur Gesichtserkennung. Das Konzept der kortikalen Hierarchie muss jedoch mit Vorsicht betrachtet werden, weil es nicht notwendigerweise einen linearen Fluss von Informationen von den Primärgebieten zu hierarchisch höheren Regionen gibt, der die Kombination von Elementen mit kognitiver Bedeutung sichert. Vielmehr können die Informationen auch gleichmäßig über alle beteiligten Areale verteilt sein. In diesem Zusammenhang misst man heute der Synchronisation von Antworten zwischen verschiedenen Rindenarealen über das hierarchische Weiterleiten der Informationen durch die Areae selbst eine große Bedeutung bei.

12.7 Charakteristika wichtiger kortikale Areale

Die Fortschritte der bildgebenden Verfahren und insbesondere der funktionellen Magnetresonanztomographie (fMRI) haben der Kenntnis der funktionellen Anatomie verschiedener Kortexareale einen wichtigen Impuls verliehen. Die fMRI kann einzelne Kortexbereiche identifizieren, in denen es bei einer definierten experimentellen Situation zu einem erhöhten O_2-Verbrauch kommt, z. B. hinsichtlich eines bestimmten Verhaltens, das wahrscheinlich eine bestimmte kortikale Region einbezieht. Diese Methode beruht auf der Annahme, dass es eine Korrelation gibt zwischen dem gesteigerten O_2-Verbrauch in einer bestimmten kortikalen Region und der gesteigerten neuronalen und synaptischen Aktivität in dieser Region (▶ BOX S. 109). Man muss aber beachten, dass auch die neurohistologischen und elektrophysiologischen Methoden noch immer von Bedeutung für die Erlangung von Informationen über kortikale Funktionen sind.

Im Folgenden werden funktionelle Charakteristika wichtiger kortikaler Areale dargestellt.

Motorische Areale   Der primär motorische Kortex (Area 4 nach Brodmann, M1) liegt im *Gyrus precentralis*, unmittelbar rostral des *Sulcus centralis*. Hier hat der Großteil der Fasern seinen Ursprung, die die Pyramidenbahn (*Tractus corticospinalis*) bilden. Dieser ist daher das Hauptareal der Willkürmotorik und kontrolliert die Bewegungen der kontralateralen Körperhälfte. Die somatotope Organisation des M1 (**motorischer Homunculus**, ▢ Abb. 12.15) zeigt die Repräsentation des Kopfes im ventrolateralen Bereich in der Nähe des Sulcus lateralis, während die Füße im dorsomedialen Bereich und damit im Interhemisphärenspalt zu liegen kommen. Die Repräsentationsflächen der mimischen Muskeln, also der Lippen und Wangen, von Pharynx, Larynx, Zunge und Hand sind stark vergrößert. Dies sind die Repräsentationsorte der differenzierten Feinmotorik. In Hinblick auf die kortikale Hierarchie ist zu beachten, dass diese für die motorischen

Areale umgekehrt zu jenen der sensorischen Areale ist. Die primär motorische Region ist also die wichtigste motorische **Output**-Region.

Man hat lange Zeit angenommen, dass die höheren motorischen Zentren (auch **prämotorische Kortizes**; Area 6 nach Brodmann auf der lateralen Oberfläche der Hemisphäre und supplementär-motorisches Areal [SMA] auf der lateralen und medialen Fläche; Abb. 5.4) der Planung und Initiation komplexer motorischer Abläufe dienen. Diese – nach M1 übertragen – resultieren in der Kontraktion einzelner Muskelgruppen durch Aktivierung spezifischer Gruppen von Motoneuronen. Doch zeigen neuere Ergebnisse, dass die primär motorische Region hierarchisch wesentlich höher steht als man bisher angenommen hat. Die Zahl der Handlungsentwürfe, die in den Neuronen von M1 kodifiziert wird, ist extrem hoch. Einige Neurone kontrollieren die Muskelkraft, andere die Bewegungsrichtung, wieder andere die Kontraktion einzelner Muskelgruppen, andere komplexe motorische Sequenzen – Vorgänge, die man stattdessen von den höheren motorischen Zentren erwarten würde.

Die motorischen Areale werden indirekt von spinalen Afferenzen, von den Schaltkreisen des Kleinhirns und der Basalganglien kontrolliert. Alle diese Afferenzen erreichen zunächst den Thalamus, wo sie zur Hirnrinde umgeschaltet werden.

Somatosensorische Areale   Der primär sensorische Kortex (S1) befindet sich posterior von M1 und *Sulcus centralis* im *Gyrus postcentralis* des *Lobus parietalis*. Im Einzelnen sind es vier Areale, die S1 konstituieren. Sie empfangen unterschiedliche Signale (Haut Areae 3b und 1, Propriozeption Areae 3a und 2 nach Brodmann). Fokale Läsionen der Area 2 führen zur **Astereognosie** (Unfähigkeit, bei geschlossenen Augen Dinge durch Betasten zu identifizieren). S1 empfängt thalamische Afferenzen vom *Ncl. ventralis posterior*. Der somatosensorische **Homunculus** ist analog dem motorischen Homunculus aufgebaut (▢ Abb. 12.14, ▢ Abb. 12.15).

Im Lobus parietalis liegen, posterior von S1, die Areae 5, 7 und 40. Die Area 5 wurde lange als somatosensorische Region betrachtet. Dennoch wird ihr heute eine Rolle bei der Bewegungsplanung zugeschrieben. Die Area 7 ist eine Region mit visueller Funktion (s. u.). Läsionen der Area 40 (*Gyrus supramarginalis*) führen zum **Hemineglect**, bei dem der Patient Stimuli aus dem Umgebungsraum kontralateral zur geschädigten Hemisphäre ignoriert. Unter den bereits hier beschriebenen kortikalen Arealen ist diese die erste mit einer hemisphärischen Asymmetrie: Der Hemineglect tritt bei Läsionen der Area 40 der rechen Hemisphäre wesentlich häufiger auf als bei entsprechenden Läsionen der linken Hemisphäre (vergl. ▶ BOX S. 117).

Visueller Kortex   Die Area 17 nach Brodmann (oder primär visueller Kortex, V1) liegt im *Lobus occipitalis* und erstreckt sich auf der medialen Oberfläche um den *Sulcus calcarinus* herum. Sie erhält Afferenzen aus dem *Corpus geniculatum laterale* des Thalamus, der seinerseits das Ziel retinofugaler Fasern ist. Die Area 17 zeigt eine retinotope Repräsentation

**▢ Abb. 12.15   Motorischer Homun-
culus im somatomotorischen Kortex**

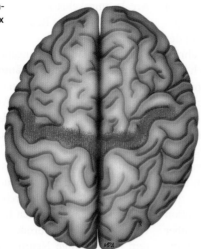
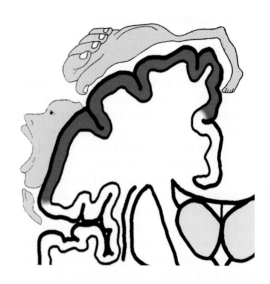

mit einer relativ vergrößerten Fläche für die *Fovea centralis*
(Stelle des schärfsten Sehens).

Da der primär visuelle Kortex (▢ Abb. 12.16) jeder Seite
Informationen von der ipsilateralen temporalen Retinahälfte
und von der kontralateralen nasalen Retinahälfte erhält, ist in
jedem der beiden primär visuellen Kortizes jeweils das kontralaterale Gesichtsfeld repräsentiert (▶ Kap. 14). Die Dichte
der afferenten Fasern zur Area 17 ist so hoch, dass man in
makroskopischen Präparaten der Region einen weißen Streifen (**Gennari-Steifen**) im Kortex sehen kann, der durch die
eintretenden stark myelinisierten thalamischen Axone gebildet wird. Daher wird der primär visuelle Kortex auch *Area
striata*[2] genannt.

Wie oben erwähnt, gibt es multiple visuelle Felder, die
hierarchisch geordnet sind. Der Informationsfluss entlang der
kortikalen Areale ist zweifach: Ein Teil der Informationen
wird durch die Areae 18 und 19 (V2 und V3) zur Area 7 im
Lobus parietalis geleitet. Diese Verbindung kann als Weg des
„Wo?" betrachtet werden, weil in ihm Aspekte der visuellen
Umgebung relativ zu ihrer Position und Bewegung verarbei-
tet werden. Sie hat wichtige Verbindungen mit den motorischen Gebieten für die Planung von Bewegungen gegenüber
Objekten im Gesichtsfeld. Ein zweiter Weg für visuelle Informationen erreicht den inferioren und medialen Lobus temporalis und repräsentiert den Weg des „Was?" für das Erkennen
von Form und Farben von Objekten einschließlich der Erken-
nung von Gesichtern.

Auditorische Areale   Der primäre auditorische Kortex (A1)
liegt auf dem *Gyrus temporalis superior* (Area 41 nach Brodmann). Er erhält auditorische Informationen aus dem thalamischen *Corpus geniculatum mediale*. A1 verfügt über eine
tonotope Repräsentation für Töne bestimmter Frequenzen.

Sprachzentren   Bei etwa 90 % der Menschen sind die zur
Sprachproduktion nötigen kortikalen Areale nach links late-

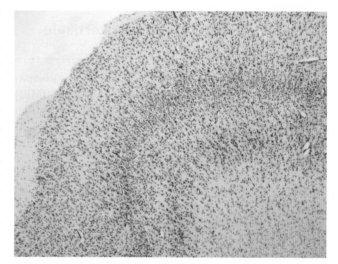

▢ Abb. 12.16   Visueller Kortex (Area 17) eines Rhesusaffen

ralisiert[3]. Bei den übrigen 10 % sind diese Funktionen entweder bilateral repräsentiert oder nach rechts lateralisiert. Es
gibt keinen Zusammenhang zwischen der Händigkeit eines
Menschen und der Lateralisierung der Sprachzentren. In der
dominanten Hemisphäre können zwei sprachrelevante Regionen identifiziert werden.

Die erste Region (Broca-Zentrum; ▢ Abb. 12.17) korrespondiert mit den Areae 44 und 45 nach Brodmann im *Gyrus
frontalis inferior*. Das andere Gebiet korrespondiert mit der
Area 22 im *Gyrus temporalis superior*, dem sog. Wernicke-
Zentrum. Ein Dictum besagt, dass das Broca-Zentrum dazu
dient, das zu sagen, **„was man meint"**, während es Aufgabe
des Wernicke-Zentrums ist, Sprache zu verstehen, also **„was
gesagt wird"**. Damit soll ausgesagt werden, dass die Areae 44

---

2   striatum [Lat.] = gestreift. Die Area striata ist nicht zu verwechseln
     mit dem Corpus striatum.

3   Vor der Verfügbarkeit des fMRI war die Bestimmung der dominan-
     ten Hemisphäre eines Individuums eine invasive Prozedur: Es
     wurde ein Anästhetikum, meist ein Barbiturat, in die A. carotis in-
     terna einer Seite injiziert. Im Falle, dass die dominante Hemisphäre
     auf dieser Seite lag, trat bei den Betreffenden eine vorüberge-
     hende Aphasie auf.

Lateralisation

Lateralisation und Händigkeit sind vage Begriffe für eine Seitendominanz. Die meisten Menschen definieren Händigkeit als die Hand, die sie für das Schreiben benutzen. Der Begriff Gehirnlateralisation bezieht sich auf die Tatsache, dass die beiden Hälften des menschlichen Gehirns funktionell nicht genau gleich sind. Beim Menschen ist die bekannteste Seitenspezialisierung die der Sprach- und Sprechfähigkeiten. Gegen Ende des 19ten Jahrhunderts identifizierte der französische Arzt und Anthropologe Paul Broca ein bestimmtes Gebiet der linken Hemisphäre, das eine Hauptrolle in der Sprachproduktion spielt. Kurz darauf identifizierte der deutsche Neurologe Carl Wernicke einen Teil der linken Hemisphäre, der vor allem für das Sprachverständnis relevant ist. Heute sind diese Hirnbereiche als Broca-Areal (Areae 44 und 45 nach Brodmann im Frontallappen) bzw. als Wernicke-Areal (Area 22 im Temporallappen) beschrieben.

Bei der sog. Händigkeit gibt es keine eindeutige Korrelation mit der Sprachlateralisation im Gehirn. Zwar sind die meisten Rechtshänder sprachdominant auf der linken Großhirnhälfte, Linkshänder jedoch auch. Eine funktionelle Kopplung scheint es hier also nicht zu geben.

Auch bei anderen Modalitäten weisen linke und rechte Gehirnhemisphäre qualitativ
unterschiedliche Fähigkeiten auf, die dynamisch miteinander interagieren. Im Sinne der Aufgabenteilung scheint dies vorteilhaft für die Funktion. Die Regionen der linken Hemisphäre wirken bevorzugt auf dieselbe Hemisphäre, wobei links-lateralisierte Funktionen besonders an der Sprach- und Feinmotor-Koordination beteiligt sind. Im Gegensatz dazu interagieren kortikale Regionen der rechten Hirnhälfte, die oft an der Verarbeitung von visuospatialer Informationen und am Aufmerksamkeitssystem beteiligt sind, in einer integrativen Weise mit beiden Hemisphären.

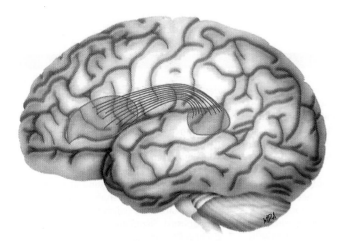

□ **Abb. 12.17** Brocazentrum (frontal) und Wernickezentrum (temporal) in der linken Hemisphäre, verbunden durch den Fasciculus arcuatus

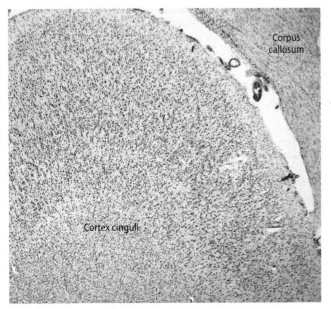

□ **Abb. 12.18** Zytoarchitektonik des menschlichen Gyrus cinguli bei geringer Vergrößerung

und 45 ein motorisches Programm für die Sprache vorgeben, während die Area 22 der Spracherkennung (Sprachverständnis) dient. In der Tat führen Läsionen in den beiden Zentren, öfter in der linken Hemisphäre, zu zwei unterschiedlichen Formen der **Aphasie**. Bei der Broca-Aphasie hat der Patient Schwierigkeiten mit der Wortproduktion (Telegrammstil, abgehackt), aber nicht mit dem Sprachverständnis. Üblicherweise ist er sich des Problems, sich nicht ausdrücken zu können, bewusst. Bei der Wernicke-Aphasie hat der Patient eine flüssige Ausdrucksweise, die er aber nicht kontrollieren kann, sodass häufig einzelne Worte oder Silben durch andere ersetzt werden. Darüber hinaus besteht eine Störung des Sprachverständnisses, wobei der Patient sich dessen oft nicht bewusst ist[4].

Präfrontaler Kortex Die im frontalen Kortex am weitesten anterior gelegenen Kortexanteile werden unter dem Begriff des präfrontalen Kortex zusammengefasst. Es handelt sich um eine Gruppe von Arealen, die Afferenzen aus dem *Ncl. mediodorsalis* des Thalamus erhalten. fMRI-Untersuchungen haben gezeigt, dass der präfrontale Kortex eine Region von essentieller Bedeutung für viele höhere Funktionen, darunter Gedächtnis und Lernen, Emotionen, Urteilsfähigkeit, Sozialverhalten, moralisches und religiöses Verhalten, etc. darstellt.

Zingulärer Kortex (□ Abb. 12.18, □ Abb. 12.19) **und Inselrinde** Bei diesen Strukturen handelt es sich um Rindenareale, deren Funktion noch nicht komplett bekannt ist. Ihr gemeinsames Charakteristikum sind Aspekte der Schmerzempfindung, möglicherweise verbunden mit emotionalem Verhalten. Beide Abschnitte werden vom limbischen System beeinflusst (► Kap. 13).

---

4 Störungen der logischen Abfolge von Sprache können auch durch Läsionen in anderen Strukturen des ZNS, wie z. B. im Subthalamus hervorgerufen werden.

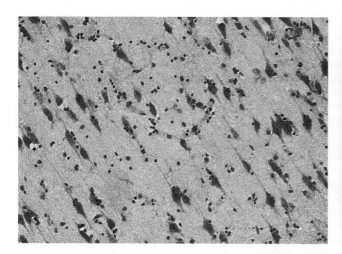

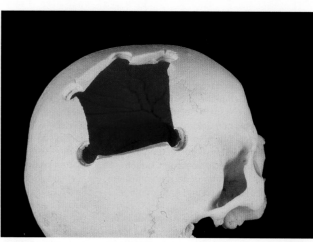

Abb. 12.19   Gyrus cinguli des Menschen bei mittlerer Vergrößerung. Die zahlreichen fusiformen Neurone entsprechen den von Economo-Zellen, die ausschließlich beim Menschen und einigen Säugetieren mit besonders großen Gehirnen zu finden sind

Abb. 12.20   Schädel nach einer Trepanation durchgeführt post mortem

Fallbeispiel

Ein 63-jähriger Mann hatte vor zwei Tagen beim Aufstehen in rechtem Arm und Bein ein plötzlich auftretendes Kribbeln bemerkt. Daraufhin hatte er seinen Internisten aufgesucht. Bei einer Röntgenaufnahme des Thorax links war basal eine schlecht abgegrenzte Verschattung entdeckt worden. Der Patient wird zur weiteren Abklärung in eine neurologische Klinik aufgenommen. Bei der Aufnahme befand sich der Patient in gutem AZ und EZ. In der Anamnese waren keine gravierenden Vorerkrankungen zu eruieren. Jahrzehntelanger Nikotinabusus. Neurologischer Status unauffällig. RR 120/80 mmHg. Die Angehörigen berichten über eine Wesensänderung von einer sehr reservierten und zurückhaltenden Persönlichkeit zu einer eher extrovertierten Haltung.

Welcher anatomische Ort kommt für die Erklärung der Beschwerden und Befunde in Frage?
Der zerebrale Repräsentationsort aller sensiblen Empfindungen ist für den gesamten Körper der primär sensible Kortex (BA 1-3) im Gyrus postcentralis. Bis zum Erreichen dieser Region haben alle Bahnen auf die kontralaterale Seite gekreuzt. Die durch eine Läsion des primär sensiblen Kortex

hervorgerufenen Symptome in der Peripherie (z. B. Kribbeln) müssen sich demnach auch kontralateral manifestieren. In unserem Falle deutet die Missempfindung am ganzen Körper links daher auf einen Prozess in der rechten Hemisphäre.

Welche Verdachtsdiagnose stellen Sie?
Aufgrund der anamnestischen Daten kommt entweder eine transitorische ischämische Attacke oder eine Raumforderung in Frage, die jeweils das Gebiet des Gyrus postcentralis betreffen müssten. Es wurde eine technische Untersuchung angeordnet.

Um welches Verfahren wird es sich wahrscheinlich handeln?
Zur akuten Abklärung eines möglichen Hirninfarktes ist eine umgehende Computertomographie des Schädels erforderlich. Diese sollte auch die Differentialdiagnose Raumforderung erlauben.

Welchen Befund/welche Befunde erwarten Sie?
Für den Fall eines ischämischen Geschehens sollte sich im nativen CT eine hypodense Zone im Bereich des Gyrus postcentralis finden. Bezogen auf den Hirnkreislauf kommen hier aus dem Versorgungsgebiet

der A. cerebri media v. a. die A. parietalis anterior in Frage (▶ Kap. 18).
Eine Raumforderung könnte von extrazerebral ausgehen (z. B. Meningeom), von einem Tumor in situ (z. B. Glioblastom) oder von Metastasen eines Tumors außerhalb von Schädel und ZNS. Angesichts der unklaren thorakalen Verschattung ist am ehesten von einer Metastasierung z. B. eines Bronchialkarzinoms (jahrzehntelanger Nikotinabusus) auszugehen und dieser Verdacht wäre vordringlich weiter aufzuklären. Eine solche Neubildung würde sich im CT als hyperdense Struktur abbilden.

Kurzer Hinweis zur Therapie
Bei gutem Allgemeinzustand eines Patienten kommt eine operative Entfernung (Resektion) der Metastasen in Frage. Dem CT/ MRT-Befund folgend und ggf. durch Navigationsverfahren intraoperativ assistiert, würde der Schädel über der Metastasenlokalisation geöffnet (trepaniert). Dabei wird prinzipiell so vorgegangen, wie in ☐ Abb. 12.20 gezeigt. Über die Anlage von fünf pentagonal angeordneten Bohrlöchern, die mit einander verbunden werden, wird der Schädel eröffnet. Nach Eröffnung der Dura (▶ Fallbeispiel Kapitel 15) kann die Hirnoberfläche dargestellt werden.

Olfaktorisches und limbisches System

© Springer-Verlag GmbH Deutschland, ein Teil von Springer Nature 2019
S. Huggenberger et al., *Neuroanatomie des Menschen,* Springer-Lehrbuch
https://doi.org/10.1007/978-3-662-56461-5_13

Dieses Kapitel befasst sich mit den neuroanatomischen Fakten zum olfaktorischen und limbischen System. Neben der allgemeinen Organisation stehen funktionelle Anteile im Mittelpunkt der Betrachtung.

13.1   Definition und allgemeine Daten

Das **olfaktorische** und das **limbische System** erfüllen unterschiedliche Aufgaben. Ersteres dient der Wahrnehmung und Verarbeitung olfaktorischer Reize, während das limbische System eine wichtige Rolle für die Verarbeitung von Emotionen und emotional gefärbtem Erleben spielt. Allerdings ist die Verbindung beider Systeme schon aus phylogenetischen Gründen unübersehbar. Das gilt auch für das tägliche Leben, in dem die Wahrnehmung eines Geruchs emotionale Reaktionen oder die Erinnerung an weit zurückliegende Ereignisse hervorrufen kann.

13.2   Olfaktorisches System

13.2.1   Makroskopische Anatomie und Einteilung

Das olfaktorische System umfasst das **olfaktorische Epithel (Riechepithel)** und den daraus hervorgehenden Nerv (*N. olfactorius*, ▶ Kap. 15), den *Bulbus olfactorius*, den *Tractus olfactorius* und den olfaktorischen Kortex (Cortex piriformis). Die Strukturen des olfaktorischen Systems liegen im oberen Teil der oberen Nasenmuschel und im vorderen und basalen Anteil des Gehirns. Der olfaktorische Teil der Hirnrinde gehört zum Palaeocortex (▶ Kap. 12).

13.2.2   Allgemeine Organisation des Riechsystems

Olfaktorische Rezeptoren

Die Riechrezeptoren des Riechepithels liegen in der oberen Nasenmuschel. Aus mindestens 2 Gründen ist dieses Neuroepithel von allgemeinem Interesse. Erstens sind die Rezeptoren **primäre Sinneszellen** analog zu denen der Spinalganglien oder der sensiblen Ganglien einiger Hirnnerven. Es handelt sich also um **echte Nervenzellen**, die in ein Epithel eingelagert sind. Die zweite Besonderheit bezieht sich darauf, dass diese Neurone durch mitotische Teilung epithelialer Stammzellen während der gesamten Lebensspanne ersetzt werden können. Bevor Stammzellen auch im ZNS beschrieben wurden, war man der Meinung, dass die olfaktorischen Neurone das einzige Beispiel für regenerationsfähige Neuronen im Erwachsenenalter darstellen[1].

N. olfactorius

Die Axone, die den *N. olfactorius* (◘ Abb. 13.1) bilden, treten in den *Bulbus olfactorius*, gelegen an der ventralen Oberfläche der Hemisphären, ein. Dort nehmen sie synaptischen Kontakt mit den **Mitralzellen** auf, deren Axone den *Tractus olfactorius* bilden. Im Bulbus olfactorius besteht eine komplexe synaptische Anordnung zwischen den Mitralzellen und inhibitorischen GABAergen Neurone, die durch die Existenz dendrodendritischer Synapsen gekennzeichnet ist. Die Axone des Tractus olfactorius können prinzipiell 2 Wege einschlagen: Die erste Projektion gelangt zum olfaktorischen Kortex am medialen Rand des Temporallappens auf Höhe des Uncus, besser bekannt als piriformer Kortex (Cortex piriformis). Die zweite Verbindung verläuft zum *Ncl. centralis* der Amygdala (Ncl. centralis amygdalae; s. weiter unten) (◘ Abb. 13.1). Das olfaktorische System ist die einzige sensorische Modalität, die ohne Umschaltung im Thalamus die Hirnrinde erreicht. Das Fehlen thalamischer Verbindungen zeigt die wichtige, gleichzeitig aber auch schlecht definierte Funktion des olfaktorischen Systems.

13.3   Limbisches System

13.3.1   Definition und allgemeine Daten

Der Terminus ‚limbisch' ist derart ungenau, dass man ihn am besten vermeiden sollte. Dennoch hat sich sein Gebrauch im Lauf der Zeit eingebürgert und wird er trotz seiner Unbestimmtheit allgemein benutzt. Aus didaktischen Gründen wird dieser Begriff auch hier benutzt, um all jene Strukturen zu bezeichnen, die in Verbindung mit dem Gefühlsleben stehen. Das limbische System wird auch als „emotionales Gehirn" bezeichnet. Genau aus diesem Grund erwächst die Schwierigkeit, ihm ein Ensemble relevanter Strukturen zuzuordnen: Ein emotionaler Aspekt begleitet alle unsere vitalen Funktionen, von den viszeralen Antworten (z. B. die Änderungen der Herzfrequenz oder der Darmperistaltik) bis hin zu höheren integrativen Funktionen (Gedächtnis, Lernen, Sozialverhalten), die alle sehr stark emotional beeinflusst sind[2].

---

weise auf die Existenz dieser Zellen bei Primaten einschließlich des Menschen gibt, stammt der Großteil der verfügbaren wissenschaftlichen Daten von Untersuchungen an Mäusen und Ratten im früh postnatalen Alter. Zwar werden diese Versuchstiere traditionell mit ca. 3 Wochen nach der Geburt als reif angesehen. Es bestehen aber Zweifel darüber, ob man Tiere dieses Alters als adult betrachten kann. Unter den in diesem Kapitel behandelten Strukturen ist der Gyrus dentatus des Hippocampus als Ort identifiziert worden, der auch im Erwachsenenstadium proliferationsfähige Stammzellen aufweist.

1   Aktuell wird eine ausgedehnte Debatte über die Existenz und die funktionelle Bedeutung von neuronalen Stammzellen im adulten menschlichen Gehirn, insbesondere in Bezug auf ihre mögliche therapeutisch-regenerative Relevanz, geführt. Auch wenn es Hin-

2   Der Begriff Rhinencephalon als Synonym für das limbische System sollte auf jeden Fall vermieden werden, da er bei streng etymologischer Auslegung auf das olfaktorische anstatt auf das limbische System verweist.

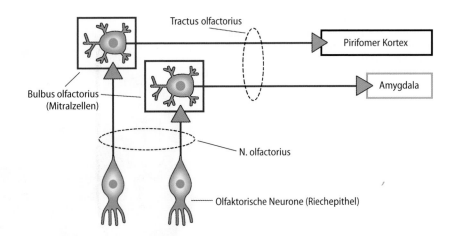

Abb. 13.1 Organisationsschema der olfaktorischen Projektionen

13.3.2 Makroskopische Anatomie und Einteilung

Im weiteren Sinne können zahlreiche Strukturen zum limbischen System gerechnet werden. Einige von diesen, wie der Hypothalamus und die anterioren Kerne des Thalamus, wurden an anderer Stelle behandelt (▶ Kap. 9 und 10). In diesem Kapitel wird es um die Beschreibung der Hippocampusformation, der Amygdala (Mandelkern) und der Septumregion gehen.

Man beachte, dass der Begriff *Lobus limbicus* im engeren Sinne den *Gyrus cinguli* (▶ Kap. 12) bezeichnet, der jedoch wegen seiner historisch bedingten Zugehörigkeit zum limbischen System hier behandelt wird.

13.3.3 Hippocampusformation

Die Hippocampusformation (Formatio hippocampi) (▪ Abb. 13.2) liegt medial des Unterhorns der Seitenventrikel. Sie besteht aus dem *Subiculum*, dem *Cornu Ammonis* (Hippocampus proprius; dem Hippocampus im engeren Sinne) und dem *Gyrus dentatus*. Die Hippocampusformation (▪ Abb. 13.3) weist einen primitiven dreischichtigen Kortex (Archicortex) auf, in dem der **Gyrus dentatus** die Rolle übernimmt, die die Lamina IV im Neocortex spielt. In der Tat besteht der Gyrus dentatus aus Körnerzellen und empfängt Afferenzen des entorhinalen Kortex. Das **Cornu Ammonis**, untergliedert in die Abschnitte CA1–CA4, enthält ebenso wie das Subiculum, Pyramidenzellen, die efferente Fasern entsenden. Vom Subiculum nimmt ein Faserstreifen (*Fimbria hippocampi*) seinen Ursprung, aus dem der *Fornix* entsteht. Dieser bildet das am weitesten innen gelegene Fasersystem des limbischen Systems. In seinem Verlauf sind zu unterscheiden: posterior das *Crus fornicis* und das *Corpus fornicis*, anterior die *Columna fornicis*. Die *Commissura hippocampi* ist das Kommissurensystem des Hippocampus.

Die Hippocampusformation erhält Input im Wesentlichen aus 2 Quellen: Den **Septumkernen** (Ncll. septales) (s. folgenden Abschnitt) und dem **entorhinalen Kortex** (Cortex ento-rhinalis) (▪ Abb. 13.2, ▪ Abb. 13.4), der im *Gyrus parahippocampalis* (Area 28 nach Brodmann) liegt.

Die septohippocampalen Projektionen laufen über den Fornix und benutzen Acetylcholin als Transmitter. Daneben gibt es eine reziproke hippocamposeptale Verbindung (▪ Abb. 13.5).

Die Neurone der entorhinalen Rinde senden ihre Axone über den *Tractus perforans* hauptsächlich zum Gyrus dentatus. Dessen Körnerzellen haben Axone, die sog. **Moosfasern**, die an den apikalen Dendriten der CA3-Pyramidenzellen enden (▪ Abb. 13.3, ▪ Abb. 13.5). Diese wiederum schicken Axonkollateralen (**Schaffer-Kollaterale**) zu den Pyramidenzellen in CA1. Der Neuronenkreis wird geschlossen über das Subiculum, von wo aus Fasern zurück zur entorhinalen Rinde verlaufen (▪ Abb. 13.5).

Um die funktionelle Bedeutung der Hippocampusformation zu verstehen, muss man sich vergegenwärtigen, dass die entorhinale Region konvergente Informationen aus verschiedenen sensiblen Arealen aufnimmt und damit eine Region polymodaler Integration darstellt. Aufgrund der verfügbaren Daten zur Konnektivität und aus klinischen und experimentellen Erkenntnissen lässt sich folgende Modellvorstellung entwickeln: Die zum entorhinalen Kortex übertragenen polymodalen Informationen werden zum Hippocampus weitergeleitet, um eine Art Gedächtnisspur zu bilden. Diese wird dann zur entorhinalen Rinde vermittelt und von dort zu anderen Kortexarealen zur Langzeitspeicherung. Daher führen Läsionen des Hippocampus (beidseitig) zu einer **anterograden Amnesie** (also für Geschehnisse nach der Läsion). Bereits konsolidierte Gedächtnisinhalte sind von derartigen Läsionen jedoch nicht betroffen.

Die Rolle des Hippocampus für Gedächtnisprozesse und Lernvorgänge war in den letzten Jahren Gegenstand intensiver neurobiologischer Forschungsarbeit. Das Phänomen der Langzeitpotenzierung (long term potentiation, LTP) besteht in der Verstärkung synaptischer Effekte auf der Ebene von hippocampalen Synapsen, insbesondere jener zwischen den Schaffer-Kollateralen und den CA1-Neuronen. Die LTP, die mehrere Stunden anhält, folgt auf eine repetitive Stimulation der betroffenen Synapsen und hängt von den speziellen Eigenschaften von bestimmten Glutamat-Rezeptoren ab (NMDA- und AMPA-Rezeptoren).

◨ **Abb. 13.2   Koronalschitt des menschlichen Gehirns auf Höhe der Basalganglien und des Hippocampus.** (Mit freundlicher Genehmigung der Anatomischen Sammlung der Universität zu Köln). Der untere Teil der Abbildung zeigt eine Präparation des Hippocampus

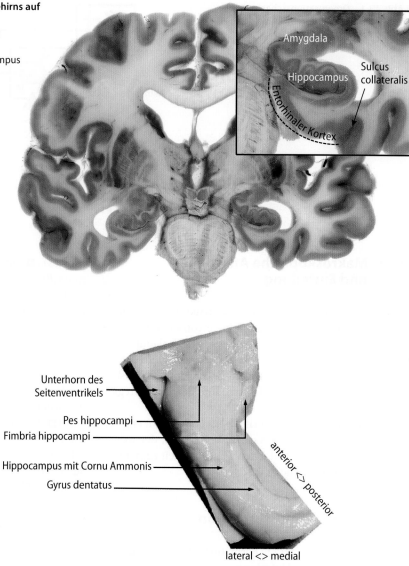

Amygdala

Hippocampus

Sulcus collateralis

Entorhinaler Kortex

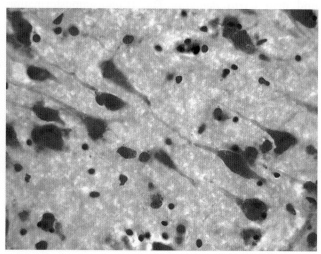

Unterhorn des Seitenventrikels

Pes hippocampi

Fimbria hippocampi

Hippocampus mit Cornu Ammonis

Gyrus dentatus

anterior <> posterior

lateral <> medial

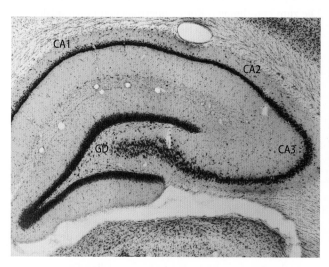

CA1

CA2

GD

CA3

◨ **Abb. 13.3   Hippocampus und Gyrus dentatus (GD) der Ratte**

◨ **Abb. 13.4   Stark vergrößerte Aufnahme des menschlichen entorhinalen Kortex**

M. Alzheimer

Die Krankheit ist nach dem deutschen Neurologen Alois Alzheimer benannt, der das Leiden erstmals 1907 beschrieben hat. Im Vordergrund steht der über mehrere Jahre voranschreitende Verlust höherer (kognitiver) zentralnervöser Funktionen bis hin zur Demenz. Bereits Alzheimer konnte post mortem vor allem im Großhirn der Betroffenen 2 histopathologische Veränderungen nachweisen. Dabei handelt es sich um die extrazellulär liegenden Amyloidplaques und die intrazellulären neurofibrillären tangles. Die Plaques entstehen aufgrund einer „falschen" Prozessierung des physiologischen Vorläuferproteins, Amyloid precursor protein (APP). Der Entstehung der tangles liegt eine Hyperphosphorylierung des sog. tau-Proteins zugrunde, das essentiell für die Funktionsfähigkeit des Zytoskeletts ist. Diesem kommt in Neuronen auch die Funktion des axonalen Transports von Proteinen zu. Das hyperphosphorylierte tau-Protein führt zu einer Dissoziation der Zytoskelett-bildenden Mikrotubuli. Das Ende dieses Prozesses findet sein Äquivalent mikroskopisch in den tangles. Damit verlieren die befallenen Neurone die Fähigkeit zum Transport funktionell wichtiger Proteine vom Perikaryon zur Axonterminale und zur Transmission. Die Neuroanatomen Eva und Heiko Braak haben die zeitliche Ausbreitung der tangles im Gehirn von Alzheimer-Kranken dokumentiert und dies mit dem klinischen Verlauf korreliert (Braak, H. & Braak, E. 1991. „Neuropathological staging of Alzheimer-related changes". Acta Neuropathologica. 82: 239–59). Das sog. **Braak-Schema** wird heute allgemein zur postmortalen Klassifizierung der Gehirne von Alzheimerpatienten herangezogen. Auffällig im Ausbreitungsmuster ist der frühzeitige Befall der sog. entorhinalen Rinde. Durch diese Relaisstation müssen alle neu gelernten Inhalte von der Großhirnrinde zum Hippocampus und zurück zum Neocortex übermittelt werden. Die Zerstörung der entorhinalen Rinde erklärt eines der Hauptsymptome der Erkrankung, den Verlust des Kurzzeitgedächtnisses. Den Zusammenhang zwischen den Amyloidplaques und den neurofibrillären tangles sieht man heute so, dass die Plaques einen Prozess anstoßen, der schließlich zur Hyperphosphorylierung des tau-Proteins führt. Mutationen des APP-Gens und/oder funktionell verbundener Peptide sind in ca. 5 % aller Alzheimerkrankungen zu finden, die restlichen 95 % bezeichnet man als idiopathisch, d. h. die Ursache ist unklar. Trotz enormer Anstrengungen zur Grundlagenforschung der Erkrankung und zu ihrer Behandlung gibt es bis heute keine funktionierende Therapie. Dies ist ein erhebliches sozialmedizinisches Problem, wenn man bedenkt, dass die Zahl der Erkrankten bei etwa 1,2 Millionen allein in Deutschland liegt.

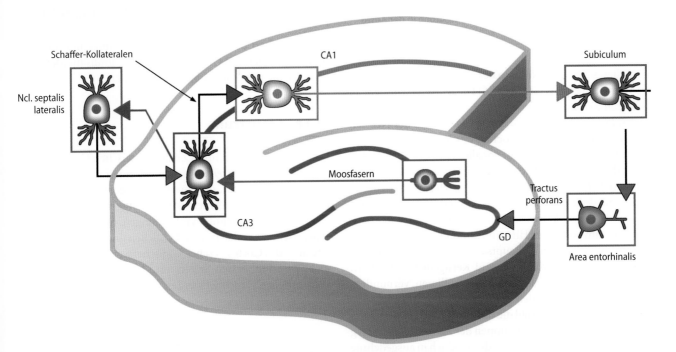

□ **Abb. 13.5**   **Organisationsschema der hippocampalen Projektionen.** GD, Gyrus dentatus

13.3.4 Septum pellucidum

Das *Septum pellucidum* ist eine aus 2 Laminae bestehende Lamelle, die das *Corpus callosum* vom *Fornix* trennt. Im Innern bildet sich eine Höhle, das *Cavum septi pellucidi*.

Die Gegend des Septums kann beim Menschen in einen anterior der *Commissura anterior* gelegenen Teil und einen posterior davon gelegenen Teil untergliedert werden (praekommissural bzw. postkommissural). Der postkommissurale Anteil repräsentiert das eigentliche Septum pellucidum und enthält keine Neurone. Der praekommissurale Teil enthält die Septumkerne (*Ncll. septales*). Die Neurone der Septumkerne verwenden Acetylcholin als Transmitter und sind reziprok mit dem Hippocampus über den Fornix verbunden.

13.3.5 Amygdala

Der Name *Amygdala* (Corpus amygdaloideum) stammt aus dem Griechischen und bezieht sich auf die mandelförmige

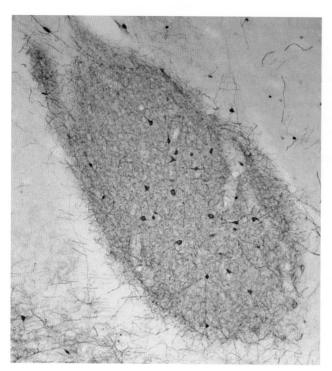

◘ Abb. 13.6   Parvalbumin-immunreaktive Neurone in der Amygdala der Ratte

Form dieses Kernkomplexes in der Tiefe der grauen Substanz des Temporallappens (◘ Abb. 13.6) Die Amygdala besteht aus mehreren Kernen, von denen hier 2 Hauptkerne, der *Ncl. basolateralis* (*Ncl. basalis lateralis amygdalae*) und der Ncl. centralis amygdalae näher besprochen werden.

Der *Ncl. basolateralis* steht vor allem mit der Hirnrinde in Verbindung (insbesondere mit dem präfrontalen Kortex) und mit dem *Ncl mediodorsalis thalami*. Letzterer ist wiederum direkt mit dem präfrontalen Kortex verbunden. Auf diese Weise entsteht ein komplexer Schaltkreis zwischen der basolateralen Amygdala, der Hirnrinde und dem Thalamus. Der *Ncl. centralis* hingegen ist hauptsächlich mit dem Bulbus olfactorius, dem Hypothalamus und Kerngebieten des Hirnstamms, die viszerale Funktionen kontrollieren, verbunden.

Der Hauptteil der Efferenzen verlässt die Amygdala über die *Stria terminalis*. Obwohl die unterschiedliche Konnektivität auf unterschiedliche Funktionen der Subkerne der Amygdala hinweisen, kommunizieren diese jedoch in ausgedehnter Weise miteinander. Daher ist es schwierig, funktionelle Differenzen eindeutig zu benennen. Die Amygdala steht aktuell im Zentrum zahlreicher Untersuchungen, die es erlauben sollen, ihre Beteiligung an Lernvorgängen (v. a. den emotionalen Gehalt von Erinnerungen), Angstreaktionen, viszeralen Reaktionen (Schweißproduktion, Tachykardie etc.) auf emotionale Zustände und der Kontrolle von Schmerz, Aggressivität und Sexualität zu klären.

13.3.6 Zingulärer Kortex

Die Kortexanteile, die den zingulären Kortex (Gyrus conguli[3]) ausmachen (▸ Abb. 12.5, 12.18 und 12.19), liegen auf der Medialseite der Hemisphäre und umgeben dorsal das *Corpus callosum*. Wie schon erwähnt, bilden sie in ihrer Gesamtheit den sog. *Lobus limbicus*. Die Fortschritte der neurowissenschaftlichen Forschung lassen eine Einteilung des zingulären Kortex entlang seiner rostrokaudalen Ausdehnung sinnvoll erscheinen. Dem anterioren Teil des zingulären Kortex wird eine fundamentale Rolle bei der Verbindung von Verhalten und Emotionen zugeschrieben, insbesondere in Hinsicht auf Selbstkontrolle, Fehlererkennung, Problemlösung und Anpassung an neue Umgebungssituationen. Über diese Funktionen ist der zinguläre Kortex mit dem präfrontalen Kortex verbunden. Das anteriore Cingulum ist auch in die Verarbeitung von Schmerzreizen involviert. Der posteriore und retrospleniale Cortex cingularis erhalten sensorischen Input verschiedener Art. Sie sind in Gedächtnisprozesse und räumliche Orientierung involviert.

13.3.7 Limbischer Anteil der Basalganglien

Dieser umfasst den *Ncl. accumbens* und einige mit ihm verbundene Strukturen (*Area tegmentalis ventralis* im Mesencephalon), die in ▸ Kap. 11 behandelt werden.

13.3.8 Claustrum

Das *Claustrum*, ein dünnes Zellband zwischen *Capsula externa* und *Capsula extrema* gelegen, ist eine funktionell wenig untersuchte Struktur, die zuweilen mit dem limbischen System in Verbindung gebracht wird. Strenggenommen zeigt das Claustrum ausgedehnte Verbindungen mit sensiblen und sensorischen Arealen (v. a. mit visuellen und somatosensiblen Arealen) des Cortex cerebri. Logischerweise gehört sie daher nicht zum limbischen System und kann auch nicht zu den Basalganglien gerechnet werden.

---

3   Um das Jahr 1930 herum hat James Papez die Existenz eines Neuronenkreises vorgeschlagen, der die Corpora mamillaria des Hypothalamus, die anterioren Kerngebiete der Thalamus, den zingulären Kortex und den Hippocampus umfassen sollte. Dieser sog. Papezkreis sollte die neuronale Grundlage der emotionalen Steuerung viszeraler Funktionen darstellen. In der Folge wurde gezeigt, dass viele andere Strukturen an solchen funktionellen Vorgängen beteiligt sind. Obschon die Bedeutung des Papezkreises so relativiert wurde, wird der zinguläre Kortex, der einen wichtigen Teil des Kreises bildet, immer noch als Teil des limbischen Systems betrachtet.

Sehbahn und Hörbahn

© Springer-Verlag GmbH Deutschland, ein Teil von Springer Nature 2019
S. Huggenberger et al., *Neuroanatomie des Menschen*, Springer-Lehrbuch
https://doi.org/10.1007/978-3-662-56461-5_14

In diesem Kapitel werden die neuroanatomisch wichtigsten Aspekte zur Seh- und Hörbahn dargestellt. Neben der allgemeinen Organisation der beteiligten Hirnstrukturen geht es auch speziell um die Retina, die Sehnervenkreuzung und das Innenohr.

14.1   Sehbahn

14.1.1   Definition und allgemeine Daten

Die Abbildung von Bildern im Auge erfolgt durch den Eintritt des Lichtes durch einen transparenten Apparat, der wie die Linse eines Photoapparates wirkt. Die Transparenz dieses dioptrischen Apparates kommt durch das Fehlen von Blutgefäßen und die chemische Zusammensetzung der Extrazellularmatrix zustande. Zum dioptrischen Apparat zählen (in Abfolge des einfallenden Lichtes) die **Hornhaut** (*Cornea*), das Kammerwasser in der Vorder- und der Hinterkammer des Auges (*Camerae anterior et posterior*), die **Linse** (*Lens*) und der **Glaskörper** (*Corpus vitreum*, *Camera postrema*; ◻ Abb. 14.1). Nach Passieren dieser Strukturen erreicht das Licht die **Netzhaut** (*Retina*), wo Photorezeptoren die Lichtenergie in kodierte neuronale Signale umwandeln. Interessanterweise erfolgt dies nicht über Aktionspotenziale, sondern durch Hyperpolarisation. Die ersten Aktionspotenziale der Retina entstehen in den Ganglienzellen (s. u.). Die in der Retina generierten Signale werden dann über die **Sehbahn** zur Hirnrinde übertragen.

14.1.2   Organisation der Sehbahn

Die **Sehbahn** (◻ Abb. 14.2) hat ihren Ursprung in den Neuronen des *Stratum ganglionare retinae*. Die Axone dieser Neuronen bilden den N. *opticus*, der durch den *Canalis opticus* in den Schädel eintritt und im *Chiasma opticum* partiell auf die Gegenseite kreuzt.

Der N. opticus ist der 2. Hirnnerv (► Kap. 15) und verbindet Retina und Gehirn. Er ist eigentlich per Definition kein echter Nerv, da er hauptsächlich aus myelinisierten Fasern besteht, deren Hülle alle Charakteristika des zentralnervösen Myelins aufweist, an erster Stelle die Produktion durch Oligodendrozyten (► Kap. 1). Deshalb kann der N. opticus auch von zentralen Entmarkungskrankheiten, wie etwa der Multiplen Sklerose (MS), betroffen sein, die die weiße Substanz befallen.

Neben Fasern und Gliazellen enthält der N. opticus auch eine gewisse Menge von Stützgewebe Dieses wird als Abkömmling der *Pia mater* betrachtet und unterteilt die Nervenfasern in viele Fasciculi, die es umhüllt. Der N. opticus ist daher im eigentlichen Sinne ein Teil des ZNS und deswegen auch von Dura und Arachnoidea umhüllt.

Das *Chiasma opticum* ist eine X-förmige, abgeplatte Struktur, gelegen dorsal der *Cisterna chiasmatica* und ventral der *Ncll. suprachiasmatici* (s. unten und ► Kap. 9), die sich lateral des ventralen Randes des 3. Ventrikels befinden. An

den anterioren Schenkeln des Chiasmas laufen die Nn. optici zusammen, während aus seinen posterioren Schenkeln der *Tractus opticus* entspringt. Die Fasern des N. opticus verlaufen im Chiasma z. T. ipsilateral, zum anderen Teil kreuzen sie aber zum Tractus opticus der Gegenseite und überkreuzen sich so mit den korrespondierenden kontralateralen Fasern

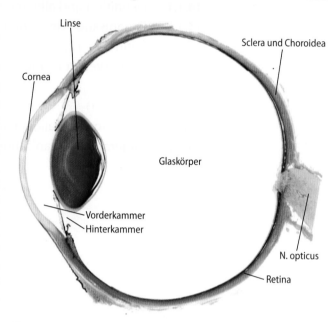

◻ **Abb. 14.1   Medianschnitt des menschlichen Auges**

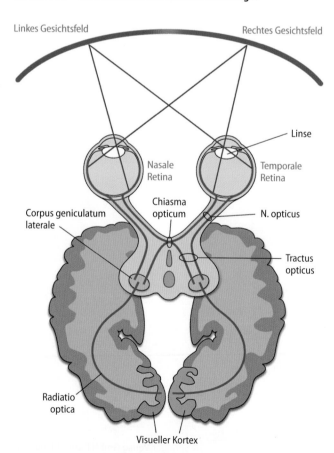

◻ **Abb. 14.2   Organisationsschema der Sehbahn.** Die Verbindungen zum Colliculus superior sind nicht dargestellt

(s. Details im Folgenden). Der Tractus opticus ist eine dünne Schicht weißer Substanz gebildet aus Bündeln ipsi- und kontralateraler Axone, die sich aus den posterioren Schenkeln des Chiasmas entwickeln und sich nach kranial und lateral wenden. Der Tractus zieht dann um den *Pedunculus cerebri*, erreicht *das Corpus geniculatum laterale* (CGL) und teilt sich in eine mediale und laterale Wurzel. Die Corpora geniculata lateralia sind demnach nach der Signalverarbeitung in der Retina die **primären optischen Zentren**.

Ein Teil der im Tractus opticus verlaufenden Fasern zieht nicht zum CGL, sondern zur *Area pretectalis*. Nach Umschaltung und Kreuzung zur Gegenseite (*Commissura posterior oder Commissura epithalamica*) werden über den *Ncl. Edinger-Westphal* der *M. sphincter pupillae* (direkter Lichtreflex; Verengung der Pupillen) und *M. ciliaris* (Akkomodation; Naheinstellung) parasympathisch innerviert. Da von der Area pretectalis sowohl der ipsilaterale als auch der kontralaterale Ncl. Edinger-Westphal angesteuert wird, löst die Belichtung eines Auges auch die Verengung der Pupille des unbelichteten Auges aus (**konsensueller Lichtreflex**).

Parallel laufen als *Tractus retinohypothalamicus* zusammengefasste Fasern zum *Ncl. suprachiasmaticus*, dem Kontrollzentrum für den Tag-Nacht-Rhythmus (zirkadiane Rhythmik; „innere Uhr", „master clock").

Von den CGL entspringen Fasern, die in ihrer Gesamtheit die *Radiatio optica* (Sehstrahlung) bilden, die durch die Capsula interna zum **visuellen Kortex** im Okzipitallappen ziehen, wo sich die primäre Sehrinde befindet (▶ Kap. 12). Vom CGL verlaufen auch einige kollaterale Fasern über das *Brachium colliculi superioris* zum Tectum des Mesencephalons.

14.1.3 Retina

Unter organogenetischen Aspekten gehört die *Retina* (◻ Abb. 14.3) zum ZNS. Auch wenn die Retina in histologischen Schnitten aus bis zu 9 Schichten zu bestehen scheint, kann sie auf 3 Zellschichten reduziert werden. Von außen (dem Pigmentepithel zugewandt) nach innen (dem Glaskörper zugewandt), also von der am weitesten vom Licht entfernten zur lichtzugewandten Schicht, sind das:

1. Schicht der **Photorezeptoren**
2. Schicht der **bipolaren Zellen**
3. Schicht der **retinalen Ganglienzellen**

Man beachte, dass die Photorezeptoren, also die lichtempfindlichen Zellen, vom Licht erst erreicht werden, **nachdem** dieses alle anderen Schichten der Retina passiert hat (sog. inverse Retina).

Es gibt zwei Arten von **Photorezeptoren: Die Zapfen** und die **Stäbchen**. Die Zapfen dienen dem Farbensehen bei guten äußeren Lichtbedingungen (photopisches Sehen). Im Gegensatz dazu sind die Stäbchen für das skotopische Sehen (Schwarz-Weiß-Sehen) unter schlechten Lichtbedingungen verantwortlich. Zapfen und Stäbchen sind innerhalb der Retina unterschiedlich verteilt. In den peripheren Anteilen der Netzhaut finden sich ausschließlich Stäbchen, während, je

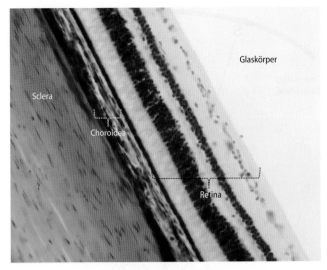

◻ **Abb. 14.3   Ausschnitt der menschlichen Bulbuswand im Bereich der Pars optica der Retina mit den sie konstituierenden Schichten**

weiter man sich dem Zentrum der Retina nähert, der Anteil der Zapfen zunimmt. Die zentrale Region der Retina (*Macula lutea oder gelber Fleck*), die sich farblich vom Rest der Retina unterscheidet, zeigt in ihrem Zentrum eine ca. 1,5 mm im Durchmesser breite Einsenkung, die *Fovea centralis*. Die Fovea, die Stelle des schärfsten Sehens, enthält ausschließlich Zapfen. Der Ausfall von Macula bzw. Fovea führt funktionell zur Blindheit. Die äußeren Augenmuskeln, die die Bewegungen des Bulbus oculi bewirken, werden so gesteuert, dass die Objekte im zentralen Gesichtsfeld stets auf korrespondierende Netzhautstellen fallen, um so das scharfe Sehen zu garantieren. Eine hypothetische Vertikale durch die Fovea wird üblicherweise als der **vertikale Meridian der Retina** bezeichnet. Alles, was medial des vertikalen Meridians liegt, gehört zur nasalen Retina, während das, was lateral liegt als temporale Retina bezeichnet wird. Wenn man sich darauf beschränkt, das Gesichtsfeld monokular zu betrachten (◻ Abb. 14.4) erkennt man, dass aufgrund der Brechung des Bildes im dioptrischen Apparat die nasale Retinahälfte das temporale Gesichtsfeld „sieht", die temporale Retinahälfte hingegen Objekte des medialen (nasalen) Gesichtsfeldes.

Wie sich aus ◻ Abb. 14.5 ergibt, haben die Photorezeptoren synaptische Kontakte mit den bipolaren Zellen der Retina, diese wiederum mit den retinalen Ganglienzellen. Die Axone der Ganglienzellen bilden die Fasern des N. opticus. Der Anfangsteil dieser Fasern ist der innerste Teil der Retina zum Glaskörper, durch den das eintretende Licht passieren muss. Die Axone laufen am *Discus nervi optici* zusammen, der im nasalen Teil beider Retinae medial der Macula lutea liegt. Der **Discus** (▶ Abb. 15.3) wird von der Gesamtheit der Fasern gebildet, die den Anfangsteil des N. opticus entlang des Austritts aus dem Bulbus oculi bilden. In diesem Bereich weist die Retina keine Photorezeptoren auf. Das hier einfallende Licht erreicht eine nicht photosensitive Stelle, die für das sog. **physiologische Skotom**, den blinden Fleck, verantwortlich ist. Diese Stelle wird funktionell *im Cortex cerebri* kompensiert.

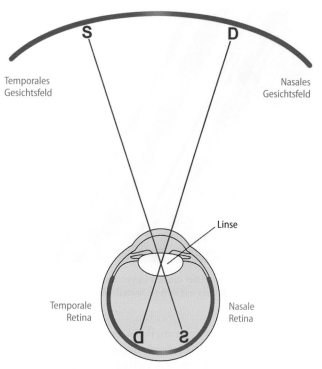

◘ Abb. 14.4 Schematische Darstellung der visuellen Perzeption (linkes Auge)

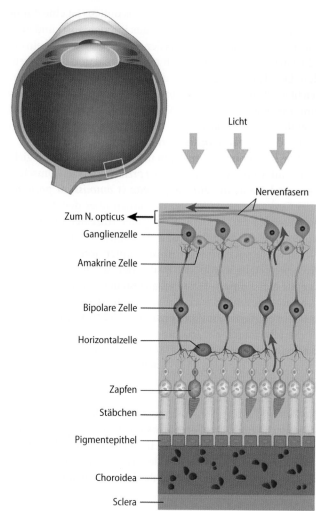

◘ Abb. 14.5 Organisation der Retina. (siehe auch ▶ Abb. 14.3 und 15.3)

Die visuellen Informationen laufen von den Photorezeptoren zu den **bipolaren Neuronen** der Retina und von dort zu den retinalen Ganglienzellen, parallel aber entgegengesetzt zum einfallenden Licht. Zwei zusätzliche Zelltypen dienen der Modulation der Reizweiterleitung in tangentialer Richtung, also rechtwinklig zu der des einfallenden Lichtes. Diese Neuronentypen sind die **Horizontalzellen**, die v. a. die Synapsen zwischen Photorezeptoren und bipolaren Neuronen beeinflussen, und die **amakrinen Zellen**, die auf Ebene der Synapsen zwischen bipolaren Neuronen und Ganglienzellen aktiv sind.

Neuere Untersuchungen haben gezeigt, dass beim **phototopischen Sehen** die Information direkt von den bipolaren Zellen zu den Ganglienzellen übertragen wird. Beim **skotopischen Sehen** überträgt ein besonderer Typ der amakrinen Zellen (A_{II}) die Reize von den bipolaren Zellen der Stäbchen auf die Ganglienzellen.

In der *Fovea centralis* tragen zwei anatomische Besonderheiten zum scharfen Sehen bei. Zum einen sind die zellulären Schichten der Retina auf die der Photorezeptoren reduziert. Die bipolaren Zellen und die Ganglienzellen sind in die Randbereiche der Fovea verlagert. Dadurch erreicht das Licht direkt, ohne Refraktionsphänomene, die Photorezeptoren. Zum anderen findet in der retinalen Peripherie eine Konvergenz von Signalen statt, d. h. mehrere Photorezeptoren bilden synaptische Kontakte mit einer einzelnen bipolaren Zelle aus und mehrere bipolare Zellen mit einer einzelnen Ganglienzelle. Das bedeutet, dass das Axon einer Ganglienzelle aus der Peripherie der Retina den Mittelwert der Informationen vieler Photorezeptoren überträgt. Im Gegensatz dazu ist die Beziehung zwischen den einzelnen Zelltypen im Zentrum 1:1:1.

Daher überträgt jedes Axon einer zentralen Ganglienzelle Informationen von **einem** Photorezeptor.

14.1.4 Sehnervenkreuzung

Analog zu dem, was wir bei somatosensiblen und motorischen Bahnen finden, verläuft auch die Sehbahn gekreuzt, aber in komplexerer Art und Weise. Um die Verhältnisse besser zu verstehen, muss man sich mit dem binokularen Gesichtsfeld beschäftigen, das aus der Überlagerung der monokularen Gesichtsfelder beider Augen entsteht. Diese Überlagerung ist jedoch nicht komplett, sondern betrifft nur den zentralen Anteil des Gesichtsfeldes, auch wenn es dessen größten Teil darstellt.

Außerhalb der Überlagerungszone bleiben 2 Anteile im jeweils äußersten Bereich des Gesichtsfeldes, die sich aus der am weitesten temporal gelegenen Zone des monokularen Gesichtsfeldes herleiten, also aus jenen Gesichtsfeldanteilen, die von den äußersten nasalen Retinaanteilen „gesehen" werden. Der Rest des Gesichtsfelds gehört der Überlappungszone der Gesichtsfelder beider Augen an. Wie man in ◘ Abb. 14.2

sehen kann, bewegen sich beide Augen derart, dass der Bildfokus, das vom zentralen Punkt des binokularen Gesichtsfeldes herrührt (Fixationspunkt, Punkt der Kreuzung der Blicklinien beider Augen in der Umwelt), in beiden Augen auf den Bereich des schärfsten Sehens (Fovea centralis, vertikaler Meridian) fällt. Durch die Umkehrung mittels des dioptrischen Apparats wird das Bild eines hypothetischen Punktes im rechten Gesichtsfeld auf der temporalen Retina des linken Auges und auf der nasalen Retina des rechten Auges abgebildet. Ferner werden Bilder aus den oberen Quadranten des Gesichtsfeldes in den unteren Quadranten der Retina und umgekehrt abgebildet. Wenn die Bewegungsfähigkeit des Auges normal ist, fallen die beiden Bilder auf sog. **korrespondierende Netzhautstellen**. Wie vorher schon erläutert, enden die Informationen aus linker temporaler Retina und rechter nasaler Retina zusammen in der Sehrinde der linken Hemisphäre. Bezogen auf das Gesichtsfeld enden die Fasern für das rechte Gesichtsfeld im linken visuellen Kortex, analog zur Repräsentation der Sensibilität der rechten Körperhälfte im linken somatosensiblen Kortex.

Die Fasern des N. opticus, die aus den nasalen Retinahälften stammen, kreuzen im Chiasma opticum auf die Gegenseite, während jene aus den temporalen Retinahälften nicht kreuzen und ipsilateral bleiben. Das ist der Grund dafür, dass die Hemisphäre einer Seite Fasern der temporalen Retinahälfte derselben Seite und der nasalen Retinahälfte der Gegenseite empfängt. Zusammen „sehen" die Faserkontingente aber das binokulare Gesichtsfeld der Gegenseite.

Jenseits des Chiasmas verlaufen die Fasern im Tractus opticus weiter. Die erste Umschaltung der Fasern erfolgt im Thalamus, genauer im *Corpus geniculatum laterale* (CGL, ▶ Kap. 10). Das CGL ist lamellär aufgebaut, mit 6 übereinander gelagerten Schichten. Hier findet eine Trennung der Fasern beider Augen statt: Jeweils 3 der Schichten des CGL erhalten Fasern aus der ipsilateralen temporalen Retinahälfte. Die 3 anderen Schichten (abwechselnd mit den ipsilateralen Fasern) werden von Fasern aus der kontralateralen nasalen Retinahälfte angesteuert.

Die Neuronen des CGL, die die visuellen Informationen zum Cortex cerebri (primärer visueller Kortex, ▶ Kap. 12) weiterleiten, entsenden ihre Axone in die *Radiatio optica*. Diese folgt einem komplexen Verlauf, in dem die im Tractus opticus gruppierten Fasern sich fächerförmig aufteilen. Ein Teil der Fasern wendet sich zunächst Richtung Lobus temporalis und bildet die sog. **Meyer-Schleife**. Sodann durchziehen alle Fasern den sog. retrolentiformen Anteil der Capsula interna und liegen in der Nähe des *Cornu occipitale* des Seitenventrikels. Dies erklärt, dass eine Erweiterung der Seitenventrikel z. B. durch einen Hydrozephalus die Radiatio optica schädigen kann.

Der **primäre visuelle Kortex** (Area 17 des *Lobus occipitalis*; *Area striata*, ▶ Abb. 12.16) erhält Fasern aus der Radiatio optica, die in der Lamina IV enden. Dort findet noch einmal eine Trennung der Informationen aus beiden Augen statt: In der Lamina IV sind sog. okuläre Dominanzsäulen identifizierbar, die aus alternierenden Streifen bestehen, die Afferenzen aus dem einen bzw. anderen Auge erhalten. Benachbarte

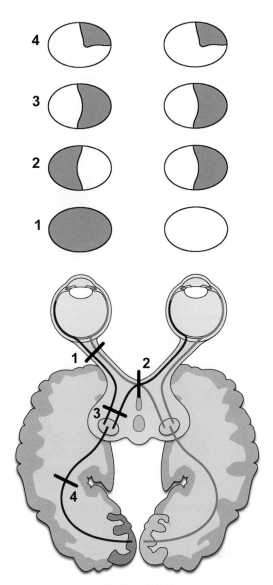

◻ Abb. 14.6   Schematische Darstellung der wichtigsten Läsionsorte der Sehbahn und ihrer Konsequenzen für das Gesichtsfeld: 1. Läsion des N. opticus. 2. Läsion des Chiasma opticum (bitemporale (heteronyme) Hemianopsie). 3. Läsion des Tractus opticus (homonyme Hemianopsie nach kontralateral). Unter einer Hemianopsie versteht man eine halbseitige Schädigung des Gesichtsfeldes. Bei einer homonymen Hemianopsie besteht ein Gesichtsfeldausfall gleichseitiger Gesichtsfeldanteile beider Augen. Bei einer heteronymen Hemianopsie besteht ein Gesichtsfeldausfall gegenseitiger Gesichtsfeldanteile beider Augen. Die Begriffe „temporal" und „nasal" beziehen sich auf das durch eine technische Untersuchung erfassbare Gesichtsfeld, nicht auf die Retina. 4. Läsion der Sehstrahlung (Quadrantenanopsie)

Streifen erhalten Input aus korrespondierenden Stellen beider Retinae. Die Area 17 ist **retinotop** gegliedert, mit einer übergroßen Repräsentation der Fovearegion. Der vertikale Meridian der Retina (Fovearegion) ist am weitesten posterior in der Area 17 um den *Sulcus calcarinus* repräsentiert (▶ Kap. 12).

Angesichts der Länge und Komplexität der Sehbahn sind Läsionen (bedingt durch Tumoren, Gefäßprozesse etc.) an unterschiedlichen Stellen im Verlauf denkbar. Die ◻ Abb. 14.6 zeigt die aus topographisch definierten Läsionen resultierenden Gesichtsfeldeinschränkungen.

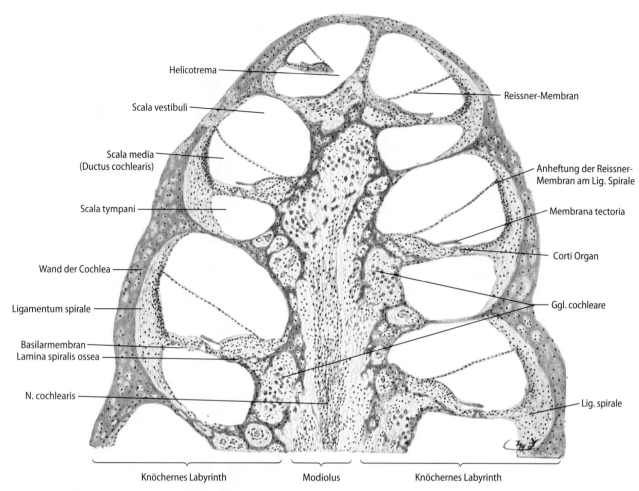

Helicotrema

Scala vestibuli

Scala media
(Ductus cochlearis)

Scala tympani

Wand der Cochlea

Ligamentum spirale

Basilarmembran
Lamina spiralis ossea

N. cochlearis

Reissner-Membran

Anheftung der Reissner-
Membran am Lig. Spirale

Membrana tectoria

Corti Organ

Ggl. cochleare

Lig. spirale

Knöchernes Labyrinth   Modiolus   Knöchernes Labyrinth

◌ Abb. 14.7   Aufbau der Cochlea. (Aus Eroschenko 2004)

14

14.2   Hörbahn

14.2.1   Definition und allgemeine Daten

Das **auditorische System** wird gebildet aus der Gesamtheit der Strukturen für die Wahrnehmung, Übertragung, Codierung und Verarbeitung von Schall und ihren Verbindungen. Hörinformation werden über den *N. cochlearis* zum ZNS übertragen, Der N. cochlearis verläuft zunächst gemeinsam mit dem *N. vestibularis*; zusammen bilden sie den VIII. Hirnnerv, den N. vestibulocochlearis, der in ▸ Kap. 15 beschrieben wird.

14.2.2   Allgemeine Organisation der Hörbahn

Innenohr

Das Hörorgan befindet sich im Innenohr in einem Kanal in Form einer Schnecke, der *Cochlea*. Die zentrale Achse der Cochlea ist der sog. *Modiolus*. Von diesem geht eine knöcherne Lamelle (*Lamina spiralis ossea*) aus, die sich in die *Membrana basilaris* (Basilarmembran) fortsetzt (◌ Abb. 14.7). Lamina spiralis ossea und Basilarmenbran trennen den knöchernen Kanal in ein oberes Kompartiment (*Scala vestibuli*)

und ein unteres Kompartiment (*Scala tympani*). Die Scala vestibuli ist ihrerseits von der *Scala media* (*Ductus cochlearis*) durch die *Membrana vestibularis* oder Reissner-Membran getrennt. Das eigentliche Hörorgan (**Corti-Organ, Organum spirale**) ruht auf der Basilarmembran und wird gebildet von mind. 3 Reihen äußerer und einer Reihe innerer **Haarzellen**: Diese ragen in den Ductus cochlearis hinein, wo ihre Stereozilien in Kontakt mit der darüberliegenden **Tektorialmembran** (Membrana tectoria) gelangen. Die Schallwellen gelangen über die Gehörknöchelchenkette des Mittelohres in die Flüssigkeiten der Scala vestibuli (Perilymphe) und im Ductus cochlearis (Endolymphe). Dadurch werden die Reissner Membran und die Basilarmembran in Schwingungen versetzt. Durch die Schwingungen, die frequenzabhängig definierte Abschnitte der Cochlea erreichen, wird der Aufbau des Rezeptorpotenzials in den Haarzellen bewirkt.

Ganglion cochleare und N. cochlearis

Die Neurone erster Ordnung der Hörbahn befinden sich im *Ganglion cochleare* (Corti), (◌ Abb. 14.8), das innerhalb des Modiolus gelegen ist. Diese Neurone sind **bipolar**, ihr peripherer Fortsatz hat synaptische Kontakte mit den Haarzellen. Das Ganglion cochleare (Ggl. spirale) enthält zwei Typen von Zellen: Typ-1-Ganglienzellen mit ihren zentralen Ausläufern

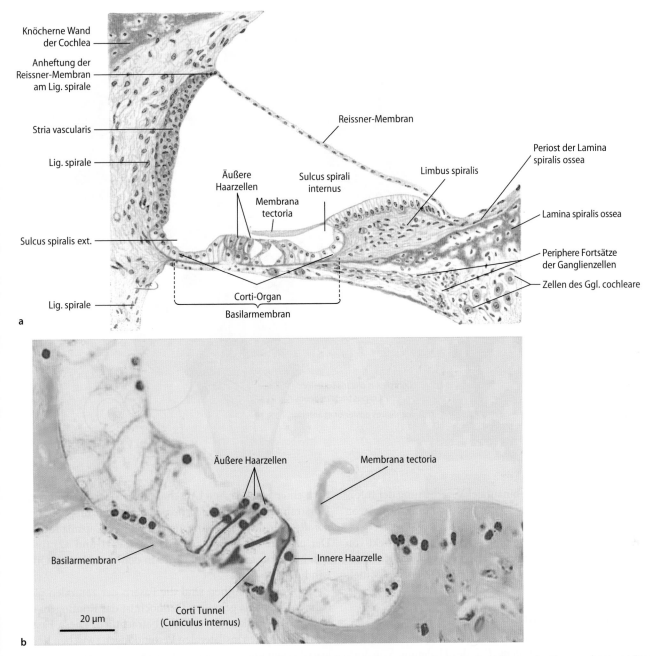

Abb. 14.8a,b **a** Ggl. spirale und Corti-Organ (Aus Eroschenko 2004). **b** Vergrößerungsausschnitt des Corti-Organs der Maus zur besseren Darstellung der Haarzellen

die inneren Haarzellen, Typ-2-Ganglienzellen innervieren die äußeren Haarzellen. Beim Menschen machen die Zellen des ersten Typs etwa 90 % der Zellen des Ggl. cochleare aus. Die zentripetalen Axone beider Zelltypen bilden den *N. cochlearis*. Alle Axone des ersten Typs generieren Aktionspotenziale gemäß einem sehr spezifischen und engen Intervall akustischer Frequenzen.

Im N. cochlearis gibt es nicht nur afferente, sondern auch efferente Fasern. Diese entstammen dem Komplex der oberen Olive im Hirnstamm (s. u.) und enden an den Haarzellen bzw. an den Synapsen zwischen diesen und den Ganglienzellen. Diese olivokochleären Fasern steuern wahrscheinlich Verstärkungsprozesse der Haarzellen (kochlearer Verstär-

ker). Andererseits können sie aber auch eine geringere Empfindlichkeit der Haarzellen gegenüber Schallwellen bewirken.

Hirnstamm

An der Grenze zwischen *Medulla oblongata* und der Brücke (Kleinhirnbrückenwinkel) treten die Fasern des *N. cochlearis* in den Hirnstamm ein und bilden Synapsen mit den Neuronen der *Ncll. cochleares anterior et posterior* (Abb. 14.9). Innerhalb beider Kerne herrscht eine klare tonotope Organisation.

Der Komplex der oberen Olive (*Complexus olivaris superior*) liegt im ventralen pontinen Tegmentum. Er empfängt einen bilateralen Input von den Kochleariskernen. Im Kom-

◻ **Abb. 14.9   Allgemeine Organisation der Hörbahn** (blau: direkte Hörbahn ausgehend vom Ncl. cochlearis posterior, rot: indirekter Weg ausgehend vom Ncl. cochlearis anterior)

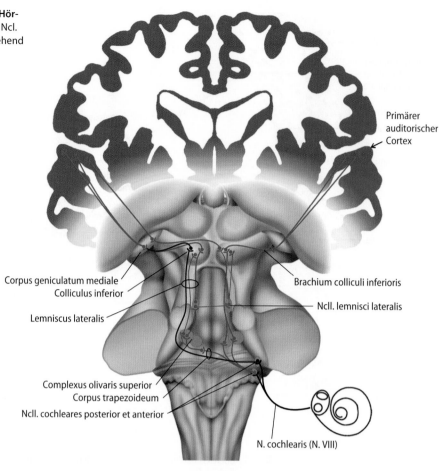

Primärer auditorischer Cortex

Corpus geniculatum mediale
Colliculus inferior

Brachium colliculi inferioris

Lemniscus lateralis

Ncll. lemnisci lateralis

Complexus olivaris superior
Corpus trapezoideum
Ncll. cochleares posterior et anterior

N. cochlearis (N. VIII)

14

plex selbst erfolgt die erste binaurale[1] Verarbeitung der Informationen. Dieser Vorgang ist für das Richtungshören von großer Bedeutung.

Die in der oberen Olive umgeschalteten oder direkt von den Kochleariskernen stammenden Fasern verlaufen im *Lemniscus lateralis* und enden im *Colliculus inferior* des Mittelhirns.

Thalamus und Hirnrinde

Die Axone, die dem Colliculus inferior entstammen, verlaufen zum *Corpus geniculatum mediale* des Thalamus. Von dort,

nach einer synaptischen Umschaltung, erreichen sie über die Hörstrahlung (*Radiatio acustica*) die Hörrinde im *Lobus temporalis* über den sublentiformen Anteil der Capsula interna. Der primäre auditorische Kortex (Areae 41 und 42) findet sich im *Gyrus temporalis superior* in den Heschlschen Querwindungen (▶ Kap. 12).

In ihrer Gesamtheit sind die Fasern der zentralen Hörbahn größtenteils gekreuzt. Dennoch ist das Kontingent der Fasern, das ipsilateral verbleibt beträchtlich. Diese Fasern stammen aus den ipsilateralen Verbindungen zwischen Kochleariskernen und der oberen Olive (▶ Abb. 14.9).

---

1   Soll heißen von beiden Ohren

Fallbeispiel 1

Ein 59-jähriger Mann stürzt bei einem Fahrradunfall auf die gebeugten Handflächen, kann aber durch die Abwehrbewegung eine Berührung der linken Gesichtshälfte mit dem Boden nicht vermeiden. Er zieht sich eine kombinierte Radius- und Ulnafraktur rechts zu, die unfallchirurgisch mit Plattenimplantation versorgt wird. Am ersten postoperativen Tag fallen dem Patienten Doppelbilder auf, die beim Blick nach oben stärker werden. Der Patient klagt über ein Taubheitsgefühl im Bereich der linken Wange.

Es wird ein augenärztliches Konsil durchgeführt.

Welche Verdachtsdiagnose stellen Sie?
Mögliche sturzbedingte Schädigung der äußeren Augenmuskeln oder der innervierenden Nerven.

Welcher anatomische Ort kommt für die Erklärung der Beschwerden und Befunde in Frage?
Beim Sturz vom Fahrrad ist immer an eine Schädelfraktur zu denken, insbesondere

wenn, wie in diesem Falle eine kurzzeitige Bewusstlosigkeit dokumentiert ist (▶ Fallbeispiel Kapitel 15). Im aktuellen Fall war die Übersichtsaufnahme des Schädels jedoch unauffällig. Allerdings ließ die posttraumatisch auftretende Diplopie (Doppelbilder) dann doch den Verdacht auf eine subtilere Knochenschädigung aufkommen. Die Art der Doppelbilder mit Verstärkung beim Blick nach oben deutet auf eine Funktionsstörung des *M. rectus inferior* hin (◻ Abb. 14.10).

Der Muskel kann bei Schädeltraumata mit begleitender Fraktur des Orbitabodens (gebildet aus Maxilla, Os zygomaticum und den Processus orbitalis des Os palatinum) entweder absinken oder zwischen den Frakturtrümmern des Orbitabodens eingeklemmt werden. Dadurch befinden sich die Blicklinien der beiden Augen nicht mehr auf einer Ebene, was zu Doppelbildern führt. Die Ursache für die Doppelbilder ist hier in einem mechanischen Problem begründet. Dieses ist sorgfältig von einer durch Läsion der innervierenden Nerven bedingten Augenmuskellähmung zu differenzieren.

Der Verdacht auf eine Störung im Bereich des Orbitabodens wird gestützt durch den Sensibilitätsausfall im Versorgungsgebiet des N. infraorbitalis, d. h. Taubheitsgefühl im Bereich der linken Wange, dem peri-pheren Endast des *N. maxillaris* aus dem *N. trigeminus* (▶ Abb. 15.8).

Es wurde eine technische Untersuchung angeordnet. Um welches Verfahren wird es sich wahrscheinlich handeln?
Konventionelle Röntgenaufnahmen der Nasennebenhöhlen und des Gesichtschädels sowie CT. Typischerweise findet man bei der Orbitabodenfraktur (auch Blow-out-Fraktur genannt) das Phänomen des hängenden Tropfens (◨ Abb. 14.11).

Welchen Befund/welche Befunde erwarten Sie?
Konventionelles Röntgen: Fehlende horizontale Übereinstimmung der Orbitaböden beider Seiten, (Teil-)Verschattung des Sinus maxillaris

Kurzer Hinweis zur Therapie
Prinzipiell wird eine Rekonstruktion des Orbitabodens angestrebt, um die Position des Augapfels zu korrigieren und damit die Doppelbilder aufzuheben. Hierfür sind heute verschiedene Biomaterialien verfügbar, die je nach Einzelfall über verschiedene Zugänge eingebracht werden können. Dabei sind konventionelle offene Zugänge von endoskopischen zu unterscheiden, die über die Mundhöhle oder die Nasenhöhle durchgeführt werden. Gefürchtete Komplikation bei allen operativen Eingriffen, bei denen es zur Berührung des Augapfels kommen kann, ist der okulokardiale Reflex, der zum Herzstillstand führen kann.

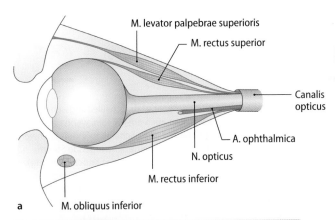

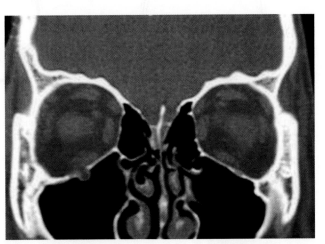

◨ **Abb. 14.11 Eine rechtsseitige Orbitabodenfraktur in koronaler CT-Aufnahme.** (Mit freundlicher Genehmigung von Prof. G. Geerling, Klinik für Augenheilkunde, Universitätsklinikum Düsseldorf)

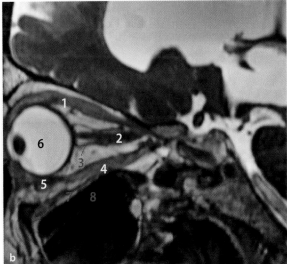

1 = M. levator palpebrae superioris und M. rectus superior
2 = N. opticus
3 = Opticusscheide   6 = Bulbus oculi
4 = M. rectus inferior   7 = Boden der Orbita
5 = M. obliquus inferior 8 = Sinus maxillaris

◨ **Abb. 14.10 Schematische Darstellung (a) und MRT (b) der Anordung der äußeren Augenmuskeln.** (Aus Linn 2011)

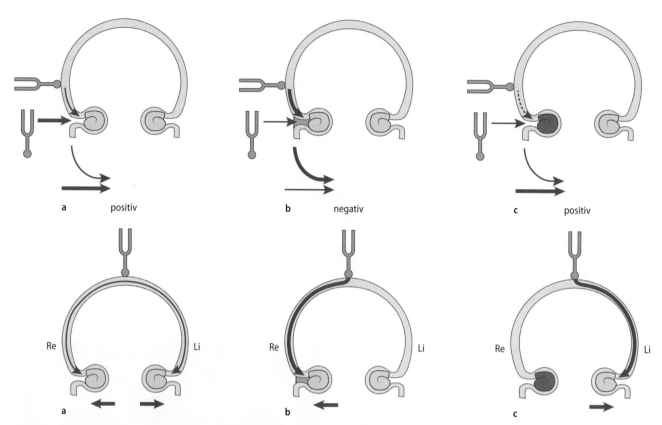

□ **Abb. 14.12   Stimmgabelprüfung:** Rinne-Test (Knochen- und Luftleitung werden verglichen) am rechten Ohr (oben). Eine schwingende Stimmgabel wird rechts am Schädel (Processus mastoideus) aufgesetzt. Der Patient soll Bescheid geben, wenn er der Ton nicht mehr hört. Ohne neu anzuschlagen, wird dann die schwingende Stimmgabel vor den äußeren Gehörgang der gleichen Seite gehalten (Luftleitung). Der normal hörende Patient hört den Ton über die Luftleitung wieder – „Rinnepositiv" (**a**). Wenn der Patient mit der Stimmgabel vor dem Ohr den Ton nicht mehr hört, ist er „Rinne-negativ" (**b**, Schallleitungsschwerhörigkeit). Der Rinne-Test kann aber auch positiv sein, wenn das Innenohr oder der N. cochlearis geschädigt ist (**c**, Schallempfindungsschwerhörigkeit). Beim Weber-Test (unten) wird eine schwingende Stimmgabel auf die Mitte des Kopfes gesetzt (Prüfung der Knochenleitung). **a**, ohne Befund (seitengleiches Gehör, nicht lateralisiert); **b**, rechts Schallleitungsschwerhörigkeit (krankes Ohr); **c**, rechts Schallempfindungsschwerhörigkeit (gesundes Ohr). (Aus Boenninghaus 1977)

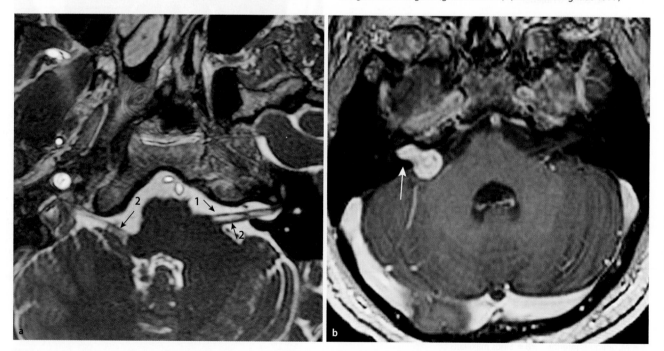

□ **Abb. 14.13   Die linke, T2-gewichtete MRT-Aufnahme zeigt die normalen anatomischen Verhältnisse im Kleinhirnbrückenwinkel** (1=N. facialis, 2=N. vestibulocochlearis). Auf der rechten Abbildung ist eine T1-gewichtete Aufnahme der Region dargestellt. Im rechten Kleinhirnbrückenwinkel ist eine hyperintense Raumforderung zu sehen (Pfeil), die zapfenförmig nach rechts auch in den inneren Gehörgang (Meatus acusticus internus) hineinragt. (Aus Linn 2011)

Fallbeispiel 2

Eine 76-jährige Patientin kommt wegen zunehmender Hörprobleme auf dem rechten Ohr in die Sprechstunde. Die Anamnese erbringt keinen Hinweis auf gravierende Vorerkrankungen. Bei der neurologischen Untersuchung fällt eine leichte Asymmetrie des Gesichts mit Verziehung des Mundes auf die rechte Seite auf. Stirnrunzeln und fester Augenschluss rechts nicht möglich. Die HNO-ärztlichen Stimmgabeltests weisen auf eine Schallempfindungsstörung rechts hin. Dieser Befund lässt sich im Audiogramm bestätigen.

Welcher anatomische Ort kommt für die Erklärung der Beschwerden und Befunde infrage?

Für die hier im Vordergrund stehende Hörstörung kommen generell 4 anatomische Orte infrage:

1. Das äußere Ohr mit der Ohrmuschel und dem äußeren Gehörgang. Der trivialste Fall einer dort lokalisierten Hörstörung wäre eine Verstopfung des Gehörganges durch Ohrschmalz (Cerumen).
2. Trommelfell und Mittelohr. Störungen könnten z. B. durch einen Riss des Trommelfells oder Verknöcherungen der Gehörknöchelchen entstehen. 1. und 2. fasst man auch als Schallleitungsstörungen zusammen.
3. Innenohr mit Cochlea und Hörnerv (N. vestibulocochlearis). Die Hörschnecke (Cochlea) könnte z. B. bei einer Schädelbasisfraktur in Mitleidenschaft gezogen werden. Der Hörnerv könnte in seinem Verlauf im Knochen bzw. zum Hirnstamm hin durch lokale Raumforderungen lä-

diert werden. Schädigungen in diesem Bereich bezeichnet man auch als Schallempfindungsstörungen.
4. Verlauf der zentralen Hörbahn von den Hörkernen, über die obere Olive und die Colliculi inferiores, das Corpus geniculatum mediale im Thalamus bis hin zur primären Hörrinde. Schädigungen durch Durchblutungsstörungen, Entmarkungen oder Tumoren sind denkbar.

Auch hier hilft der isolierte Befund nicht unbedingt weiter, aber zusätzliche Störungen und Befunde einfacher Untersuchungen sind wegweisend. In unserem Falle ist eine Schallempfindungsstörung wahrscheinlich (Stimmgabeltest in ◘ Abb. 14.12), sodass wir unser Augenmerk zunächst auf das Innenohr und den Hörnerven richten können. Wenn man dann die Gesichtsasymmetrie mit ins Kalkül zieht (die Patientin hat offenbar eine periphere Fazialislähmung, ▶ Kap. 15) ist der wahrscheinlichste Läsionsort der sog. Kleinhirnbrückenwinkel, in dem der N. vestibulocochlearis und der N. facialis unmittelbar nebeneinander verlaufen.
Für die diagnostischen Überlegungen ist ein Blick auf die anatomischen Verhältnisse im Bereich des sog. Kleinhirnbrückenwinkels, in dem der N. facialis (N. VII) und der N. vestibulocochlearis (N. VIII) den Hirnstamm verlassen bzw. in ihn eintreten hilfreich (▶ Abb. 15.11). Von dort laufen die beiden Nerven gemeinsam in den inneren Gehörgang (Meatus acusticus internus).

Welche Verdachtsdiagnose stellen Sie?

Raumforderung im Kleinhirnbrückenwinkel mit Kompression von N. vestibulocochlearis und N. facialis.

Es wurde eine technische Untersuchung angeordnet. Um welches Verfahren wird es sich wahrscheinlich handeln?

Auch hier gilt, dass das MRT die anatomischen Verhältnisse besser widergibt, während das CT bei der Beurteilung der Knochenverhältnisse unschlagbar ist. Im Zweifelsfalle wären also beide Verfahren anzuwenden, insbesondere in Hinblick auf ein möglicherweise notwendiges chirurgisches Vorgehen (s. weiter unten).

Welchen Befund/welche Befunde erwarten Sie?

Eine Raumforderung im Kleinhirnbrückenwinkel. In der Mehrzahl der Fälle handelt es sich dabei um ein sog. Vestibularisschwannom (◘ Abb. 14.13, früher als Akustikusneurinom bezeichnet). Vestibularis deutet auf die Gleichgewichtskomponente des N. VIII, von dessen Schwannzellen (Umhüllung einzelner Nervenfasern im PNS) diese gutartigen Tumore ausgehen.

Kurzer Hinweis zur Therapie

Die Methode der Wahl ist ein Zugang von der hinteren Schädelgrube über das Os occipitale (Hinterhauptsbein). Unter dem Operationsmikroskop verläuft der Zugangsweg lateral des Cerebellums (vgl. die rechte ◘ Abb. 14.13) zum Kleinhirnbrückenwinkel. Dort kann der Tumor identifiziert, von innen ausgehöhlt und schließlich entfernt werden. Wichtig ist die Inspektion des inneren Gehörganges auf Tumoranteile.

Hirnnerven

© Springer-Verlag GmbH Deutschland, ein Teil von Springer Nature 2019
S. Huggenberger et al., Neuroanatomie des Menschen, Springer-Lehrbuch
https://doi.org/10.1007/978-3-662-56461-5_15

In diesem Kapitel werden die neuroanatomischen Merkmale der 12 Hirnnerven näher beleuchtet.

15.1   Definition und grundlegende Daten

Die Hirnnerven werden wegen ihres Ursprungs, ihrer Zielgebiete und ihrer peripheren Verteilung im Allgemeinen zusammen mit dem ZNS beschrieben, auch wenn alle ihre Wirkungen über das PNS vermittelt werden (▶ Kap. 1). Auch für die Hirnnerven, wie für die Spinalnerven, unterscheidet man einen eigentlichen **Ursprungsort**, d. h. einen motorischen Kern (motorischer Nerv) bzw. einen **Endigungsort**, d. h. ein Ganglion (sensibler Nerv) und einen **Austrittspunkt**. Die Hirnnerven – mit Ausnahme des N. olfactorius und N. opticus – haben ihren Ursprungsort oder ihren Endigungsort im Hirnstamm. Hirnnerven können rein motorisch[1], rein sensibel oder gemischt sein.

Genauer gesagt entspringen die **motorischen Nerven** in Kerngebieten der grauen Substanz, die die Fortsetzung der Vorderhörner der grauen Substanz des Rückenmarks darstellen. Jene Zellmassen, die die Fortsetzung der Hinterhörner darstellen, bilden die Endigungsgebiete der **sensiblen Nerven** oder des sensiblen Anteils eines gemischten Nervens. Der eigentliche Ursprungsort der sensiblen Nerven sind die zugehörigen Ganglien, die den Spinalganglien vergleichbar sind.

Der Austrittsort der Hirnnerven ist die ventrale Oberfläche des Hirnstamms mit Ausnahme des N. *trochlearis* (N. IV), der dorsal austritt. Nach Verlassen des Gehirns durchqueren die paarig vorhandenen Hirnnerven die Hirnhäute und erreichen durch Öffnungen in der Schädelbasis ihre Versorgungsgebiete.

Die Hirnnerven können mit einer römischen Zahl bezeichnet werden, wie in der folgenden Aufstellung, die auch die Austrittsöffnung (◘ Abb. 15.1) und **die Faserqualität** enthält:

I.   N. olfactorius (Lamina cribrosa) – speziell viszerosensibel

II.   N. opticus (Canalis opticus) – speziell somatosensibel

III. N. oculomotorius (Fissura orbitalis superior) – somatomotorisch, allgemein viszeromotorisch

IV.   N. trochlearis (Fissura orbitalis superior) – somatomotorisch

V.   N. trigeminus (N. ophthalmicus: Fissura orbitalis superior; N. maxillaris: Foramen rotundum; N. mandibularis: Foramen ovale) – allgemein somatosensibel; branchiomotorisch[2]

VI.   N. abducens (Fissura orbitalis superior) – somatomotorisch

VII. N. facialis – (Meatus acusticus internus, dann Foramen stylomastoideum) – branchiomotorisch, allgemein viszeromotorisch; speziell viszerosensibel, allgemein somatosensibel

---

1   Das Konzept „rein" motorisch wird hier in einem weiten Sinne gebraucht, insofern jeder Nerv in der Realität auch eine sensible Komponente enthält, allerdings zu einem geringen Prozentsatz.

2   Die Hirnnerven V (dritter Ast), VII, IX X und XI verfügen über einen motorischen Anteil für die Muskulatur, die sich von den Branchialbögen herleitet (branchiomotorisch = speziell viszeromotorisch).

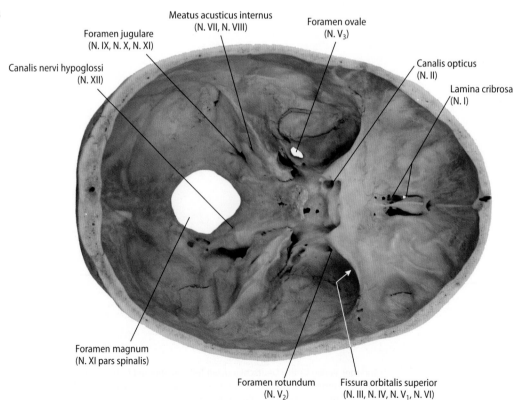

◘ **Abb. 15.1   Schädelbasis mit den Austrittstellen der Hirnnerven**

Meatus acusticus internus (N. VII, N. VIII)

Foramen ovale (N. V₃)

Foramen jugulare (N. IX, N. X, N. XI)

Canalis nervi hypoglossi (N. XII)

Canalis opticus (N. II)

Lamina cribrosa (N. I)

Foramen magnum (N. XI pars spinalis)

Foramen rotundum (N. V₂)

Fissura orbitalis superior (N. III, N. IV, N. V₁, N. VI)

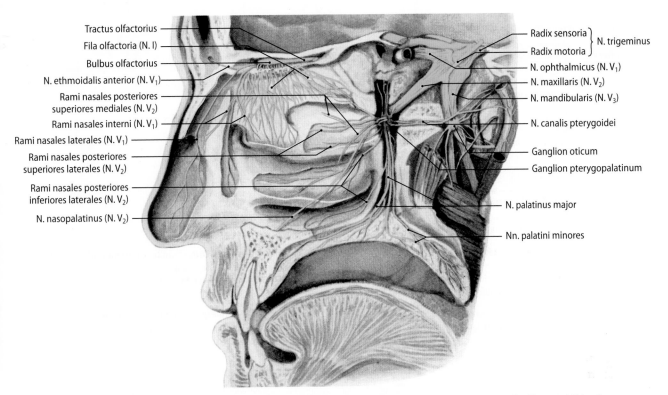

Abb. 15.2　Darstellung der Versorgungsgebiete von N. olfactorius und N. trigeminus. Die Gesamtheit der Fila olfactoria bildet den N. olfactorius. (Aus Tillmann 2005)

VIII. N. vestibulocochlearis (Meatus acusticus internus; verlässt nicht die Schädelhöhle) – speziell somatosensibel

IX. N. glossopharyngeus (Foramen jugulare) – branchiomotorisch, allgemein viszeromotorisch; allgemein und speziell viszerosensibel, allgemein somatosensibel

X. N. vagus (Foramen jugulare) – branchiomotorisch, allgemein viszeromotorisch; allgemein und speziell viszerosensibel, allgemein somatosensibel

XI. N. accessorius (Foramen magnum, dann Foramen jugulare) – somatomotorisch, branchiomotorisch

XII. N. hypoglossus (Canalis n. hypoglossi) – somatomotorisch

15.1.1　N. I: N. olfactorius

Der *N. olfactorius* – teilweise bereits in ► Kap. 13 beschrieben – wird gebildet von der Gesamtheit der Axone, die olfaktorische Empfindungen nach zentral leiten. Der eigentliche **Ursprungsort** liegt in spezialisierten Zellen des Schleimhautepithels (Riechschleimhaut). Diese befindet sich in der *Regio olfactoria* im Dach der Nasenhöhle auf Höhe der *Cellulae ethmoidales*. Die Rezeptorzellen sind echte bipolare Neurone mit einem freien Dendriten, der dem peripheren Fortsatz der pseudounipolaren Neurone der Spinalganglien entspricht. Dessen äußerstes Ende erreicht die Oberfläche der Mukosa. Das zugehörige Axon, entsprechend dem zentralen Fortsatz der pseudounipolaren Neurone, verläuft zur *Lamina cribrosa*

des *Os ethmoidale*. Die Axone der Rezeptorzellen werden auch als *Fila olfactoria* bezeichnet und in ihrer Gesamtheit als N. olfactorius zusammengefasst (◘ Abb. 15.2).

An der epithelialen Oberfläche zur Nasenhöhle hin sind die Dendriten mit chemosensorischen Zilien ausgestattet, die die Rezeptormoleküle für Geruchsstoffe tragen. Die Axone der Riechsinneszellen erreichen nach Durchtritt durch das Os ethmoidale in der Lamina cribrosa den *Bulbus olfactorius*, wo sie mit Axonaufzweigungen an den Dendriten der Mitralzellen enden, mit denen sie die *Glomeruli olfactorii* bilden. Diese Axone bilden durch Erreichen des Bulbus olfactorius eine direkte Verbindung zwischen Peripherie und Kortex, ohne Einschaltung eines Neurons zweiter Ordnung oder Einschaltung des Thalamus.

Die Nn. olfactorii bestehen aus nicht-myelinisierten Fasern, die nach Durchtritt durch die Lamina cribrosa durch eine doppelte Umhüllung extern und intern umgeben werden. Die äußere Hülle wird von der *Dura mater encephali* (cranialis) gebildet, die sich auf der anterioren Fläche der Lamina cribrosa in 2 Schichten aufteilt: die eine durchbricht das äußere Blatt des Periosts, die zweite setzt sich auf den Nerv fort und verleiht diesem hierdurch eine gewisse Festigkeit. Die innere Hülle besteht aus einer Fortsetzung des subarachnoidalen Gewebes, das sich bis zur Hypophyse hinzieht.

Die Funktion des N. olfactorius kann klinisch mittels definierter Geruchsproben (z. B. Kaffee, Duftstoffe etc.) getestet werden (◘ Tab. 15.1).

◘ Tab. 15.1   Klinische Überprüfung der Hirnnerven

Hirnnerv	Klinische Überprüfung	Pathologischer Befund
I	Geruchssinn (Aromatische Stoffe, keine Reizstoffe → Wahrnehmung über N. V))	Hyp-/Anosmie
II	Visus Gesichtsfeld Fundoskopie (Sehnervenpapillen beiderseits scharf begrenzt?) Pupillenreflex	Hemianopsie, Skotom Stauungspapille
III, IV, VI III	Bulbomotorik Pupillengröße – seitengleich? Akkomodation (M. ciliaris) Lidspalte – seitengleich? Pupillenreflex / Akkomodationsreflex	Doppelbilder (Diplopie) Mydriasis, Anisokorie Ptosis (M. levator palpebrae superioris)
V	Gesichtssensibilität Kaumuskulatur (beiderseits kräftig?) Kornealreflex / Masseterreflex	Trigeminus-Druckpunkte (Überempfindlichkeit bei Trigeminus-Neuralgie) Unterkiefer weicht zur kranken Seite ab
VII	Gesichtssymmetrie und -ausdruck Mimik (Stirnrunzeln, Lidschluss, Pfeiffen, …) M. stapedius Lidschlussreflex	Hängender Mundwinkel, Nasolabialfalte verstrichen (Fazialisparese – peripher/zentral) Hyperakusis
VIII	Hören (Weber/Rinne) Gleichgewicht	Hypo-/Hyperakusis Schwindel, Kalorischer Nystagmus
IX, X X	Pharynx (Motorik/Sensibilität) Gaumenmuskeln Würgereflex Larynx	Dysphagie Kulissenphänomen (Abweichen der Uvula zur gesunden Seite) Heiserkeit
XI	Anheben der Schulter gegen Widerstand (M. trapezius) Drehen des Kopfes gegen Widerstand (M. sternocleidomastoideus)	Schultertiefstand; Elevation des Armes ist erschwert Torticollis (Schiefhaltung des Kopfes)
XII	Atrophie der Zunge Zungenmotorik	Abweichen der Zunge zur kranken Seite

15

15.1.2   N. II: N. opticus

Der *N. opticus* wird aus den Axonen der retinalen Ganglienzellen gebildet, die seinen eigentlichen **Ursprungsort** darstellen. Der Austrittsort ist die Papilla (Discus) nervi optici (◘ Abb. 15.3), von der aus der Nerv den Canalis opticus durchquert und weiter zum Chiasma opticum verläuft. Aufgrund seiner Struktur und seiner Ontogenese muss der N. opticus als eine zentrale Bahn betrachtet werden. Er ist daher kein peripherer Nerv wie die Nn. III–XII. Im Detail betrachtet bündeln sich die Axone der retinalen Ganglienzellen, die zum N. opticus zusammentreten, im Bereich der Papille, passieren die Lamina cribrosa der Papille (*Lamina cribrosa sclerae*) und treten medial des hinteren Pols des *Bulbus oculi* als Faserbündel aus. Nach Verlassen des Bulbus oculi werden die Fasern von einer von Oligodendrozyten gebildeten Myelinscheide umhüllt. Das Faserbündel selbst ist von Meningen (derbe Dura mater, Arachnoidea und Pia mater) umgeben, da es sich beim Sehnerven – wie bereits erwähnt – um eine zentrale Bahn des ZNS handelt.

Während seines intraorbitalen Verlaufs ist der Nerv umgeben von Bindegewebe, in das Fettzellen eingelagert sind (retrobulbärer Fettkörper; ◘ Abb. 15.4) und steht in Kontakt

mit der *A. centralis retinae (Ast der A. ophthalmica)*, den orbitalen Nerven und ziliaren Gefäßen.

Anschließend durchläuft der N. opticus, umgeben von den äußeren Augenmuskeln, den *Anulus tendineus communis*, der von den Sehnen der äußeren Augenmuskeln gebildet wird, und erreicht den *Canalis opticus des Os sphenoidale*, den er auf ganzer Länge durchläuft. Er erreicht von hier aus im Schädelinneren das *Chiasma opticum* (◘ Abb. 15.4). Dort kreuzen Fasern der Nn. optici beider Seiten. Zum Verlauf und Kreuzungsverhalten der Sehbahn ► Kap. 14 sowie der klinischen Überprüfung des N. opticus ► Tab. 15.1.

15.1.3   N. III: N. oculomotorius

Der 3. Hirnnerv ist **rein motorisch** (somato- und allgemein viszeromotorisch)[3]. Die somatomorische Komponente versorgt alle äußeren Augenmuskeln mit Ausnahme des *M. rec-*

---

3   Die Hirnnerven III, IV und VI verfügen über eine allgemein propriozeptive Komponente, die Informationen über die Bewegungen der äußeren Augenmuskeln nach zentral übermitteln.

◘ Abb. 15.3 Austritt des N. opticus aus dem menschlichen Auge

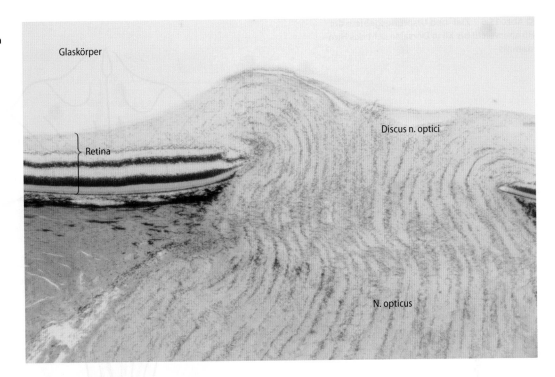

Glaskörper

Discus n. optici

Retina

N. opticus

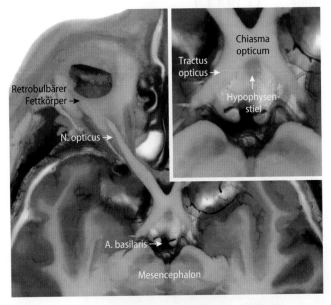

Chiasma opticum

Tractus opticus →

Hypophysen-stiel

Retrobulbärer Fettkörper →

N. opticus →

A. basilaris →

Mesencephalon

◘ Abb. 15.4 Horizontalschnitt durch den Kopf auf Höhe der Orbita durch den N. opticus. (Mit freundlicher Genehmigung der Anatomischen Sammlung der Universität zu Köln)

tus lateralis (N. abducens) und des *M. obliquus superior* (*N. trochlearis*), also die Mm. recti superior, inferior und medialis und M. obliquus inferior (◘ Abb. 15.5). Daneben innerviert der N. oculomotorius noch den *M. levator palpebrae superioris*. Die viszeromotorische Komponente erreicht das *Ggl. ciliare*.

Der **Austrittsort** des N. oculomotorius liegt zwischen den *Pedunculi cerebri* und kaudal der *Corpora mammillaria* (◘ Abb. 15.6). Der **somatische Ursprungskern** befindet sich im Mesencephalon ventral der Colliculi und des *Aqueductus mesencephali* (cerebri) nahe der Mittellinie.

Vom Ursprungskern verlaufen die Fasern des N. III nach ventral, wobei sie eine nach innen konkave Kurve beschreiben. Nach Passieren des *Fasciculus longitudinalis medialis*, des *Ncl. ruber* und anderer Bestandteile des tegmentalen Mesencephalon erscheinen sie in der medialen Furche (Fossa interpeduncularis) des *Crus (cerebri)*. Der somatische Oculomotoriuskern erhält Input von visuellen und auditorischen Bahnen für reflektorische Bewegungen sowie motorische Fasern vom Telencephalon und anderen Zentren, die die willkürlichen Augenbewegungen regulieren.

Die motorischen Hirnnervenkerne III, IV und VI, die alle äußeren Augenmuskeln innervieren, sind untereinander über den Fasciculus longitudinalis medialis verbunden.

Der **Ursprungsort** der **viszeromotorischen Komponente** befindet sich im *Ncl. oculomotorius accessorius* (Edinger-Westphal), mediodorsal des Hauptkerns gelegen. Die viszeromotorischen **präganglionären Fasern** verlaufen mit dem N. oculomotorius zum *Ggl. ciliare* (◘ Abb. 15.7), wo sie synaptische Kontakte ausbilden. Die postganglionären Fasern (*Nn. ciliares breves*) aus dem Ggl. ciliare erreichen den *M. sphincter pupillae* der Iris (-> Miosis) und den *M. ciliaris*. (-> Akkomodation; ▶ Tab. 15.1)

> **Bell-Phänomen**
> Das Bell-Phänomen bezeichnet die Rotation des Augapfels nach oben und außen während des Lidschlusses. Durch diesen physiologischen Schutzreflex versucht das Auge, die empfindliche Kornea zu schützen. Das Bell-Phänomen ist durch den Lidschluss normalerweise nicht sichtbar. Bei einem unvollständigen Lidschluss, z. B. im Rahmen einer Fazialisparese (s. u.), wird das Phänomen klinisch sichtbar.

■ **Abb. 15.5   Ziel- und Ursprungsgebiete der
Hirnnerven III bis XII in Dorsalansicht des Hirnstamms**

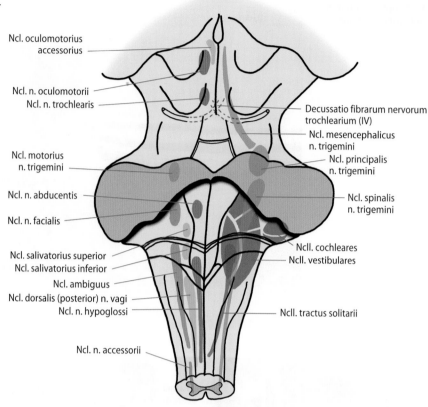

Ncl. oculomotorius
accessorius

Ncl. n. oculomotorii
Ncl. n. trochlearis

Ncl. motorius
n. trigemini

Ncl. n. abducentis

Ncl. n. facialis

Ncl. salivatorius superior
Ncl. salivatorius inferior

Ncl. ambiguus
Ncl. dorsalis (posterior) n. vagi
Ncl. n. hypoglossi

Ncl. n. accessorii

Decussatio fibrarum nervorum
trochlearium (IV)
Ncl. mesencephalicus
n. trigemini
Ncl. principalis
n. trigemini

Ncl. spinalis
n. trigemini

Ncll. cochleares
Ncll. vestibulares

Ncll. tractus solitarii

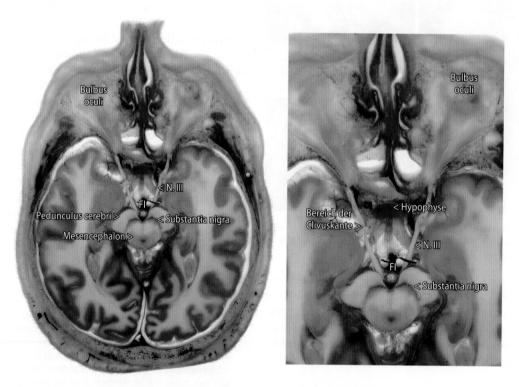

Bulbus
oculi

< N. III
FI
Pedunculus cerebri >
Mesencephalon >   < Substantia nigra

Bulbus
oculi

Bereich der
Clivuskante >

< Hypophyse

< N. III
FI
< Substantia nigra

■ **Abb. 15.6   Horizontalschnitt durch den Kopf auf Höhe der Orbita und des Mesencephalons** (FI, Fossa interpeduncularis). (Mit freundlicher
Genehmigung der Anatomischen Sammlung der Universität zu Köln)

15

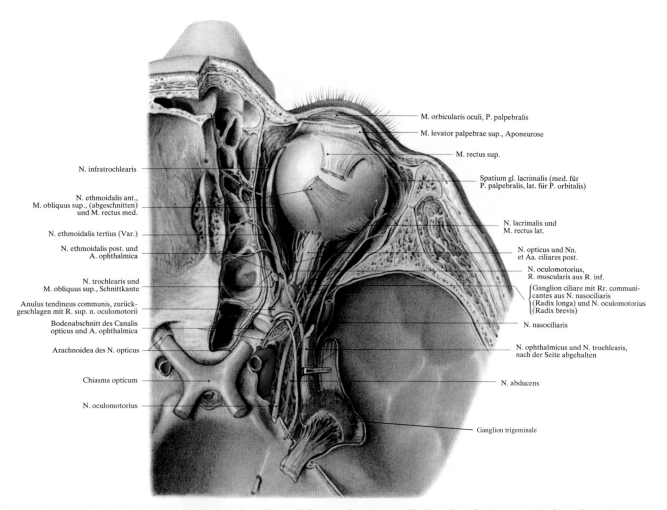

M. orbicularis oculi, P. palpebralis

M. levator palpebrae sup., Aponeurose

M. rectus sup.

Spatium gl. lacrimalis (med. für
P. palpebralis, lat. für P. orbitalis)

N. lacrimalis und
M. rectus lat.

N. opticus und Nn.
et Aa. ciliares post.

N. oculomotorius,
R. muscularis aus R. inf.

Ganglion ciliare mit Rr. communi-
cantes aus N. nasociliaris
(Radix longa) und N. oculomotorius
(Radix brevis)

N. nasociliaris

N. ophthalmicus und N. trochlearis,
nach der Seite abgehalten

N. abducens

Ganglion trigeminale

N. infratrochlearis

N. ethmoidalis ant.,
M. obliquus sup., (abgeschnitten)
und M. rectus med.

N. ethmoidalis tertius (Var.)

N. ethmoidalis post. und
A. ophthalmica

N. trochlearis und
M. obliquus sup., Schnittkante

Anulus tendineus communis, zurück-
geschlagen mit R. sup. n. oculomotorii

Bodenabschnitt des Canalis
opticus und A. ophthalmica

Arachnoidea des N. opticus

Chiasma opticum

N. oculomotorius

◘ **Abb. 15.7**   Darstellung des Ganglion ciliare in der Orbita und des Ganglion trigeminale. Dorsalansicht. (Aus Lenz, Wachsmuth 2004)

15.1.4 N. IV: N. trochlearis

Der IV. Hirnnerv, der dünnste aller Hirnnerven, ist ein **rein somatischer Nerv**, der den *M. obliquus superior* versorgt (◘ Abb. 15.5 und ◘ Abb. 15.7). Er ist der einzige Hirnnerv, der den Hirnstamm dorsal verlässt. Er entspringt kaudal der *Colliculi inferiores* mit 2 oder 3 Wurzeln.

Der **Ursprungskern** des N. trochlearis liegt im mesenzephalen Tegmentum kaudal des *Ncl. n. oculomotorii* und ventrolateral des *Aqueductus mesencephali*. Vom Ursprungskern wenden sich die Fasern nach dorsomedial, bilden eine nach innen konkave Kurve, kreuzen im Inneren des Hirnstamms auf die Gegenseite und erscheinen dann unterhalb der *Colliculi inferiores*, seitlich des *Velum medullare superius* an der Gehirnoberfläche. Wie der Okkulomotoriuskern erhält auch der Trochleariskern Zuflüsse von visuellen und auditorischen Bahnen.

15.1.5 N. V: N. trigeminus

Der *N. trigeminus* ist nach dem *N. vagus* der vom Versorgungsgebiet her ausgedehnteste aller Hirnnerven und ein ge-

mischter Nerv. Er ist für die **Sensibilität** des überwiegenden Teils des Kopfes zuständig und versorgt **motorisch** die Kaumuskulatur.

Der **Ursprungsort** der allgemein somatosensiblen Komponente ist das *Ggl. trigeminale* (semilunare, früher auch *Ggl. Gasseri* genannt) (◘ Abb. 15.2, ◘ Abb. 15.7, ◘ Abb. 15.8,). Die Neurone des Ganglions haben, analog zu denen der Spinalganglien, einen T-förmigen Fortsatz, dessen zentrifugaler Anteil sich in mehrere periphere Äste aufzweigt. Der zentripetale Ast verläuft zum Hirnstamm und bildet damit die sensible Wurzel. Die Fasern der sensiblen Wurzel erreichen in der Brücke den *Ncl. principalis n. trigemini (Ncl. pontinus n. trigemini)*, der sich nach kaudal in den *Ncl. spinalis n. trigemini* fortsetzt. Dieser entspricht zytoarchitektonisch den Laminae I–IV des Hinterhorns des Rückenmarks. Weitere sensible Fasern des N. trigeminus zu den Muskelspindeln der Kaumuskulatur entspringen direkt im *Ncl. mesencephalicus n. trigemini*, d. h. sie durchziehen das Ggl. trigeminale, ohne dort ihr Neuron 1. Ordnung zu haben. Dieser repräsentiert daher **den Ursprungsort** der somatosensiblen Komponente für die Muskelspindeln (und die periodontalen Ligamente der dentalen Alveolen) und ist somit das funktionelle Äquivalent eines sensiblen Ganglions, das im Inneren des Gehirns ver-

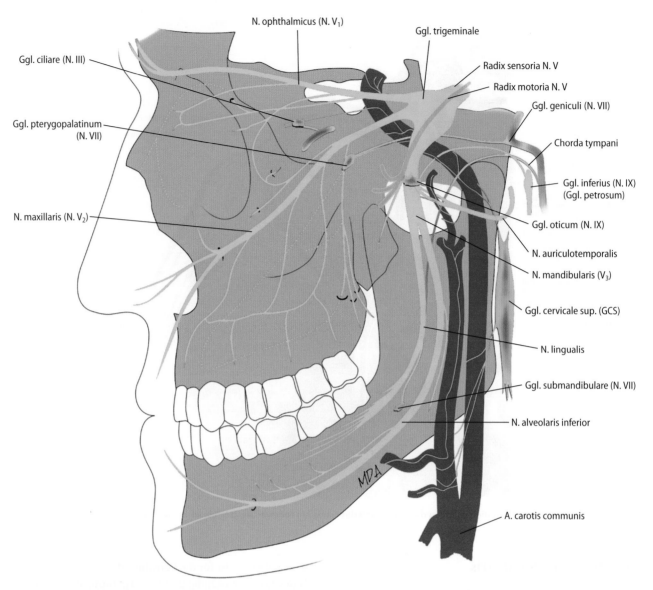

□ Abb. 15.8   Versorgungsgebiete des N. trigeminus und der viszeromotorischen Efferenzen im Kopfbereich

bleibt. Zu diesem Kern/„Ganglion" gelangen die Informationen über den Dehnungszustand der Kaumuskeln.

Der **Ursprungsort** der motorischen Komponente ist der *Ncl. motorius n. trigemini*, der medial des *Ncl. principalis n. trigemini* liegt.

Der **Austrittsort** des N. trigeminus liegt an der lateroventralen Seite der Brücke, dort wo sich die Brücke verjüngt, um sich in den mittleren Kleinhirnstiel fortzusetzen. Der Nerv (□ Abb. 15.2, □ Abb. 15.8) besteht aus 2 unterschiedlich großen Wurzeln, der großen sensiblen Wurzel und der relativ kleinen motorischen Wurzel. Die *Radix sensoria* (oder major) besteht aus einer großen Anzahl von Faserbündeln. Die Wurzel ist ein kurzes, breites und abgeflachtes sehr robustes Band. Die sensiblen Faserbündel laufen im *Ggl. trigeminale* zusammen, das flächig ausgedehnt und von grau-gelblicher Farbe in einer Tasche der Arachnoidea (*Cavum trigeminale*) innerhalb des *Os petrosum* liegt.

Die *Radix motoria* (oder Radix minor) ist ein kleines Faserbündel, das lateroventral der Radix sensoria unter ihr hindurchläuft. Entlang des unteren Randes des Ggl. trigeminale zieht die Wurzel direkt in den *N. mandibularis*. Die beiden Wurzeln verlaufen nach Verlassen der Brücke schräg nach vorne, unten und zur Seite.

Aus dem Ggl. trigeminale entspringen die 3 großen Äste, von denen der *N. ophthalmicus* und der *N. maxillaris* ein kurzes Stück gemeinsam verlaufen, während der *N. mandibularis* direkt durch das Foramen ovale den Schädel verlässt. Jeder dieser 3 Nerven gibt Äste für die Versorgung der Meningen ab. Dem Ganglion entspringen außerdem Äste für die Versorgung der Kopfgefäße.

— Der *N. ophthalmicus* ist der kleinste der 3 Äste. Er versorgt die Orbita und die Stirn sensibel.

— Der *N. maxillaris* ist ein großer Nervenstrang, der den oberen lateralen Anteil des Gesichts versorgt.

— Der *N. mandibularis*, der stärkste der 3 trigeminalen Äste, wird gebildet aus der Vereinigung zweier Wurzeln, einer sensiblen aus dem Ggl. trigeminale und einer motorischen direkt aus der Brücke (s. o.). Er versorgt sensibel den unteren lateralen Teil des Gesichts und motorisch die Kaumuskulatur.

In klinischer Hinsicht ist es wichtig, die Versorgungsgebiete der 3 großen Trigeminusäste (Trigeminusneuralgie, ▶ Tab. 15.1) zu kennen. Der N. trigeminus ist darüber hinaus mit seiner somatomotorischen Komponente verantwortlich für die **aktive Kaubewegung**. Diese Aktivität wird über propriozeptive Informationen gesteuert, die die Muskelspindeln und die periodontalen Ligamente zum *Ncl. motorius n. trigemini* senden, der als Generator motorischer Impulse fungiert. In diesem Kern laufen taktile Informationen über die Präsenz von Speisen in der Mundhöhle, die vom *Ncl. principalis* stammen, und nociceptive Informationen aus dem *Ncl. spinalis n. trigemini* zusammen.

15.1.6   N. VI: N. abducens

Der *N. abducens*, rein **somatomotorisch**, innerviert den M. rectus lateralis des Auges (◘ Abb. 15.5, ◘ Abb. 15.7). Der **Ursprungsort** ist der gleichnamige Kern (*Ncl. n. abducentis*) im Hirnstamm, während der **Austrittsort** sich kranial der Pyramiden auf Höhe des Sulcus bulbopontinus befindet. Der Ursprungsort wird umgeben von Fasern des *N. facialis* (*Genu n. facialis*). Diese dorsale Schleife des N. facialis ist als sog. *Colliculus facialis* im Boden des IV. Ventrikels (= Rautengrube) erkennbar. Danach wenden sich die Fasern des N. abducens nach seitlich und ventral, ziehen durch das *Corpus trapezoideum* hindurch, um die ventrale Oberfläche der Medulla oblongata zu erreichen. Der *Ncl. n. abducentis* erhält Input aus verschiedenen visuellen und auditorischen Kerngebieten.

Der Name *abducens* (abducere = wegführen) leitet sich von der Wirkung des Nervens auf den *M. rectus lateralis* her, dessen Kontraktion zu einer Bewegung des Bulbus oculi nach lateral führt. Bei Ausfall der Abduzenswirkung überwiegt die Wirkung des *M. rectus medialis*, was zur Abweichung der Bulbusachse führt (Strabismus). Bei Bewegung der Augen in Richtung des betroffenen Muskels führt dies zum Verharren des betroffenen Bulbus in der Mittellinie (▶ Tab. 15.1).

15.1.7   N. VII: N. facialis

Der *N. facialis* (oder früher auch intermediofacialis) ist neben dem N. vagus einer der komplexesten Hirnnerven. Er ist in erster Linie ein branchiomotorischer Nerv, der aber auch eine allgemein viszeromotorische (parasympathische) Komponente besitzt. Die Vielfalt der Funktionen der Nerven kommt durch das Hinzutreten des *N. intermedius* zustande, der viszeromotorische und -sensible Anteile führt.

Die branchialmotorische Komponente des N. facialis innerviert die mimische Muskulatur (◘ Abb. 15.9, ◘ Abb. 15.10), den hinteren Bauch des *M. digastricus*, den *M. stylohoideus*, das Platysma und den *M. stapedius*. Die viszeromotorische Komponente kontrolliert die Sekretion der Tränendrüsen

(*Gld. lacrimalis*), der Speicheldrüsen (*Glandulae submandibularis et sublingualis*, jedoch nicht der *Gld. parotis*, s. N. IX) und der Nasenschleimhaut.

Die **viszerosensible Komponente** versorgt die Geschmacksrezeptoren in der Schleimhaut der Zunge (vordere 2/3 der Zunge), die sehr kleine somatosensible Komponente einen Teil der Ohrmuschel.

Die Verbindungen der motorischen Fazialisanteile mit den korrespondierenden kortikalen Arealen, und wahrscheinlich dem limbischen System, erklären die Beziehung zwischen emotionalem Status und Gesichtsausdruck.

Der **Ursprungsort** des N. facialis befindet sich im Kleinhirnbrückenwinkel (◘ Abb. 15.11). Es gibt 2 Wurzeln: Eine motorische Wurzel, die den N. facialis im eigentlichen Sinne repräsentiert und den sog. N. intermedius, der (makroskopisch vom N. facialis schwer abtrennbar) zwischen dem N. facialis und dem *N. vestibulocochlearis* liegt.

Die **somatomotorische Komponente** des N. facialis hat ihren Ursprungsort im *Ncl. n. facialis* im pontinen Tegmentum, kaudal des *Ncl. motorius n. trigemini*. Die Fasern des N. facialis verlaufen nach dorsal zum Abduzenskern und umgeben ihn dorsal in Form einer Schleife (*Genu n. facialis*), die als *Colliculus facialis* im Boden des IV. Ventrikels zu sehen ist. Sie wenden sich dann nach ventrolateral, um lateral des *Corpus trapezoideum* an der Oberfläche zu erscheinen.

Die **viszeromotorische Komponente** besteht aus präganglionären parasympathischen Fasern die aus dem *Ncl. salivatorius superior*[4] hervorgehen und zum *Ggl. pterygopalatinum* ziehen (◘ Abb. 15.82, ◘ Abb. 15.8, ◘ Abb. 15.10). Die postganglionären Neurone dieses Ganglions verlaufen zu den Tränendrüsen und den Schleimhautdrüsen von Nase und Gaumen.

Die **sensible Komponente** des N. intermedius hat ihren **Ursprungsort** im Ggl. geniculi (◘ Abb. 15.8, ◘ Abb. 15.8,), das als kleine Anschwellung im Verlauf des N. facialis im *Canalis n. facialis* des Felsenbeins liegt. Dieser Kanal verläuft nicht gerade, sondern bildet einen Bogen (äußeres Knie des N. facialis (*Geniculum*)), in dem sich das *Ganglion geniculi* befindet – daher auch der Name (genu = Knie). Das Ganglion enthält sensible pseudounipolare Neurone, deren zentrale Fortsätze den *Ncl. tractus solitarii* erreichen, in dem auch entsprechende Fasern des *N. glossopharyngeus* und des *N. vagus* ankommen. Die peripheren Fortsätze erreichen die Geschmacksknospen des Gaumens mit dem *N. petrosus major* und die vorderen 2/3 der Zunge mit der *Chorda tympani*. (◘ Abb. 15.8, ◘ Abb. 15.8). Einige Fasern, die eine kleine somatosensible Komponente darstellen, verlaufen zur Haut des äußeren Gehörgangs. Die präganglionären parasympathischen Fasern, die die **viszeromotorische Komponente** darstellen, entspringen aus dem *Ncl. salivatorius superior*. Diese Fasern wenden sich zum *Ggl. submandibulare* (◘ Abb. 15.8, ◘ Abb. 15.12), von dem postganglionäre Fasern für die *Glandulae submandibularis et sublingualis* abgehen.

---

4   Eine Unterscheidung in einen Ncl. salivatorius superior und inferior ist rein theoretisch, da die salvatorischen Neurone beim Menschen keine klassischen Nuclei bilden.

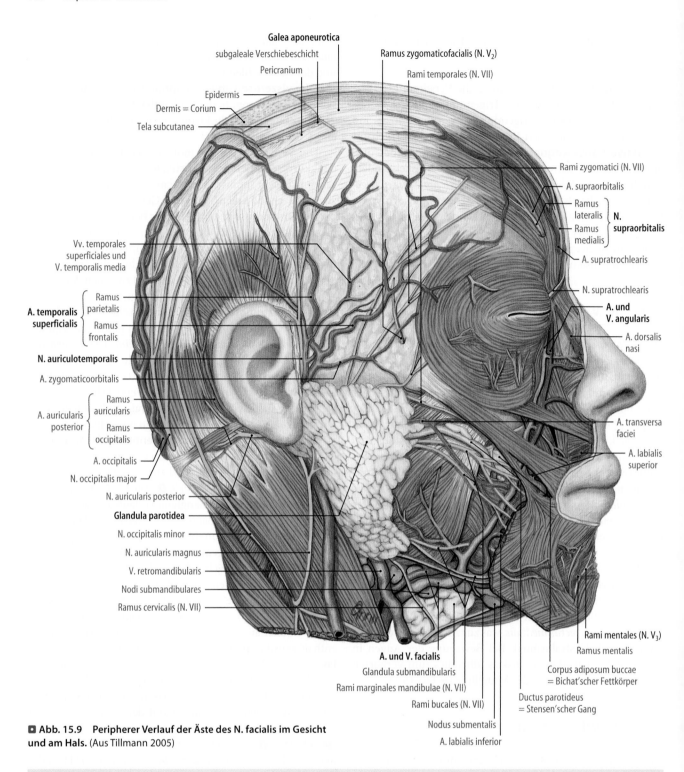

Abb. 15.9   Peripherer Verlauf der Äste des N. facialis im Gesicht und am Hals. (Aus Tillmann 2005)

Fazialisparese

Eine einseitige Parese des N. facialis zieht eine charakteristische Asymmetrie der Gesichtsmimik nach sich (▶ Tab. 15.1). Bei einer **peripheren Fazialisparese** (betroffen ist das Kerngebiet oder distal davon der N. facialis in seinem Verlauf) sind typisch auf der befallenen Seite:

— Herabhängender Mundwinkel
— Abgeschwächtes oder aufgehobenes Stirnrunzeln

— Inkompletter oder aufgehobener Lidschluss (Bell-Phänomen, s. o.)

Da der N. facialis auch sensorische Fasern von der Zunge erhält (*Chorda tympani*), können auch Geschmacksstörungen auftreten sowie eine Beeinträchtigung der Tränendrüsensekretion aufgrund des Ausfalls der visceromotorischen Fasern (*N. petrosus major*).

Bei der **zentralen Fazialisparese** (supranukleäre Läsion; betroffen sind der motorische Kortex oder die kortikonukleären Fasern in ihrem Verlauf zum *Ncl. n. facialis*) ist der Patient fähig, die Stirn normal zu runzeln. Der Grund dafür liegt in der bilateralen Innervation des Ncl. n. facialis für die Versorgung der Stirnmuskeln (Wangen-, Nasen- und Kinnmuskeln werden nur von kontralateral innerviert).

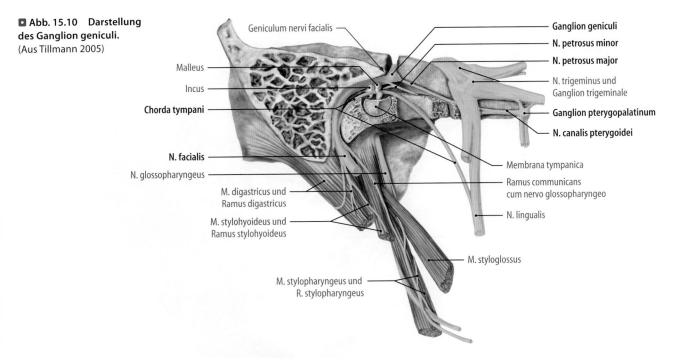

◘ **Abb. 15.10 Darstellung des Ganglion geniculi.** (Aus Tillmann 2005)

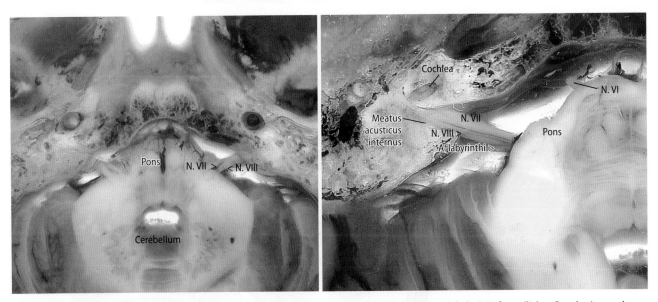

◘ **Abb. 15.11   Horizontalschnitt durch den Kopf auf Höhe der Pons und des Kleinhirnbrückenwinkels.** (Mit freundlicher Genehmigung der Anatomischen Sammlung der Universität zu Köln)

15.1.8 N. VIII: N. vestibulocochlearis

Der *N. vestibulocochlearis* wird von 2 unterschiedlichen Komponenten, eine für das Gehör (*N. cochlearis*) und eine für das Gleichgewicht (*N. vestibularis*) gebildet. Diese Komponenten entsprechen 2 Nerven, die sich am Eingang in den *Meatus acusticus internus* vereinigen und als ein Nerv erscheinen.

Der N. vestibulocochlearis hat seinen **Ursprungsort** an der Seite des Hirnstamms im Bereich des Kleinhirnbrückenwinkels in unmittelbarer Nähe des N. facialis.

Der N. vestibularis enthält Fasern, die Informationen aus dem vestibulären Anteil des häutigen Labyrinths übertragen. Er hat seinen Ursprungsort im *Ggl. vestibulare* (◘ Abb. 15.13).

Dieses Ganglion, gelegen im Innenohr, besteht aus bipolaren Neuronen, deren periphere Fortsätze zu den Haarzellen der Macula, des Utriculus und des Sacculus und zu den Crista-organen der Bogengänge ziehen (◘ Abb. 15.14). Die zentralen Fortsätze erreichen die Medulla oblongata, wobei sie zusammen im Bereich des kranialen *Corpus trapezoideum* den N. vestibularis bilden. Von dort verlaufen die Fasern nach dorsal und erreichen den Boden des IV. Ventrikels, wo die Fasern in den *Nuclei vestibulares (superior [Bechterew], lateralis [Deiters], medialis [Schwalbe], und inferior (spinalis)[Roller])* enden. Die Vestibulariskerne haben zahlreiche Verbindungen mit anderen Teilen des ZNS, insbesondere mit dem Rückenmark (über die *Tractus vestibulospinales*), dem Cerebellum

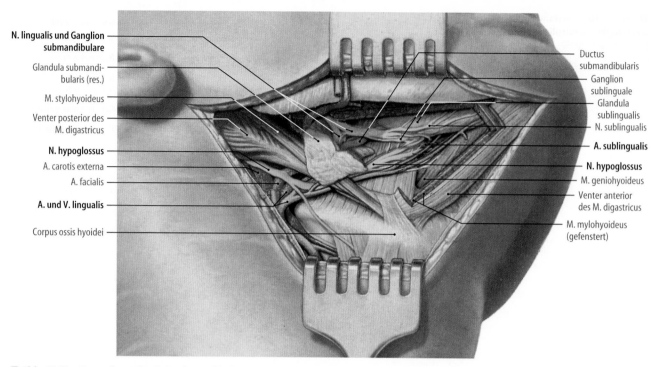

N. lingualis und Ganglion submandibulare

Glandula submandibularis (res.)

M. stylohyoideus

Venter posterior des M. digastricus

N. hypoglossus

A. carotis externa

A. facialis

A. und V. lingualis

Corpus ossis hyoidei

Ductus submandibularis

Ganglion sublinguale

Glandula sublingualis

N. sublingualis

A. sublingualis

N. hypoglossus

M. geniohyoideus

Venter anterior des M. digastricus

M. mylohyoideus (gefenstert)

■ **Abb. 15.12   Darstellung des Ggl. submandibulare in Beziehung zum N. lingualis und N. hypoglossus.** (Aus Tillmann 2005)

■ **Abb. 15.13   Schematische Darstellung der Organe des Gleichgewichtssinns mit zugehörigem Ganglion sowie der Cochlea mit dem N. cochlearis**

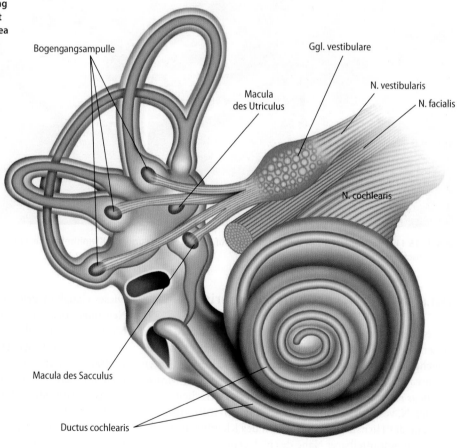

Bogengangsampulle

Macula des Utriculus

Ggl. vestibulare

N. vestibularis

N. facialis

N. cochlearis

Macula des Sacculus

Ductus cochlearis

15

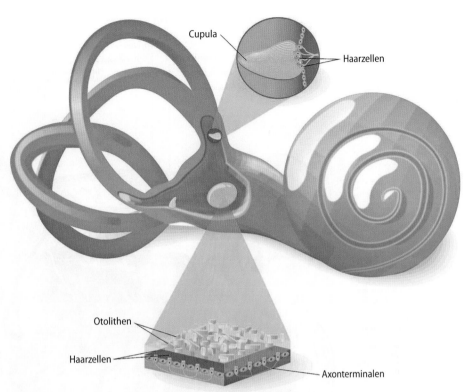

◧ Abb. 15.14 Schematische Darstellung des häutigen Labyrinths und seiner Komponenten. Im Detail sind gezeigt oben der Ampullenbereich eines Bogenganges (Canalis semicircularis) für das dynamische Gleichgewicht. Die untere Zeichnung zeigt einen Ausschnitt aus dem Maculabereich des Utriculus für das statische Gleichgewicht

und den okkulomotorischen Kerngebieten. In ihrer Gesamtheit regulieren letztere Verbindungen die synchrone Bewegung beider Augen, um den auf ein Ziel gerichteten Blick auch während der Bewegungen des Kopfes zu garantieren.

Der N. cochlearis fasst die Informationen aus der Cochlea (dem Corti-Organ) zusammen. Der **Ursprungsort** des N. cochlearis ist das *Ggl. cochleare* (▸ Abb. 14.8), auch *Ggl. spirale* genannt. Die bipolaren Neurone dieses Ganglions senden periphere Fasern zu den Haarzellen des Innenohrs, die zentralen Fasern bilden den *N. cochlearis* des N. VIII (▸ Abb. 14.7, Abb. 14.9). Nach dem Eintritt in den Hirnstamm verlaufen die Fasern nach rostral, wobei sie den *Pedunculus cerebellaris inferior* umgeben und in den *Ncll. cochleares posteriores und anteriores* enden. Von diesen entspringen Fasern, die ipsi- und kontralateral zum *Complexus olivaris superior* ziehen. Diese Fasern, die das *Corpus trapezoideum* bilden, verlaufen über den *Lemniscus lateralis* zu den *Colliculi inferiores* und von dort zum *Corpus geniculatum mediale*. Von diesem aus ziehen die Fasern durch die *Capsula interna* zur primären Hörrinde im *Lobus temporalis*. (▸ Kap. 14)

15.1.9 N. IX: N. glossopharyngeus

Der *N. glossopharyngeus* ist ein gemischter Nerv, der v.a. für die Versorgung der hinteren Zungenanteile und des Pharynx verantwortlich ist (◧ Abb. 15.10, 15.15). Seine **somatosensible Komponente** versorgt die Ohrmuschel, die Tuba auditiva und teilweise den Pharynx (▸ Tab. 15.1). Die **viszerosen-sible Komponente** umfasst Fasern von der Schleimhaut des hinteren Zungendrittels, vom Glomus caroticum und vom Sinus caroticus.

Die **branchiomotorische Komponente** innerviert die Pharynxmuskeln und jene des weichen Gaumens. Die **viszeromotorischen** Fasern sind für die Innervation der *Gld. parotis* bestimmt.

Der N. glossopharyngeus hat seinen **Austrittsort** in der *Medulla oblongata* direkt kaudal des N. vestibulocochlearis im *Sulcus posterolateralis* mit ca. zehn einzelnen Wurzeln.

Der **Ursprungsort** der **somatosensiblen Fasern** liegt im kleinen *Ggl. superius*, während die viszerosensiblen aus dem größeren *Ggl. inferius [Ggl. petrosum])* stammen (◧ Abb. 15.8). Die zentripetale Verlängerung der pseudounipolaren Neurone dieser Ganglien verläuft nach oben und erreicht nach Eintritt in die Medulla oblongata den *Ncl. tractus solitarii* (Fasern von den Geschmacksknospen der Zunge und des Gaumens sowie Afferenzen vom Glomus caroticum) und den *Ncl. commissuralis* (Fasern vom Oropharynx; s. N. X). Der Ncl. tractus solitarii nimmt das Tegmentum der Medulla oblongata ein, lateral des *Ncl. dorsalis (posterior) n. vagi*. Einige Fasern, die innerhalb der sensiblen Wurzel verlaufen, sind Abkömmlinge des *N. tympanicus*, und enden im *Ncl. spinalis n. trigemini*. Die **somatomotorischen Fasern** entspringen im *Ncl. ambiguus*, der in der Tiefe der *Substantia grisea* der *Medulla oblongata* liegt. Der Großteil der **viszeromotorischen Fasern** entspringt im *Ncl. salivatorius inferior*. Von dort steigen sie auf und bilden eine Kurve (oder Knie, analog dem inneren Fazialisknie), um sich der sensiblen Wurzel anzuschließen und das *Ggl. oticum* zu erreichen (◧ Abb. 15.2,

Nn. craniales

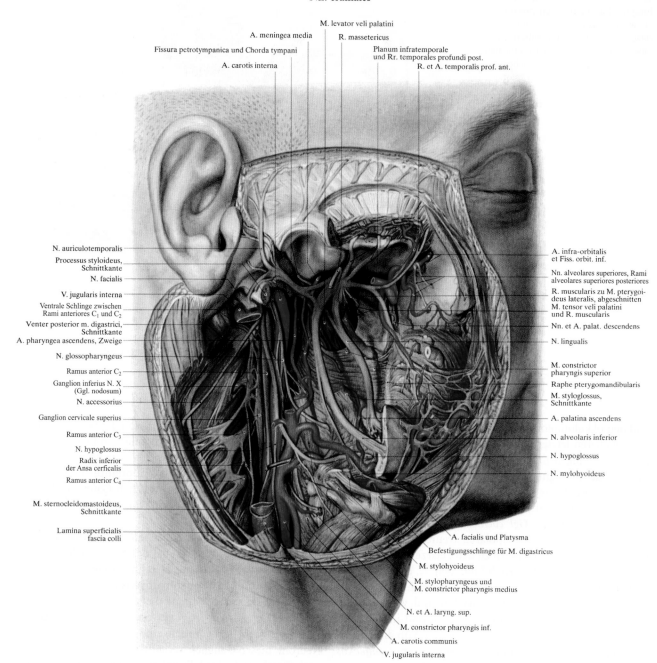

M. levator veli palatini
A. meningea media
R. massetericus
Fissura petrotympanica und Chorda tympani
Planum infratemporale
und Rr. temporales profundi post.
A. carotis interna
R. et A. temporalis prof. ant.

N. auriculotemporalis
Processus styloideus, Schnittkante
N. facialis
V. jugularis interna
Ventrale Schlinge zwischen Rami anteriores C₁ und C₂
Venter posterior m. digastrici, Schnittkante
A. pharyngea ascendens, Zweige
N. glossopharyngeus
Ramus anterior C₂
Ganglion inferius N. X (Ggl. nodosum)
N. accessorius
Ganglion cervicale superius
Ramus anterior C₃
N. hypoglossus
Radix inferior der Ansa cerficalis
Ramus anterior C₄
M. sternocleidomastoideus, Schnittkante
Lamina superficialis fascia colli

A. infra-orbitalis et Fiss. orbit. inf.
Nn. alveolares superiores, Rami alveolares superiores posteriores
R. muscularis zu M. pterygoideus lateralis, abgeschnitten
M. tensor veli palatini und R. muscularis
Nn. et A. palat. descendens
N. lingualis
M. constrictor pharyngis superior
Raphe pterygomandibularis
M. styloglossus, Schnittkante
A. palatina ascendens
N. alveolaris inferior
N. hypoglossus
N. mylohyoideus
A. facialis und Platysma
Befestigungsschlinge für M. digastricus
M. stylohyoideus
M. stylopharyngeus und M. constrictor pharyngis medius
N. et A. laryng. sup.
M. constrictor pharyngis inf.
A. carotis communis
V. jugularis interna

◘ **Abb. 15.15   Darstellung des Versorgungsgebietes des N. mandibularis aus dem N. trigeminus und der Nn. glossopharnygeus, vagus und hypoglossus** im Kopf- und Halsbereich. (Aus Lanz, Wachsmuth 2004)

◘ Abb. 15.8). Der präganglionäre Weg (Ncl. salivatorius inferior → N. tympanicus → Ganglion oticum) wird auch *Jacobson-Anastomose* genannt. Von diesem Ganglion verlaufen die postganglionären Fasern mit dem *N. auriculotemporalis* (N. V/3; ◘ Abb. 15.8) und *Plexus intraparotideus* (N. VII) zur Gld. parotis.

15.1.10 N. X: N. vagus

Der *N. vagus* ist ein **gemischter Nerv.** Er ist der Hirnnerv mit der längsten Verlaufsstrecke und dem größten Innervationsgebiet. Er innerviert nicht nur Organe im Kopf-Hals-Bereich, sondern auch im Thorax und Abdomen, wie das Herz, die Lungen und den größten Teil des Gastrointestinaltraktes.

Der N. vagus verfügt über eine **somatosensible Komponente** für Teile des Ohrs, eine **allgemein viszeromotorische**

Komponente für den Larynx, den Pharynx und die Organe der großen Körperhöhlen, eine **viszerosensible Komponente** für die Geschmacksknospen der Epiglottis, eine **viszeromotorische Komponente** für die thorakalen und abdominalen Organe und eine **branchiomotorische (somatische) Komponente** für die Muskeln von Pharynx und Larynx (▶ Tab. 15.1).

Der **Austrittsort** befindet sich am seitlichen Rand der Medulla oblongata im *Sulcus posterolateralis*. Der N. vagus tritt mit einer variablen Zahl von Wurzeln aus, die zusammen mit denjenigen der 2 angrenzenden Nerven (N. IX und N. XI) eine durchgehende Linie auf den Seiten der Medulla oblongata bilden. Nach sehr kurzem Verlauf vereinigen sich die Wurzeln miteinander und bilden so den Stamm des N. vagus.

Die somatosensible Komponente, hat ihren **Ursprungsort** im *Ggl. superius [Ggl. jugulare]*. Die peripheren Ausläufer dieses Ganglions verteilen sich in der Haut der Ohrmuschel und im äußeren Gehörgang, die zentralen Fortsätze verlaufen zum *Ncl. spinalis n. trigemini*.

Die viszerosensible Komponente mit der gleichnamigen Wurzel entspringt im *Ggl. inferius [Ggl. nodosum]* (▶ Abb. 15.15). Die zentralen Fortsätze des Ganglions treten als Teil der entsprechenden Wurzeln des N. vagus in den Hirnstamm ein und enden, wie die viszerosensible Wurzel des N. glossopharyngeus, im *Ncl. tractus solitarii*. Im Detail betrachtet erreichen die Fasern von den Geschmacksknospen die *gustatorischen* Anteile, jene vom Aortenbogen die **barorezeptiven** Areale und die Fasern aus den großen Körperhöhlen enden im *Ncl. commissuralis* des Ncl. tractus solitarius. Der Ncl. tractus solitarii zeigt eine anatomisch einzigartige Struktur: Die Kerne beider Seiten bilden ein „V" mit der Spitze nach kaudal, wo sie über den *Ncl. commissuralis* miteinander über die Mittellinie verbunden sind. Über diesen Nucleus kreuzen v.a. afferente Axone des N. X, um kontralateral aufzusteigen.

Die Fasern, die die **somatomotorische Wurzel** bilden, haben ihren **Ursprungsort** – ebenso wie des N. glossopharyngeus – im *Ncl. ambiguus*. Von hier gehen die **branchiomotorischen Fasern** für Pharynx und Larynx ab. Die präganglionären parasympathischen **viszeromotorischen Fasern** für die thorakalen und abdominalen Organe sowie die mukösen Drüsen von Larynx und Pharynx haben ihren Ursprung im *Ncl. dorsalis n. vagi*.

Die komplexen Interaktionen zwischen den Neuronen des Ncl. ambiguus und denen des Ncl. tractus solitarii dienen der Regulation zahlreicher vitaler Funktionen wie Atmung, Herzfrequenz und Blutdruck.

15.1.11 N. XI: N. accessorius

Der *N. accessorius* ist ein Nerv mit somatomotorischen und branchiomotorischen Anteilen. Er hat 2 Ursprungsorte, einen in der Medulla oblongata (*Radix cranialis*) und einen eine im zervikalen Rückenmark (*Radix spinalis*) und gibt 2 Äste ab. Der **eigentliche N. accessorius** innerviert die *Mm. sternoclei-*

domastoideus et trapezius (▶ Abb. 15.15), während der andere Anteil, der N. accessorius des N. vagus, sich mit dem N. vagus vereinigt[5]. Die Fasern der Radix cranialis haben ihren Ursprung im unteren Anteil des *Ncl. ambiguus*, von dem auch die motorischen Anteile des N. glossopharyngeus und des N. vagus ausgehen. Die von hier ausgehenden Fasern des N. accessorius verlaufen nach kaudoventral, um an den Seiten der Medulla oblongata im *Sulcus posterolateralis* kaudal des N. vagus zu erscheinen. Die Fasern der *Radix spinalis* haben **ihren Ursprung** in den Motoneuronen der Vorderhörner des oberen Zervikalmarks (Ncl. n. accessorii). Sie wenden sich zunächst nach lateral, dann nach kranial um den *Funiculus lateralis* zu durchziehen und den *Sulcus posterolateralis* zu erreichen, in dem sie das ZNS verlassen.

15.1.12 N. XII: N. hypoglossus

Der *N. hypoglossus* (▶ Abb. 15.12, ▶ Abb. 15.15) ist ein **somatomotorischer Nerv** zur Versorgung der äußeren Zungenmuskeln (*Mm. genioglossus, styloglossus und hyoglossus*) sowie der intrinsischen Muskeln der Zunge (▶ Tab. 15.1). Sein **Austrittsort** liegt an der Ventralfläche der Medulla oblongata im *Sulcus anterolateralis* mit etwa 10 einzelnen Wurzeln ventral der vorangehend behandelten Hirnnerven. Der **Ursprungsort** ist der *Ncl. n. hypoglossi*, eine Fortsetzung der Vorderhörner des Rückenmarks. Der Hauptkern, der sich über einen großen Teil der Medulla oblongata nach rostral erstreckt, liegt direkt lateral der Mittellinie (paramedian) und stellt daher ein Kontinuum mit dem Kern der Gegenseite dar. Vom Hauptkern ziehen die Axone nach ventrolateral bis sie ihre Austrittstelle im Sulcus anterolateralis erreichen.

Kortikale und limbische Afferenzen erreichen den Hypoglossuskern indirekt über die Formatio reticularis. In direkter Verbindung steht er nur mit kortikonukleäre Bahnen. Afferenzen aus der Mundhöhle, der Kaumuskulatur sowie der Zunge erhält er ebenfalls indirekt von den sensorischen Trigeminuskernen und dem Ncl. tractus solitarii.

> **Hypoglossusparese**
> Eine Läsion des N. hypoglossus führt zur Lähmung der gleichseitigen Zungenmuskulatur. Beim Herausstrecken der Zunge zeigt die Zungenspitze des Patienten zur erkrankten Seite, weil der Tonus der Zungenstreckmuskeln auf der gesunden Seite überwiegt. Zusätzlich haben die Patienten Sprech- und Schluckstörungen.

---

5 Der elfte Hirnnerv wird N. accessorius genannt, weil er teilweise mit dem N. vagus zusammen verläuft. In Wirklichkeit ist es aber so, dass die Radix cranialis des N. accessorius von vagalen Fasern gebildet wird, die einen anderen Verlauf haben als der Großteil der vagalen Fasern. Der N. accessorius sollte deshalb besser als N. accessorius spinalis bezeichnet werden.

15

Ein 40-jähriger Bauarbeiter war akut auf der Baustelle ca. 3 m tief mit dem Kopf voran in eine Grube gestürzt. Als seine Kollegen ihn bargen, war er leicht eingetrübt, aber ansprechbar und zu Ort und Zeit orientiert. Über die nächsten Minuten, währenddessen auch der Notarzt eingetroffen war, klarte der Patient weiter auf. Danach kam es jedoch zu einer erneuten Eintrübung bis hin zur Bewusstlosigkeit.

Bei der Aufnahme in die Klinik war der Patient weiterhin bewusstlos. Im rechten vorderen Schläfenbereich war eine Weichteilschwellung sichtbar. Die Überprüfung der Lichtreaktion zeigte eine rechts stark verlangsamte Verengung der Pupille.

Welcher anatomische Ort kommt für die Erklärung der Beschwerden und Befunde infrage?

Bei Stürzen auf den Schädel, insbesondere aus größerer Höhe, muss immer mit einer Schädelfraktur gerechnet werden. Dort wo größere intrakranielle, extrazerebrale Arterien den Frakturspalt kreuzen (z. B. die fast senkrecht zum Calvarium aufsteigende A. meningea media) kann es frakturbedingt zu einem Einreißen der Arterienwand kommen. Für eine Fraktur spricht in unserem Falle die Weichteilschwellung im Schläfenbereich. Der unmittelbare Impakt auf den Schädel erklärt die zunächst passagere Bewusstlosigkeit. Das Bewusstsein wird bis zu dem Zeitpunkt wiedererlangt, an dem das Volumen der arteriellen Blutung so groß geworden ist, dass sie zu einer intrakraniellen Raumforderung führt, die die erneute Bewusstlosigkeit auslöst. Das kurze „freie Intervall" erklärt sich durch die rasche Ausbreitung einer arteriellen Blutung.

Das Innere des Schädels wird komplett von Hirngewebe, Liquor cerebrospinalis und Blut eingenommen. Das Hinterhauptsloch (Foramen magnum) und die Öffnungen zur Augenhöhle sind relativ klein und können Massenverschiebungen nicht kompensieren. Kommt es nun im Schädel zu einer Raumforderung (extra- oder intrazerebrale Blutung, Tumor, Metastasen), so geht dies zu Lasten der präexistierenden Strukturen (◨ Abb. 15.16). Dabei wird zunächst der Liquor in den Ventrikeln so verschoben, dass diese verkleinert werden.

In der Folge gibt es nur die Möglichkeit, dass das Gehirn zusammen mit dem vermehrten Blutvolumen nach kaudal in Richtung Tentoriumschlitz (Incisura tentorii) verdrängt wird. Es ist davon auszugehen, dass auch im vorliegende Falle eine solche Massenverschiebung vorliegt. Im Bereich des

Tentoriumschlitzes zieht der N. oculomotorius von der Fossa interpeduncularis über die sog. Klivuskante (mediale Anteile des kleinen Keilbeinflügels; s. ▶ Abb. 17.2). Veranschaulicht wird die anatomische Situation durch den Blick auf einen Horizontalschnitt des Schädels (◨ Abb. 15.6). Als guter Orientierungspunkt dient hier die Substantia nigra im Mittelhirn. In der ventromedial gelegenen Fossa interpeduncularis (zwischen den Pedunculi cerebri) entspringt der N. oculomotorius (N. III), der auf seinem gesamten weiteren Verlauf zur Orbita zu sehen ist. Etwa in der Mitte seines Verlaufs kommt der Nerv in Kontakt mit der Clivuskante (genauer gesagt dem Ligamentum petroclinoideum).

Wird von kranial Druck auf den Nerven ausgeübt, wird er an der Clivuskante abgeschert. Der Befund in ◨ Abb. 15.17 zeigt sehr eindrücklich das autoptische Präparat in der Abbildung links. Man blickt von kaudal auf das an dieser Stelle vom Hirnstamm horizontal abgetrennte Mittelhirn mit der Substantia nigra (◨ Abb. 15.6) und die kaudale Oberfläche des Großhirns. Beide Nn. oculomotorii sind zu erkennen, wobei der Verlauf in der Abbildung linksseitig durch nicht entfernte Arachnoideaanteile etwas verdeckt ist. Im Verlauf des rechten N. oculomotorius ist etwa in der Mitte deutlich eine blutig imbibierte Schnürfurche zu erkennen. An dieser Stelle ist der Nerv an der Clivuskante komprimiert und abgeschert worden. Die Druckläsion führt zu einer/m Funktionseinschränkung/-verlust des N. oculomotorius und damit zum Verlust der äußeren Augenmotilität. Selbstredend können beim Bewusstlosen die äußeren Augenmuskeln nicht geprüft werden. Die Lichtreaktion ist aber problemlos zu überprüfen. Ein Teil der im Tractus opticus verlaufenden Fasern zieht nicht zum Corpus geniculatum laterale, sondern zur Area pretectalis. Nach Umschaltung und Kreuzung zur Gegenseite (Commissura posterior/epithalamica) wird über den Ncl. Edinger-Westphal der M. sphincter pupillae (Lichtreflex; Verengung der Pupillen; ▶ Kap. 14) parasympathisch innerviert. Diese preganglionären Fasern laufen im N. oculomotorius und die verlangsamte Reaktion deutet auf die Schädigung des Nervens hin. Dies zeigt, dass die Massenverlagerung bereits das Mittelhirn erreicht hat.

Welche Verdachtsdiagnose stellen Sie?

Aufgrund der vorliegenden Daten kommt am ehesten eine temporale Schädelfraktur rechts mit epiduralem Hämatom (Blutung

zwischen Dura mater und Schädelknochen) infrage. Zur Topographie der intrakraniellen Hämatome siehe das nachfolgende Schema (◨ Abb. 15.18) und die beiden autoptischen Befunde (◨ Abb. 15.19).

Die Hüllen des ZNS – so auch des N. opticus (◨ Abb. 15.18 rechts) – sind von außen nach innen (1) die Dura mater und (2) die Arachnoidea mit dem liquorführenden Subarachnoidalraum. Dieser grenzt direkt an die dem ZNS aufliegende (3) Pia mater, die (4) Septen in das Nervengewebe entsendet. In der ◨ Abb. 15.18 links ist gut zu erkennen, dass ein epidurales Hämatom zur Hirnoberfläche hin konvex begrenzt ist (vgl. auch den CT-Befund weiter unten), während das subdurale Hämatom eine konkave Grenze aufweist.

Es wurde eine technische Untersuchung angeordnet.

Um welches Verfahren wird es sich wahrscheinlich handeln?

Der Verdacht auf ein epidurales Hämatom ist als neurochirurgischer Notfall anzusehen. Die Computertomographie liefert die notwendigen bildgebenden Befunde am schnellsten.

Welchen Befund/welche Befunde erwarten Sie?

Eine unter der Kalotte rechtsseitig befindliche hyperdense Zone (links), die sich bikonvex gegen das Gehirn vorwölbt und wegen der Lokalisation auf der Dura scharf gegen das Hirngewebe begrenzt ist.

In der ◨ Abb. 15.19a ist der vermutete Befund mit einer hyperdensen Raumforderung links (*) deutlich zu erkennen. Zu beachten ist auch die Mittellinienverlagerung nach rechts mit Kompression des linken Seitenventrikels. Die Knochenfensterausspielung zeigt auch die verursachende Kalottenfraktur (◨ Abb. 15.19b).

Die häufigste Quelle für epidurale Hämatome ist die A. meningea media aus der A. carotis externa bzw. einer ihrer Äste (▶ Abb. 17.7). Das Gefäß tangierende Frakturspalten können zu dessen Ruptur und damit der Blutung auf die Dura führen.

Kurzer Hinweis zur Therapie

Um die weitere Verlagerung des Schädelinhalts nach kaudal und damit die meist letale Schädigung der Medulla oblongata zu verhindern, muss das Hämatom sofort neurochirurgisch ausgeräumt werden (Zugang zum Schädelinneren über Trepanation, ▶ Abb. 12.20).

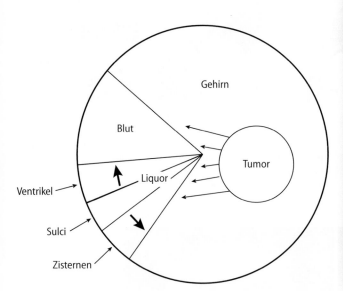

Abb. 15.16 Der „wasserdicht" gekapselte Schädelinnenraum ist mit Hirngewebe, Liquor cerebrospinalis und Blut gefüllt. Wächst dort zusätzlich ein Tumor, so müssen die anderen Bestandteile den Raum dafür hergeben, zuerst der leicht verschiebliche Liquor cerebrospinalis, dessen Kammern verkleinert werden. (Die Volumenanteile entsprechen etwa den tatsächlichen Verhältnissen)

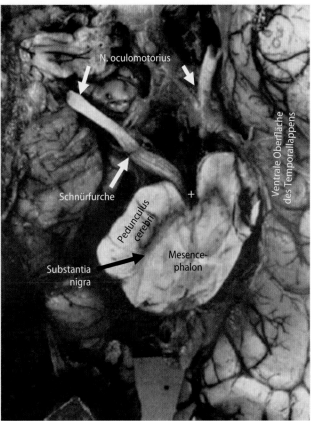

Abb. 15.17 Autoptischer Befund zur oberen Einklemmung (Tentoriumschlitz) mit Kompression des rechten N. oculomotorius im Bereich der Clivuskante. Beim Blick von kaudal auf das aus dem Schädel entnommene Gehirn (Hirnstamm auf Höhe des Mesencephalons abgetrennt), lassen sich beide N. oculomotorii in ihrem Verlauf aus der Fossa interpeduncularis (+) rechts deutlicher als links) in Richtung auf den Sinus cavernosus verfolgen. Auf der linken Seite der Abbildung ist etwa in der Mitte des sichtbaren Verlaufs eine zur Faserrichtung annähernd senkrechte, strichförmige dunkle Verfärbung zu erkennen. Dabei handelt es sich um die blutig imbibierte Schnürfurche des Nervens, die durch die von kranial kommende Raumforderung mit Kompression im Bereich des Lig. petroclinoideum hervorgerufen wurde. (Aus Olivecrona, Tönnis 1959)

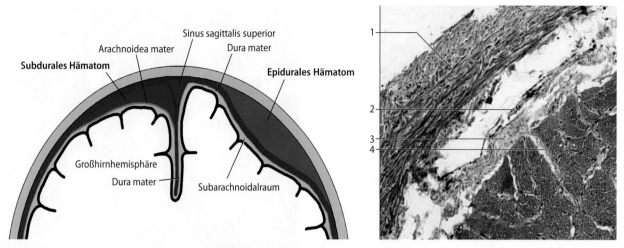

Abb. 15.18   Topographie intrakraniellen Hämatome (links) und histologischer Aufbau der Hirnhäute (rechts). Wie das gesamte ZNS verfügt auch der N. opticus als vorgeschobener Hirnteil über dieselben Hüllen. Dies sind von außen nach innen (1) die Dura mater und (2) die Arachnoidea mit dem liquorführenden Subarachnoidalraum. Dieser grenzt direkt an die dem N. opticus (rot gefärbt) bzw. dem ZNS auflie-gende (3) Pia mater, die (4) Septen in das Nervengewebe entsendet. Der Raum zwischen Dura und Arachnoidea erscheint fixationsbedingt breiter als in Wirklichkeit. In der Graphik ist gut zu erkennen, dass ein epidurales Hämatom zur Hirnoberfläche hin konvex begrenzt ist (vgl. auch den CT-Befund weiter unten), während das subdurale Hämatom eine konkave Grenze aufweist

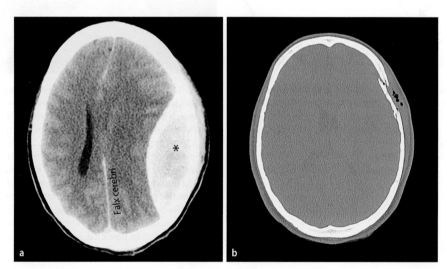

Abb. 15.19   Im Computertomogramm (a) ist auf der linken Seite (Notabene!) eine zum Großhirn hin konvexe, hyperdense Raumfor-derung (*) direkt unter der Kalotte zu sehen, die zu einer Kompres-sion des linken Seitenventrikels und einer Mittellinienverlagerung (s. Falx cerebri) nach rechts geführt hat. Die Ausspielung im Knochen-fenster (b) zeigt korrespondierend zum rostralen Teil der Raumforde-rung eine frakturbedingte Diskontinuität der Schädelkalotte mit Im-pression des Knochenfragmentes. Die Befunde lassen sich zusammen betrachtet am ehesten im Sinne eines frakturbedingten epiduralen Hämatoms links deuten. Die Fraktur wird dabei zu einer Ruptur von Ästen der A. meningea media (vgl. ▶ Kap. 17) geführt haben. Die da-durch bedingte Blutung zwischen Schädelknochen und Dura hat zur lokalen Entfaltung des normalerweise im Schädelinnern nicht vorhan-denen Epiduralraums geführt. Aufgrund ihrer Dichte (vgl. Schädel-knochen) imponiert die Blutung als hyperdense Raumforderung. Ty-pisch für das epidurale Hämatom ist die konvexe Konfiguration gegen-über dem Hirnparenchym. Die neurochirurgische Intervention besteht in der Resektion eines Knochendeckels im Frakturbereich, Ablassen des Hämatoms zur Druckentlastung und, wenn möglich, der Versor-gung der rupturierten Gefäße. (Aus Linn et al. 2011)

15

Autonomes Nervensystem: viszeromotorische Bahnen

© Springer-Verlag GmbH Deutschland, ein Teil von Springer Nature 2019
S. Huggenberger et al., *Neuroanatomie des Menschen,* Springer-Lehrbuch
https://doi.org/10.1007/978-3-662-56461-5_16

Dieses Kapitel befasst sich mit den neuroanatomischen Besonderheiten des autonomen Nervensystems bzw. der viszeromotorischen Bahnen. Parasympathische und sympathische Verbindungen und die allgemeine Organisation werden näher beleuchtet.

16.1   Definition und allgemeine Konzepte

Das **autonome Nervensystem** (auch vegetatives oder viszerales Nervensystem genannt) kontrolliert die vegetativen Funktionen des Organismus, die der willentlichen Kontrolle entzogen sind. Unter der Kontrolle des vegetativen Nervensystems stehen u. a. die Atmung, die Verdauung, die Regulation der Herzfrequenz und des Blutdrucks. Allgemein betrachtet reguliert das vegetative Nervensystem motorisch die glatte Muskulatur und die (quergestreifte) Herzmuskulatur, während das somatische Nervensystem die motorische Kontrolle über die quergestreifte Skeletmuskulatur ausführt. Einige Gruppen quergestreifter Muskulatur stehen unter einer doppelten, vegetativen und somatischen Kontrolle, wie im Falle der Rachen- und Kehlkopfmuskulatur, die in Atmung und Schluckakt involviert ist.

Das vegetative Nervensystem wird seinerseits reguliert und beeinflusst von hierarchisch höheren Zentren, weswegen der Begriff autonomes Nervensystem nicht korrekt oder zumindest zweifelhaft erscheint. Die Kontrolle der vegetativen Funktionen wird zum größten Teil – wenn auch nicht ausschließlich – vom Hypothalamus durch absteigende Bahnen kontrolliert, deren wichtigste der *Fasciculus medialis telencephali* (mediales Vorderhirnbündel) ist.

16.2   Allgemeine Organisation und Unterteilung

Das vegetative Nervensystem besteht aus 2 unabhängigen, überwiegend antagonistisch wirkenden Systemen, dem **sympathischen** und dem **parasympathischen Nervensystem.** Diese beiden Systeme unterscheiden sich in folgenden Punkten: **Topographie** (Lokalisation der Ursprungsneurone und der Ganglien), **anatomische Organisation** (Verlauf der Fasern bezogen auf die Ganglien), **Neurochemie** (verschiedene Transmitter und Rezeptoren) und **Funktion.**

Ein Beispiel der Funktion dieses Systems ist die Peristaltik der Eingeweide, während derer die abwechselnde sympathische und parasympathische Stimulation den Verdauungsprozess und die Fortbewegung des Darminhalts fördert oder hemmt. Das Überwiegen eines der beiden Systeme kann zu Verstopfung (Obstipation) bzw. Durchfall (Diarrhöe) führen. Das Zusammenwirken beider Systeme verdankt sich teilweise der reziproken präsynaptischen Inhibition beider Systeme: Die Freisetzung des Neurotransmitters des einen inhibiert die Freisetzung des Transmitters des anderen Systems.

Fast alle Eingeweide erhalten eine doppelte, sympathische und parasympathische Innervation. Allerdings sind die Schweißdrüsen, die *Mm. arrectores pilorum* und der größere

Teil der Blutgefäße rein sympathisch innerviert. Auch das Nebennierenmark wird rein sympathisch durch präganglionäre Fasern versorgt. Dies ist dadurch zu erklären, dass das Nebennierenmark einem sympathischen Ganglion entspricht, das in die Abdominalhöhle gewandert ist. Die Neurone des Nebennierenmarks produzieren Katecholamine, die sie direkt in den Blutkreislauf freisetzen.

Jedes der beiden Systeme verfügt über einen motorischen (oder viszeroefferenten) und einen sensiblen (viszeroafferenten) Anteil. Die beiden motorischen Anteile sind relativ gut untersucht und leicht zu beschreiben. Die Organisation der sensiblen Teile ist hingegen weniger gut definiert und wird im Detail in ► Kap. 4 beschrieben. Im Gegensatz zum somatomotorischen System besteht die motorische Komponente der beiden vegetativen Systeme aus einer Gruppe von Ursprungsneuronen, aus denen **präganglionäre Fasern** zu den **vegetativen** oder **viszeralen Ganglien** verlaufen. Dort bilden die präganglionären Fasern synaptische Kontakte mit den Ganglienzellen. Deren Axone verlaufen als **postganglionäre Fasern** zu den Zielorganen. Das vegetative Nervensystem nutzt also im Gegensatz zum somatischen Nervensystem Ganglien auch für den motorischen Anteil (► Kap. 1). Die Lage der Ganglien und damit die Länge der prä- und postganglionären Fasern variiert zwischen sympathischem und parasympathischem System (◘ Abb. 16.4).

Zum autonomen Nervensystem gehört auch das enterische Nervensystem (intramurales Nervensystem des Gastrointestinaltraktes). Dieses steuert autonom die Darmperistaltik sowie die Sekretion der Darmwanddrüsen, wird jedoch von Sympathicus und Parasympathicus beeinflusst (s.o.).

Für eine vertiefte Beschreibung des Darmnervensystems sei der Leser auf Bücher der Anatomie verwiesen.

16.3   Sympathisches Nervensystem

Die Ursprungsneurone der sympathischen präganglionären Fasern liegen im Seitenhorn der grauen Substanz des thorakolumbalen Rückenmarks. Die präganglionären Fasern ziehen zu den paravertebralen Ganglien oder den prävertebralen sympathischen Ganglien (◘ Abb. 16.1, ◘ Abb. 16.2).

In ihrem Verlauf zwischen den thorakolumbalen Rückenmarkssegmenten und den sympathischen Ganglien bilden die Fasern sog. *Rami communicantes albi*, so genannt wegen ihrer weißen Erscheinung, die von den sie umgebenden Myelinscheiden herrührt.

Die paravertebralen Ganglien bilden eine Ganglienkette direkt seitlich des Austritts der Spinalnerven. Diese Ganglien sind kleiner und liegen weiter lateral als die Spinalganglien und sind untereinander durch kleine Faserbündel (Rami interganglionares) verbunden (daher der Name **Grenzstrang**, Truncus sympathicus, ◘ Abb. 16.3).

Die Kette der aus etwa 21–25 bestehenden paravertebralen Ganglien erstreckt sich beidseits der Wirbelsäule von der Schädelbasis bis zum Steißbein. Median vor dem Steißbein liegt das Ganglion impar, das das Ende beider Grenzstränge bildet. Der Grenzstrang wird topografisch in verschiedene Ab-

Abb. 16.1   Organisationsschema des sympathischen Nervensystems

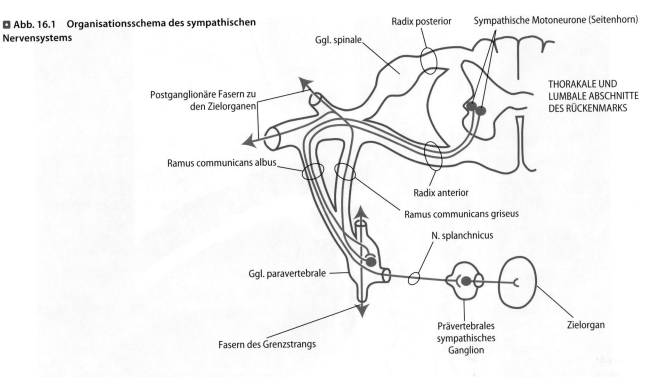

Radix posterior

Sympathische Motoneurone (Seitenhorn)

Ggl. spinale

THORAKALE UND LUMBALE ABSCHNITTE DES RÜCKENMARKS

Postganglionäre Fasern zu den Zielorganen

Ramus communicans albus

Radix anterior

Ramus communicans griseus

N. splanchnicus

Ggl. paravertebrale

Fasern des Grenzstrangs

Prävertebrales sympathisches Ganglion

Zielorgan

Abb. 16.2   Topographie des sympathischen Nervensystems. Auf der linken Seite ist die topographische Lokalisation der thorakolumbalen Rückenmarkssegmente dargestellt. Die präganglionären Neurone und Fasern sind in schwarz, der Grenzstrang in ocker dargestellt. Die postganglionären Neurone sind rot und die Eingeweideganglien gelb markiert

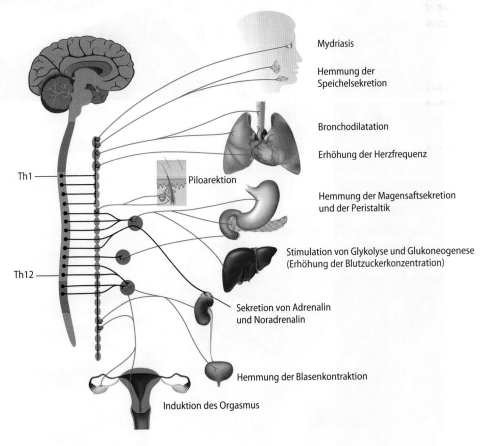

Th1

Th12

Piloarektion

Mydriasis

Hemmung der Speichelsekretion

Bronchodilatation

Erhöhung der Herzfrequenz

Hemmung der Magensaftsekretion und der Peristaltik

Stimulation von Glykolyse und Glukoneogenese (Erhöhung der Blutzuckerkonzentration)

Sekretion von Adrenalin und Noradrenalin

Hemmung der Blasenkontraktion

Induktion des Orgasmus

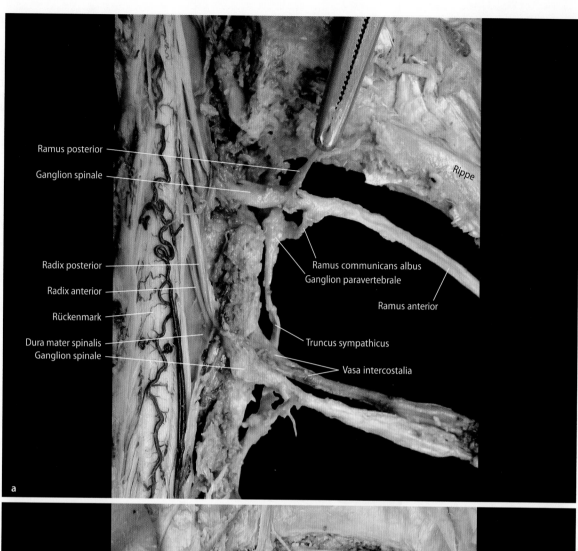

Ramus posterior

Ganglion spinale

Rippe

Ramus communicans albus
Ganglion paravertebrale

Radix posterior

Radix anterior

Ramus anterior

Rückenmark

Dura mater spinalis

Truncus sympathicus

Ganglion spinale

Vasa intercostalia

a

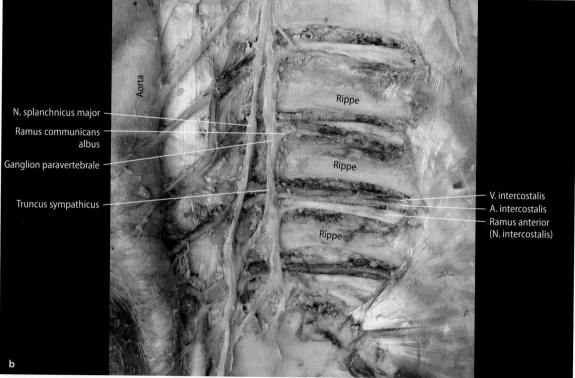

Aorta

Rippe

N. splanchnicus major

Ramus communicans
albus

Ganglion paravertebrale

Rippe

V. intercostalis

Truncus sympathicus

A. intercostalis

Ramus anterior
(N. intercostalis)

Rippe

b

◻ Abb. 16.3a,b   a Ansicht des Rückenmarks und des Grenzstrangs von dorsal (die 10. und 11. Rippe wurden entfernt). **b** Ansicht des Grenzstrangs im Thorax von ventral

schnitte (pars cervicalis, thoracalis, lumbalis et sacralis) unterteilt. Zum Halsteil gehören 3 Ganglien: *Ganglion cervicale superius* ; ▶ Abb. 16.2), das *Ganglion cervicale medius (variable Lage und inkonstant)* und das *Ganglion cervicale inferius*. Letzteres ist oft mit dem ersten thorakalen Ganglion verschmolzen (*Ganglion cervicothoracicum*) und wird wegen seines besonders irregulären Aussehens auch als *Ganglion stellatum* bezeichnet (▶ Abb. 3.7). Von klinischer Relevanz ist die Stellatumblockade (z.B. zur Lösung von Gefäßspasmen) oder die chirurgische Durchtrennung des Halsgrenzstranges, die zu einer *Horner-Trias* bestehend aus Miosis (Pupillenverengung), Ptosis (herabhängendes Lid) und Enophthalmus (eingesunkener Augapfel) führen kann.

In den Grenzstrangganglien werden die aus dem Rückenmark kommenden präganglionären Fasern auf postganglionäre Neurone umgeschaltet, deren Fasern zu den Erfolgsorganen ziehen. Ein Teil der Fasern aus den thorakalen und lumbalen Grenzstrangganglien bilden die überwiegend präganglionäre Fasern führenden Nn. splanchnici (*N. splanchnicus major et minor*, Nn. splanchnici lumbales), die den Grenzstrang ohne synaptische Umschaltung durchlaufen und erst in den prävertebralen Ganglien (*Ganglia coeliaca, hypogastrica* und *mesenterica*) im Bauch- und Beckenraum verschaltet werden.

Die präganglionären Fasern, die dem Seitenhorn des thorakolumbalen Rückenmarks entspringen, können folgende Wege einschlagen:

- Verlauf zu den benachbarten paravertebralen Ganglien des Grenzstrangs (eingeschlossen die sakralen und kokzygealen Ganglien)
- Verlauf zu den Halsganglien
- Verlauf zu den Eingeweideganglien
- Verlauf zum Nebennierenmark

Nach Erreichen des Zielortes bilden die **präganglionären Fasern** synaptische Kontakte mit dem 2. Neuron der sympathisch-motorischen Kette aus, dessen Axone die **postganglionären Fasern** darstellen. Die postganglionären Fasern verlaufen üblicherweise zusammen mit einem Spinalnerv und besitzen keine individuellen Myelinscheiden. Deshalb bezeichnet man die Anteile der postganglionären Fasern, die zum Rückenmark zurück verlaufen, um die Äste des *N. spinalis* zu erreichen und dabei den *Truncus n. spinalis* durchlaufen, als *Rami communicantes grisei* (graue Verbindungsäste, marklos). An den Synapsen zwischen prä- und postganglionären Neuronen wirkt der Transmitter Acetylcholin auf nikotinische Acetylcholinrezeptoren.

Die postganglionären Fasern verlaufen dann zu den Zielorganen, d.h. im Einzelnen zu den muskulären Anteilen der Gefäßwände, Schweißdrüsen, Piloarrektoren der Haut und zu den Eingeweiden, wo sie die glatte Muskulatur und die Eingeweidedrüsen versorgen. Angesichts der Tatsache, dass die sympathischen Ursprungsganglien in Rückenmarksnähe liegen, **ist die Verlaufsstrecke der postganglionären sympathischen Fasern im Allgemeinen lang** (◻ Abb. 16.4).

Die postganglionären sympathischen Fasern entwickeln keine klassischen synaptischen Verbindungen, sondern eher

zahlreichen Varikositäten (Auftreibungen), die **Noradrenalin** freisetzen (◻ Abb. 16.4), den Neurotransmitter des sympathischen Nervensystems. Die einzige Ausnahme sind die ekkrinen Schweißdrüsen der Haut, die via Acetylcholin innerviert werden.

Die postsynaptischen noradrenergen Rezeptoren gehören unterschiedlichen Kategorien (α, β) an und antworten regionsspezifisch. Zusammen mit Noradrenalin entfalten in den Varikositäten der postganglionären Fasern auch Transmitter ihre modulierende Wirkung. Unter diesen Substanzen, hauptsächlich Peptiden, ist das **Neuropeptid Y** (NPY), eine der am besten untersuchten Substanzen, insbesondere bezüglich des Einflusses auf das Verdauungssystem.

Insgesamt betrachtet sind die **Wirkungen des sympathischen Nervensystems** (◻ Tab. 16.1) derart, dass sie den Organismus auf eine rasche und zielbewusste Reaktion vorbereiten. Der **Sympathikus** stellt den Organismus auf Kampf oder Flucht (‚fight or flight') ein: Die Herzfrequenz nimmt zu, der Durchmesser der Arteriolen nimmt in den Eingeweiden ab (als Konsequenz der Aktivierung der α-adrenergen Rezeptoren) und in der Skeletmuskulatur zu (als Folge der β-adrenergen Stimulation); der Durchmesser der Pupille nimmt zu (Mydriasis; Erhöhung des Lichteinfalls auf die Retina und Verbesserung der Fernsicht), die Bronchialsekretion nimmt ab, die Bronchien dilatieren und die Funktion von Darm und Harnblase wird eingeschränkt (Reduktion von Speichelfluss und Magensaftsekretion, Darmträgheit und Harnverhalt).

16.4 Parasympathisches Nervensystem

Das parasympathische Nervensystem ist kranial und sakral lokalisiert (◻ Abb. 16.5). Die Ursprungsneurone der präganglionären parasympathischen Fasern liegen im Hirnstamm und im Sakralmark. Im Gegensatz zum Sympathikus **haben die präganglionären parasympathischen Fasern eine sehr lange Verlaufsstrecke, die postganglionäre Strecke ist kurz** (◻ Abb. 16.4). Dies ist der Tatsache geschuldet, dass die Ursprungsganglien der postganglionären Fasern des Parasympathikus in unmittelbarer Nähe der Zielorgane oder in einigen Fällen direkt in der Wand dieser Organe (**intramurale Ganglien**) liegen.

Der kraniale Anteil des Parasympathicus ist in bestimmten Kerngebieten (Ncl. accessorius n. oculomotorii, Ncl. salivatorii sup et inf, Ncl. dorsalis n. vagi und Ncl. ambiguus) lokalisiert (◻ Abb. 16.6). Von dort ziehen die Axone über 4 Hirnnerven (*N. oculomotorius* (III), *N. facialis* (VII), *N. glossopharyngeus* (IX) und *N. vagus* (X) (▶ Kap. 15)) zu den entsprechenden parasympathischen Ganglien wo sie umgeschaltet werden im Überblick können die Komponenten des Parasympathikus wie folgt beschrieben werden:

- Vom parasympathischen Anteil des *Ncl. accessorius n. oculomotorii* (*Ncl. Edinger-Westphal*) verlaufen die präganglionären Fasern zum *Ganglion (Ggl.) ciliare* (▶ Abb. 15.7). Von dort ziehen die postganglionären Fasern (*Nn. ciliares breves*) zum *M. sphincter pupillae* und zum *M. ciliaris*.

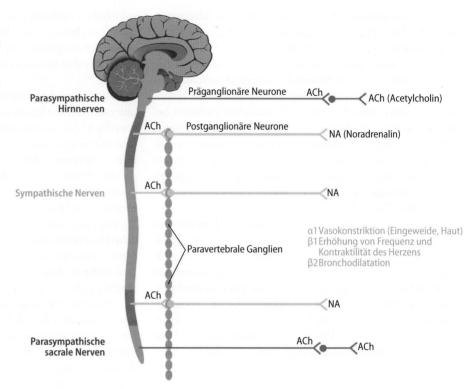

☐ Abb. 16.4   Neurotransmission im vegetativen Nervensystem. Der parasympathische kraniosakrale Anteil ist in grün wiedergegeben, der thorakolumbale sympathische Teil in gelb. Der Grenzstrang des Sympathikus ist ockerfarben markiert

- Vom *Ncl. salivatorius superior* des *N. intermedius* erreichen die präganglionären Fasern das *Ggl. pterygopalatinum* (▸ Abb. 15.8, 15.10) und von dort die *Glandula lacrimalis* und die Nasenhöhlen oder das *Ggl. submandibulare* (▸ Abb. 15.12) und von dort die *Glandulae submandibularis et sublingualis*.
- Vom *Ncl. salivatorius inferior* des *N. glossopharyngeus* erreichen präganglionäre Fasern das *Ggl. oticum* (▸ Abb. 15.8), von wo die postganglionären zur *Gld. parotis* ziehen.
- Vom *Ncl. dorsalis n. vagi* verlaufen die präganglionären Fasern zu den **intramuralen Ganglien** der Eingeweide der Körperhöhlen. Efferente viszerale und somatomotorische Fasern aus dem *Ncl. ambiguus* erreichen die Muskeln des Pharynx, des Larynx, des Gaumens und des proximalen Oesophagus.

Der sakrale Anteil des Parasympathikus entlässt Fasern, die die *Nn. splanchnici pelvicii* bilden. Diese ziehen zu den *Ganglia parasympathici splanchnici,* die für die parasympathische Innervation des Colon descendens und des Rectum verantwortlich sind. Andere postganglionäre Fasern erreichen auch den *M. detrusor vesicae* (☐ Abb. 16.7) und die Gefäße der äußeren Genitalien.

Die präganglionären parasympathischen Fasern, die den Hirnnervenkernen oder dem Sakralmark entstammen, können sich wie folgt verhalten:

- Sie erreichen eines der 4 parasympathischen Kopfganglien, von denen die postganglionären, zumeist ziemlich kurzen Fasern entspringen.

- Sie erreichen ein parasympathisches Eingeweideganglion.
- Sie erreichen ein intramurales Ganglion in der Wand des Zielorgans.

Der Transmitter zwischen den präganglionären Fasern und den postganglionären Neuronen ist **Acetylcholin** (☐ Abb. 16.4) mit nikotinischen Acetylcholinrezeptoren auf der postsynaptischen Membran. Auch der von den postganglionären Fasern ausgeschüttete Transmitter ist Acetylcholin, aber der postganglionäre Rezeptor ist muskarinisch.

Zusammen mit Acetylcholin entfalten in den parasympathischen postganglionären Terminalen auch andere Neuromodulatoren wie das **Vasoaktive Intestinale Peptid (VIP)**, das in verschiedenen Abschnitten des Organismus wirkt, – besonders aber in der Regulierung der Speicheldrüsen aktiv ist, ihre Wirkung.

Die **Wirkungen des parasympathischen Nervensystems** (☐ Tab. 16.1) sind denen des Sympathikus entgegengesetzt. Der Parasympathikus steht für ‚rest and digest'. Er fördert insbesondere die Pupillenverengung und die Nahsicht, die Speichelsekretion, die Bronchokonstriktion und Bronchialsekretion, die Verminderung der Herzfrequenz, Erhöhung der Magensaftsekretion, die Peristaltik des Verdauungstraktes und die Blasenentleerung. Der Parasympathikus ist auch die Grundlage der Vasodilatation, die zur Erektion des Penis führt (während die Ejakulation über den Sympathikus bewirkt wird).

□ Tab. 16.1   Rezeptoren und Wirkungen des vegetativen Nervensystems (postganglionäre Fasern)

Organ	Sympathisches Nervensystem		Parasympathisches Nervensystem	
	Transmitter:	Noradrenalin	Transmitter:	Acetylcholin
	Adrenerger Rezeptortyp	Wirkung	Muscarinischer Rezeptortyp	Wirkung
Herz				
Sinusknoten	β_1	↑↑ Herzfrequenz	M_2	↓↓↓ Herzfrequenz
AV-Knoten	β_1	↑↑ Automatische Aktivität	M_2	↓↓↓ Leitungsgeschwindigkeit
Vorhofmuskulatur	β_1	↑↑ Kontraktionskraft	M_2	↓↓ Kontraktionskraft
Kammer-muskulatur	β_1	↑↑↑ Automatische Aktivität und Kontraktionskraft	–	Keine Wirkung
Gefäße				
Koronarien	α	↑ Konstriktion	–	Keine Wirkung
Hautarteriolen	α	↑↑↑ Konstriktion	–	Keine Wirkung
Gefäße der quergestreiften Muskeln	β_2 α/β_2	↑↑ Dilatation ↑↑ Konstriktion/Dilatation	–	Keine Wirkung Keine Wirkung
Eingeweide				
Glatte Bronchialmuskeln	β_2	↑ Relaxation	M_3	↑↑ Konstriktion
Speicheldrüsen	$α_1$/β	↑ Sekretion	M_3	↑↑↑ Sekretion
Glatte Muskulatur des Einge-weidetrakts	$α_1$, α/β_1, β_2	↓ Motilität	M_3	↑↑↑ Motilität
Magendrüsen	–	Keine Wirkung	M_1, M_3	↑↑ Säuresekretion
Sphinkteremuskeln	$α_1$	↑ Kontraktion	M_3?	↑ Relaxation
Leber	α/β_2	↑↑↑ Gluconeogenese, Glykogenolyse	–	Keine Wirkung
Niere	β_1	↑↑ Reninsekretion	–	Keine Wirkung
Harnblase	β_2	↑ Relaxation	M_3	↑↑↑ Kontraktion
Harnblase (Trigonum, Mm. sphincter urethrae)	$α_1$	↑ Kontraktion	M_3?	↑↑ Relaxation
Genitalorgane				
Uterus (nicht gravide)	β_2	Relaxation	Diverse	Verschiedene Antworten
Uterus (gravide)	α	Kontraktion	Diverse	Verschiedene Antworten
Penis	α	↑↑ Ejakulation	M_3?	↑↑↑ Erektion
Auge und Anhangsorgane				
M. ciliaris	β_2	Relaxation	M_3	↑↑↑ Kontraktion
M. sphincter pupillae	–	Keine Wirkung	M_3	↑↑↑ Kontraktion (Miosis)
M. dilatator pupillae	$α_1$	↑↑ Kontraktion (Mydriasis)	–	Keine Wirkung
Tränendrüse	–	Keine Wirkung	M_3	↑↑↑ Sekretion
Haut				
Piloarrektoren	$α_1$	↑↑ Piloarrektion	–	Keine Wirkung
Schweißdrüsen (Gesamter Körper)	Muskarinisch	↑ Schweißsekretion	–	Keine Wirkung
Schweißdrüsen (Handflächen)	$α_1$	↑ Lokale Schweißsekretion	–	Keine Wirkung

**◘ Abb. 16.5   Topographie und Haupt-
wirkungen des Parasympathikus.** Die
Neurone der parasympathischen Kerngebiete (oben) und sakralen Rückenmarkssegmente (unten) sind wie die
deren präganglionären Fasern schwarz
markiert. Rot dargestellt sind die intramuralen Ganglien und die postganglionären Fasern. Grün markiert sind die
parasympathischen Kopfganglien in
kraniokaudaler Abfolge: Ggl. ciliare
(N. oculomotorius), Ggl. pterygopalatinum (im Verlauf des N. facialis), Ggl. submandibulare (N. facialis) und Ggl. oticum
(N. glossopharyngeus)

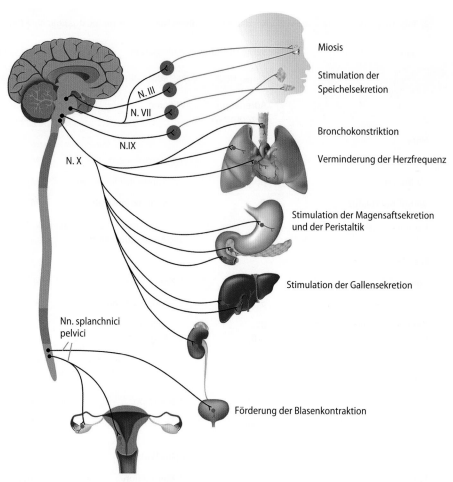

**◘ Abb. 16.6   Schema parasympathischer
Hirnnerven**

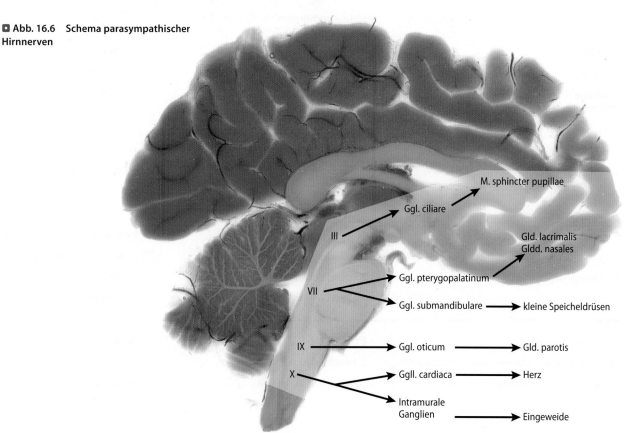

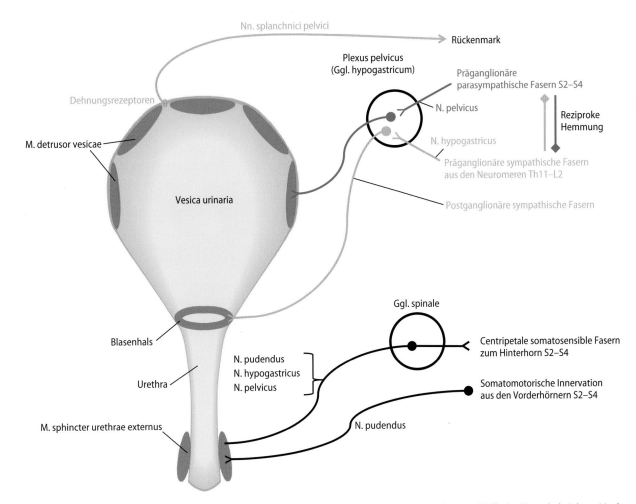

Abb. 16.7 Prinzip der viszeralen und willkürlichen Kontrolle der Miktion (Blasenentleerung). Der Parasympathikus fördert durch Kontraktion der Blase die Blasenentleerung. Durch parasympathische Hemmung des Sympathikus erschlafft der Blasenhals (glatte Muskulatur). Darauf erfolgt die willentliche Erschlaffung des M. sphincter urethrae externus (N. pudendus) zur Entleerung der Blase

Meningen und Liquorsystem

© Springer-Verlag GmbH Deutschland, ein Teil von Springer Nature 2019
S. Huggenberger et al., *Neuroanatomie des Menschen*, Springer-Lehrbuch
https://doi.org/10.1007/978-3-662-56461-5_17

Dieses Kapitel befasst sich mit den neuroanatomischen Aspekten der Meningen (Hirnhäute) und des Liquorsystems. Neben den allgemeinen Daten werden die wichtigsten Fakten zu den intrakraniellen und spinalen Meningen besprochen und der Liquorfluss diskutiert.

17.1   Meningen

17.1.1   Definitionen und allgemeine Daten

Gehirn und Rückenmark sind eingehüllt in 3 Membranen, die sog. **Meningen**, die vor allem eine Schutzfunktion für das ZNS ausüben. Von außen nach innen handelt es sich um die *Dura mater*, die *Arachnoidea* und die *Pia mater*. Die äußere Membran ist relativ dick und hart und besteht u. a. aus straffem, kollagenem Bindegewebe. Deswegen wird sie auch *Pachymeninx* (gr. pachy = derb) genannt. Die Arachnoidea und die Pia mater, auch als Leptomeningen (Leptomeninx; gr. leptos = fein) zusammengefasst, sind relativ dünn und zart.

17.1.2   Intrakranielle Meningen

Dura mater cranialis (encephali)

Die Dura mater (◻ Abb. 17.1) liegt dem Schädelknochen direkt auf. Sie bildet gleichzeitig das innere Periost des Schädels und eine Hülle des Gehirns. Diese Anordnung bewirkt, dass Kopfbewegungen nicht zu größeren Verschiebungen mit nachfolgender Deformierung des Gehirns führen.

Es gibt eine Reihe von Stellen, an denen Periost, das die Innenseite des knöchernen Schädels bedeckt, und Dura voneinander getrennt sind. Viele dieser Zonen enthalten venöse Gefäßräume ohne eigene Wand, die sog. *Sinus durae matris*. Außerdem finden sich Verdoppelungen der Dura mater, sog. Duraduplikaturen, wie zum Beispiel an der Spitze des Felsenbeins zur Aufnahme des *Ggl. trigeminale*. Zu diesen Duraduplikaturen zählen auch *Falx cerebri, Tentorium cerebelli, Falx cerebelli und Diaphragma sellae*). Diese springen wie Septen in das Schädelinnere vor, wodurch bestimmte Abschnitte des Gehirns voneinander getrennt werden.

Die *Falx cerebri* (◻ Abb. 17.2) durchzieht die Schädelhöhle in der median-sagittalen Ebene von rostral nach okzipital. Sie trennt die beiden Großhirnhemisphären voneinander, indem sie sich in den Interhemisphärenspalt hinein erstreckt und ihren tiefsten Punkt über dem *Corpus callosum* erreicht.

Der Rand der Falx cerebri, der am Schädelgewölbe angeheftet ist, wird vom *Sinus sagittalis superior* durchlaufen, der zum System der *Sinus durae matris* (venöse Blutleiter) gehört. Am freien Rand der Falx in der Tiefe des Interhemisphärenspaltes verläuft *der Sinus sagittalis inferior*. Nach hinten ist die Falx cerebri am *Tentorium cerebelli* verankert, die rechtwinklig zur Falx orientiert ist. Das in der Horizontalebene gestellte Tentorium trennt das Kleinhirn, das sich kaudal (infratentoriell) des Tentorium befindet, von den kranial gelegenen Anteilen der *Lobi temporales et okzipitales* (supratentoriell).

Das Tentorium ist knöchern mit dem *Os occipitale* verbunden und erstreckt sich von dort nach anterior zum oberen Rand des Felsenbeins. Der freie Rand des Tentorium hat die Form eines nach anterior offenen U. Durch diesen sog. Tentoriumschlitz (Incisura tentorii) verläuft der Hirnstamm. Im Falle einer Raumforderung supratentorieller Strukturen (z. B. durch ein Ödem) können Großhirnanteile (Temporallappen ► Kap. 12) in den Bereich des Tentoriumschlitzes zwischen dem freien Rand des Tentorium und dem Hirnstamm eingeklemmt werden (sog. **obere Einklemmung**[1]). Die resultierende Kompression des Hirnstamms kann zu massiven neurologischen Störungen bis hin zum Koma führen.

Eine kleine Duraduplikatur, das *Diaphragma sellae*, trennt den Hypothalamus von der Hypophyse und enthält eine Öffnung für den Hypophysenstiel.

Die okzipitale Anheftungsstelle des Tentorium cerebelli wird an beiden Seiten vom *Sinus transversus* eingenommen (◻ Abb. 17.1). Der unpaare, in der Mittellinie gelegene *Sinus rectus* (◻ Abb. 17.1) verläuft nach Aufnahme der *V. cerebri magna* (Galeni) und des *Sinus sagittalis inferior* von anterior nach posterior entlang der Vereinigungslinie von Falx und Tentorium cerebelli. Obwohl paarig angelegt, zeigt der Sinus transversus Links-Rechts-Asymmetrien. So empfängt der Sinus transversus dexter vor allem das Blut aus dem *Sinus sagittalis superior*, während der Sinus transversus sinister das Blut aus dem Sinus rectus aufnimmt. Sinus rectus, Sinus sagittalis superior und Sinus transversi fließen im *Confluens sinuum* (◻ Abb. 17.1) zusammen. Seitlich erhält der Sinus transversus Zufluss aus den *Sinus petrosi superiores*, die parallel zur Anheftung des Tentorium an der Oberkante des Felsenbeins verlaufen.

Aus dem Zusammenfluss von Sinus petrosus superior und Sinus transversus entstehen die *Sinus sigmoidei* (◻ Abb. 17.1). Nach Aufnahme des *Sinus petrosus inferior* wird der Sinus sigmoideus zum *Bulbus der V. jugularis*, der den Schädel als *V. jugularis interna* verlässt.

Der *Sinus cavernosus* liegt zu beiden Seiten der *Sella turcica* und entlässt Blut zu den Sinus petrosi. Der Sinus cavernosus wird von der *A. carotis interna* nach ihrem Eintritt in den Schädel durchzogen. Die Augenmuskelnerven (N.III, N.IV) verlaufen in der Wand des Sinus cavernosus. Der *N. abducens* liegt seitlich der A. carotis interna und zieht als einziger Augenmuskelnerv innerhalb des Sinus nach rostral. Erweiterungen (Aneurysmata, sg. Aneurysma) der A. carotis interna in ihrem intrakavernösen Verlauf können zu Störungen der Augenmotilität führen.

Es wurde lange angenommen, dass das ZNS nicht über Lymphgefäße verfügt. Kürzlich wurden bei der Maus funktionelle Lymphgefäße beschrieben, die der Wand der Sinus durae matris anliegen und Flüssigkeit und Immunzellen aus dem Liquor cerebrospinalis aufnehmen können. Diese Gefäße sind mit den tiefen Halslymphknoten verbunden. Es gibt Hinweise auf vergleichbare Strukturen beim Menschen.

---

1   Im Vergleich zur oberen Einklemmung am Tentoriumschlitz stellt sich die untere Einklemmung am Foramen magnum ein.

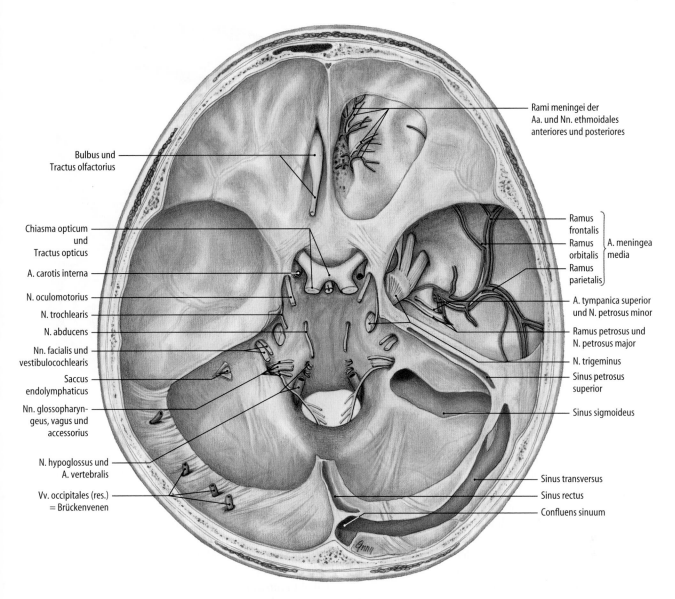

◻ Abb. 17.1   Auskleidung der Schädelbasis mit der Dura mater cranialis und ihre topographische Beziehung u. a. zu den Hirnnerven, den Aa. vertebrales, der A. carotis interna und der A. meningea media. Auf der rechten Seite wurden die Dura mater der vorderen und mittleren Schädelgrube gefenstert und die Sinus durae matris eröffnet. (Aus Tillmann 2005)

Arachnoidea mater cranialis und Pia mater cranialis

Die *Pia mater* ist das innere Blatt der Meningen, liegt dem Hirngewebe direkt an und folgt den Gyri und Sulci in ihrem Verlauf (▸ Abb. 15.18). Die *Arachnoidea* erstreckt sich zwischen Pia mater und Dura und ist über die Pia mater mit der Oberfläche des Gehirns verbunden, z. B. den Gyri des Großhirns. Sie überbrückt jedoch die Sulci des Gehirns, wie z. B. die Sulci des Großhirns und bildet so den sog. **Subarachnoidalraum (Spatium leptomeningeum)**, in dem kein direkter Kontakt zwischen Pia und Arachnoidea besteht. An einigen Stellen ist dieser Raum erweitert und bildet dann sog. **Subarachnoidalzisternen** (*Cisternae subarachnoideae*). Die wichtigsten Zisternen sind die *Cisterna interpeduncularis* (ventral zwischen den Pedunculi cerebri des Mesencephalons [▸ Kap. 6]; als Teil der Cisterna basalis) und die *Cisterna magna* (dorsal zwischen Kleinhirn [▸ Kap. 8] und Rückenmark [▸ Kap. 3]; *Cisterna cerebellomedullaris posterior*).

Der Subarachnoidalraum und die Zisternen enthalten den *Liquor cerebrospinalis* und arterielle Gefäße, eingeschlossen den *Circulus arteriosus Willisii* (▸ Kap. 18). Die Inzidenz für Gefäßrupturen im Subarachnoidalraum, z. B. durch Aneurysmata, wird auf 7–15 pro 100.000 Einwohner und Jahr geschätzt (Deutsche Gesellschaft für Neurologie, 2012). Es kommt zu einer sog. **Subarachnoidalblutung** (SAB), bei der sich das austretende Blut mit dem Liquor vermischt.

17.1.3   Spinale Meningen

Der Hauptunterschied zwischen kranialen und spinalen Meningen besteht in Hinblick auf die Dura mater und die umge-

◫ Abb. 17.2   Falx cerebri und Tentorium cerebelli. (Mod. Kautzky et al. 1976)

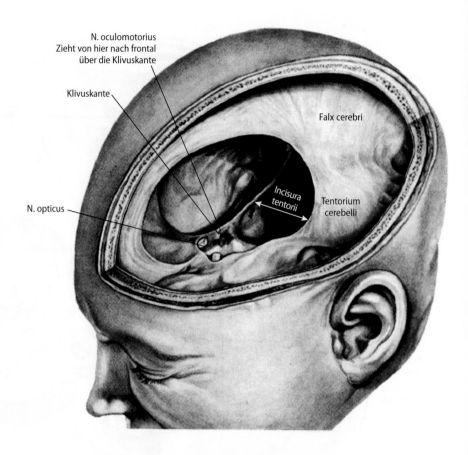

N. oculomotorius
Zieht von hier nach frontal
über die Klivuskante

Klivuskante

N. opticus

Falx cerebri

Incisura
tentorii

Tentorium
cerebelli

benden knöchernen Strukturen. Die Dura mater spinalis liegt nämlich nicht den Knochen an, die den Wirbelkanal bilden. Zwischen Knochen und Dura erstreckt sich der **Epidural-raum**, der epidurales Fettgewebe und einen Venenplexus enthält. Die Existenz des Epiduralraums erlaubt Bewegungen der Wirbelsäule, ohne dass das Rückenmark dadurch geschädigt werden könnte. Wegen des fehlenden Kontaktes zwischen Dura mater und Periost gibt es – im Gegensatz zur Schädelhöhle – keine *Sinus durae matris*.

Nach kaudal erstreckt sich die Dura mater bis zum zweiten Sakralwirbel. Die Arachnoidea ist mit der Dura über deren gesamten Verlauf verbunden. Da das Rückenmark auf der Höhe des 1. bis 2. Lumbalwirbelkörpers endet, wird der kaudale Abschnitt des Subarachnoidalraums auch *Cisterna lumbalis* genannt. Diese enthält die in Liquor schwimmende *Cauda equina*. Daher kann die Zisterne mit einer Kanüle erreicht werden (Lumbalpunktion), sodass der Liquor ohne Verletzungsgefahr für das Rückenmark entnommen werden kann.

Das von der Pia mater spinalis umgebene Rückenmark ist mit der Arachnoidea mater spinalis und der Dura mater spinalis in bestimmten Abständen durch die *Ligamenta denticulata* verbunden.

17.2   Liquorsystem

Im Innern des ZNS befindet sich ein System kommunizierender Höhlen (◫ Abb. 17.3), die den Liquor cerebrospinalis enthalten.

Die Großhirnhemisphären enthalten jeweils die **Seitenventrikel** (*Ventriculi laterales*). Diese haben eine nach dorsal gebogenen Form, bei der man ein pars centralis (oder **Körper** (*Corpus*)), ein **Vorderhorn** *(Cornu anterius (frontale)),* ein **Hinterhorn** *(Cornu posterius (occipitale))* und ein **Unterhorn** *(Cornu inferius (temporale))* unterscheiden kann.

Die **Seitenventrikel** stehen über das *Foramen interventriculare* Monroi in der Nähe des Vorderhorns mit dem **III. Ventrikel** (*Ventriculus tertius*) im Diencephalon in Verbindung. Dieser geht in den *Aqueductus mesencephali (cerebri)* (▶ Abb. 9.2) über. Der sehr kleinkalibrige **Aquädukt** öffnet sich in den **IV. Ventrikel** (*Ventriculus quartus*; ◫ Abb. 17.4), der zwischen Pons und Medulla oblongata ventral sowie dem Kleinhirn dorsal gelegen ist. Dieser Ventrikel wird nach dorsal gegen das Kleinhirn durch das *Velum medullare inferius*, weiter kranial durch das *Velum medullare superius* abgegrenzt. Der innere Liquorraum des **Rückenmarks** ist der **Zentralkanal** (*Canalis centralis*. Er schließt sich kaudal an den 4. Ventrikel an und ist beim Erwachsenen häufig obliteriert.

Der *Liquor cerebrospinalis* ist eine nahezu zellfreie, klare Flüssigkeit (◫ Tab. 17.1). Circa 70 % des Liquors werden vom *Plexus choroideus* (◫ Abb. 17.5) produziert, die restlichen 30 % durch Filtration aus den zerebralen Kapillaren[2].

Beim Plexus choroideus handelt es sich um lokale Ausstülpungen der Ventrikelwände, die dadurch zustande kom-

---

2   Die tägliche Liquorproduktion beträgt ca. 500 ml, während das Volumen im gesamten Liquorraum 90–150 ml (davon ca. 25 ml in den Ventrikeln) beträgt. Daraus ergibt sich ein rascher Umsatz des Liquors und eine kontinuierliche Resorption.

Bildgebende Verfahren

Die heute gängigen bildgebenden Verfahren in den neurowissenschaftlich orientierten Fächern sind die Magnetresonanztomographie (MRT) und die Computertomographie (CT). Die physikalischen Charakteristika der CT lassen sich direkt aus den Grundlagen der Anwendung ionisierender Strahlen, wie sie auch im konventionellen Röntgenverfahren zur Anwendung kommen, erklären. Generell heißt das, dass im standardisierten Darstellungsverfahren Strukturen, die die Röntgenstrahlen stark schwächen, wie z. B. der Knochen, aber auch – oft vergessen – akute Blutansammlungen (Hämatome), im CT weiß (hyperdens, hohe Dichte) erscheinen. Auf der anderen Seite stehen flüssigkeitsenthaltende Räume, wie das zerebrale Ventrikelsystem, die – wasserähnlich – aufgrund der geringen Schwächung der Strahlen schwarz erscheinen (hypodens, geringe Dichte). Eine Mittelstellung als grau erscheinendes Äquivalenzbild nimmt das Hirnparenchym ein. Die genaue Erläuterung der auf der Protonenausrichtung (Kernspin) im Magnetfeld beruhenden MRT in Bezug auf das Äquivalenzbild des Nervensystems würde hier zu weit führen. Prinzipiell lassen sich die sog. T1- und T2-Gewichtung unterscheiden. Die unterschiedlichen Abstufungen der Abbildung im M RT reichen von hyperintens (hell) bis hypointens (dunkel). Die Hauptbestandteile des ZNS lassen in der T1-Gewichtung in verschiedenen Graustufen bei anatomisch hoher Auflösung die Binnenstrukturen des Gehirns erkennen. Liquor gefüllte Räume erscheinen schwarz. Der Hauptunterschied zur T2-Gewichtung besteht darin, dass die Ventrikelräume und der Subarachnoidalraum weiß erscheinen. Wichtig für die Diagnostik ist die Tatsache, dass der Schädelknochen im MRT so gut wie nicht erkennbar erscheint. Die im MRT hyperintense Kopfschwarte (reich an Fettgewebe) darf nicht mit dem Schädelknochen verwechselt werden.

Aus dem vorher Gesagten ergibt sich, dass das CT vor allem bei Fragen der Schädelbeteiligung seine Vorteile hat. Die Darstellung des Hirnparenchyms ist im Detail eine Domaine der MRT.

Durch Vereinbarung ist festgelegt, dass horizontale MRT- als auch CT-Bilder von caudal her betrachtet werden.

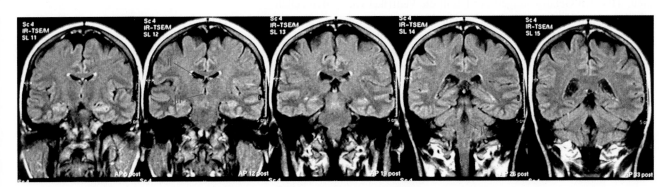

◘ **Abb. 17.3   Koronale MRT-Serie (T1-Gewichtung) zur Veranschaulichung der Ventrikeltopographie** (II, Ventriculus lateralis dexter; III, Ventriculus tertius; IV, Ventriculus quartus)

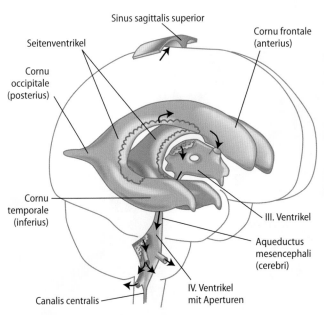

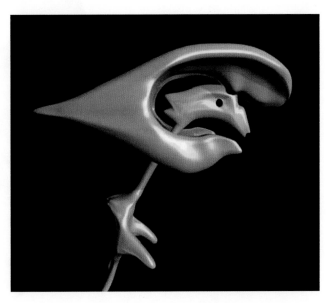

◘ **Abb. 17.4   Links: Ventrikelsystem mit Darstellung des Liquorflusses. Rechts: Virtuelles Ausgusspräparat des Ventrikelsystems des menschlichen Gehirns.** Beachte: Für die Beschriftung sind die aktualisierten Fachbegriffe nach der Terminologia Neuroanatomica (2017, FIPAT = The Federative International Programme For Anatomical Terminology) eingesetzt worden (in Klammern die ‚alten' Begriffe)

☐ Tab. 17.1 Zusammensetzung des Liquor cerebrospinalis	
Wassergehalt (%)	99
Gesamtprotein (mg/l) - Albumin (mg/l) - Immunglobuline (mg/l)	150–450 100–300 5–69
Glukose (mmol/l)	2,2–3,9
Chlorid (mmol/l)	118–132
Magnesium (mmol/l)	0,78–1,26
Kalium (mmol/l)	2,8–3,2
Natrium (mmol/l)	147–151
Osmolarität (mOsm/l)	295
pH	7,33
Spezifisches Gewicht (g/cm³)	1,004–1,007

men, dass sich Gefäßschlingen der Pia in die Ventrikel vorschieben. Histologisch betrachtet, besteht der Plexus choroideus aus der bindegewebigen *Tela choroidea* (**speziell differenzierte Pia mater**) und dem liquorproduzierenden Plexusepithel (**speziell differenziertes Ependym**). Das Ependym kleidet die Wände der Ventrikel aus. Die Ependymzellen des Plexus choroideus zeigen wichtige strukturelle und funktionelle Anpassungen für die Liquorproduktion.

Die Tela choroidea im Dach des 4. Ventrikels wird von den *Aperturae laterales* (Luschkae) und von der *Apertura mediana* (Magendie) durchbohrt. Über diese Öffnungen verlässt der Liquor das Ventrikelsystem (☐ Abb. 17.4) und gelangt zunächst in die *Cisterna magna* und von dort auch in die anderen Abschnitte des Subarachnoidalraums sowie in die übrigen Zisternen einschließlich jener, die das Rückenmark umgeben. Die Resorption des Liquors in den venösen Blutstrom erfolgt größtenteils über die *Granulationes arachnoideae* (Pacchioni) im Sinus sagittalis superior (☐ Abb. 17.6). Daneben wird Liquor auch über die Austrittsstellen von Hirn- und Spinalnervenwurzeln resorbiert. Jede Behinderung der **Liquorzirkulation**, (z. B. durch den Verschluss einer der Aperturen) oder der **Liquorresorption**, kann zu einer Erhöhung des Liquordrucks mit anschließender Erweiterung der Ventrikelräume führen und damit zu einer kompressionsbedingten Schädigung des umgebenden Gewebes. Ein negativer feedback-Mechanismus zwischen Liquorproduktion und -resorption existiert nicht. Die ☐ Abb. 17.6 zeigt eine schematische Darstellung des Liquorflusses. Angetrieben wird der Liquorfluss durch die Kinozilien der Ependymzellen.

Die Dura mater cranialis ist reich innerviert und vaskularisiert. Die Nerven stammen zum größten Teil aus Ästen des *N. trigeminus*. Der posteriore Anteil der Meningen wird sensibel über Äste des *N. vagus* innerviert. Die arteriellen Meningealgefäße sind Äste der *A. carotis externa*: *Aa. meningeae media et posterior*. Dabei versorgt die A. meningea media den größten Teil der Dura mater (☐ Abb. 17.7). Nur der vordere Ast (*A. meningea anterior)* stammt aus dem Stromgebiet der A. carotis interna.

☐ **Abb. 17.5 Plexus choroidei (Pc) der Seitenventrikel in einem plastinierten Horizontalschnitt des menschlichen Gehirns.** (Sammlung des Anatomischen Instituts der Universität zu Köln)

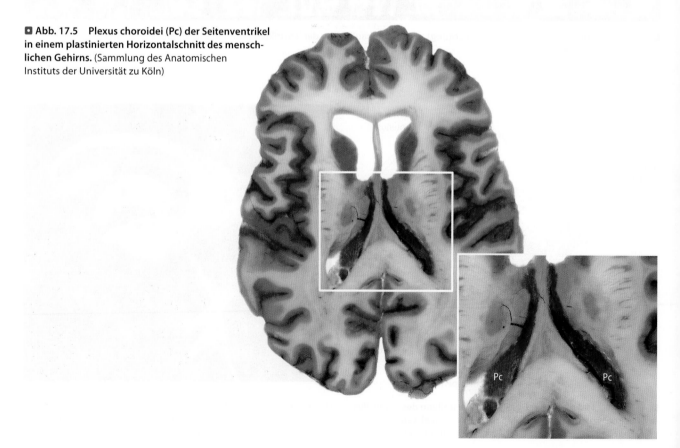

Hydrozephalus

Die Balance zwischen Produktion und Resorption der Liquorflüssigkeit ist entscheidend für das Gesamtvolumen des Liquors.
Eine Regulation der Liquorproduktion im
Sinne eines negativen Feedback-Mechanismus ist nicht existent. Eine Steigerung des
Liquorvolumens führt zu einer Ausdünnung
des umgebenen Gehirngewebes mit entsprechenden neurologischen Konsequenzen. Diese Störung wird Hydrozephalus (gr.
für Wasserkopf) genannt.
Es gibt neben anderen 2 klinisch wichtige
Formen des Hydrozephalus:

1. Wegen einer Abflussbehinderung
    des Liquors aus dem Ventrikelsystem
    entsteht ein **Hydrocephalus inter-
    nus.** Ist beispielsweise der schmale
    mesenzephale Aquädukt (zwischen
    dem III. und .IV. Ventrikel) verschlos-
    sen – z. B. durch die Adhäsion der ge-
    genüber liegenden Ventrikelwände
    als Folge einer Entzündung – kann
    hier der Liquor nicht mehr abfließen.
    Dieser Flüssigkeitsstau führt zu einer
    Druckerhöhung im III. Ventrikel (un-
    ter Umständen auch in den Seiten-
    ventrikeln) und manifestiert sich in
    einer Ausdünnung des Ventrikelbo-
    dens. Über eine sog. Ventrikulozister-
    notomie ist es möglich, den Boden
    des III Ventrikels zu perforieren, wo-
    durch ein zusätzlicher Abfluss für
    den Liquor in den äußeren Liquor-
    raum entsteht. Über einen endosko-
    pischen Zugang gelangt man über
    das Vorderhorn des Seitenventrikels
    zum Foramen interventriculare und
    hierüber in den III Ventrikel. Nach-
    dem am Boden dieses Ventrikels die
    Corpora mammillaria und anterior
    von diesen der Abgang des Infundi-
    bulum identifiziert worden sind,
    kann zwischen diesen beiden Struk-
    turen eine Perforation durchgeführt
    und somit eine Verbindung in die
    Cisterna interpeduncularis des Sub-
    arachnoidalraumes hergestellt wer-
    den.

2. Der **Hydrocephalus externus** ist eine
    Flüssigkeitsansammlung im äußeren
    Liquorraum. Dies kann beispiels-
    weise als Folge einer Verklebung der
    Arachnoidalzotten durch eine Me-
    ningitis entstehen. Dadurch kommt
    es zu einem Liquorstau im Subarach-
    noidalraum.

◻ Abb. 17.6 Schematische
Darstellung der Liquorzirkula-
tion in den Ventrikeln und im
Subarachnoidalraum

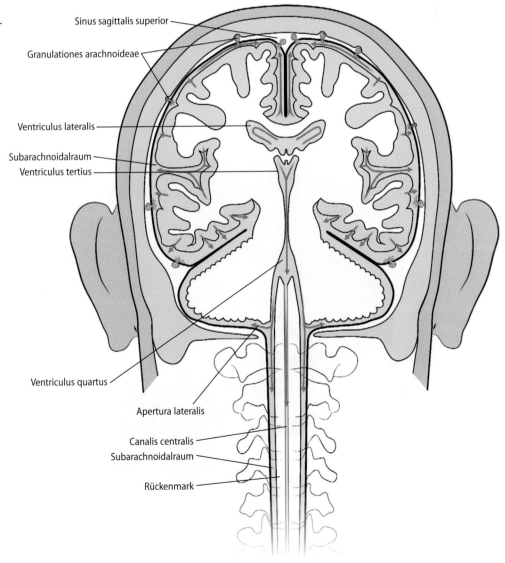

Sinus sagittalis superior

Granulationes arachnoideae

Ventriculus lateralis

Subarachnoidalraum

Ventriculus tertius

Ventriculus quartus

Apertura lateralis

Canalis centralis

Subarachnoidalraum

Rückenmark

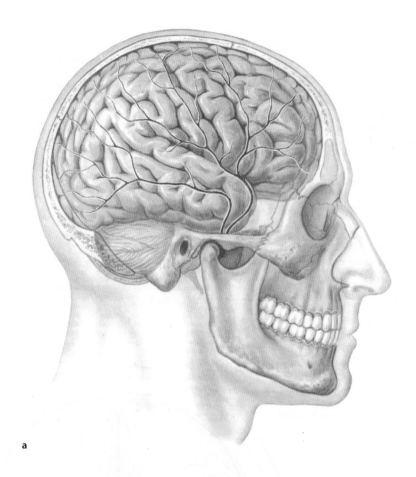

a

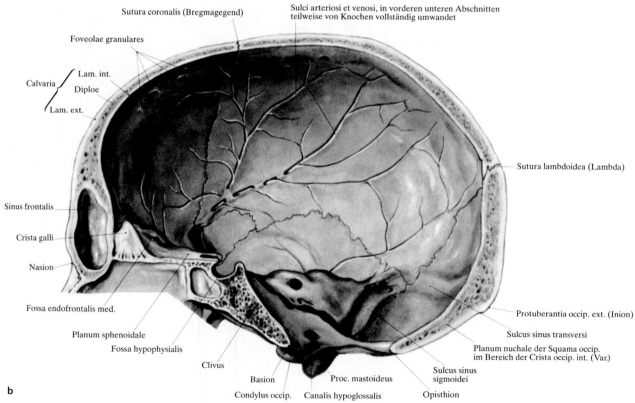

Sutura coronalis (Bregmagegend)

Sulci arteriosi et venosi, in vorderen unteren Abschnitten
teilweise von Knochen vollständig umwandet

Foveolae granulares

Lam. int.

Calvaria

Diploe

Lam. ext.

Sinus frontalis

Crista galli

Nasion

Fossa endofrontalis med.

Planum sphenoidale

Fossa hypophysialis

Clivus

Basion

Condylus occip.

Canalis hypoglossalis

Proc. mastoideus

Opisthion

Sulcus sinus
sigmoidei

Planum nuchale der Squama occip.
im Bereich der Crista occip. int. (Var.)

Sulcus sinus transversi

Protuberantia occip. ext. (Inion)

Sutura lambdoidea (Lambda)

b

**▪ Abb. 17.7   Projektion des Verlaufs der A. meningea media auf die Hirnoberfläche (a) und deren Furchen (Sulci arteriosi) auf die Innensei-
te der Schädelkalotte (b).** (Aus Lanz, Wachsmuth 2004)

Die sensible Innervation der Dura mater spinalis erfolgt über Rr. meningei der Spinalnerven, die arterielle Versorgung über Rr. spinales.

Ein 36-jähriger Mann wird in eingetrübtem Bewusstseinszustand in die Klinik aufgenommen. Er klagt über seit 2 Tagen bestehende massive Kopfschmerzen, die in den Nackenbereich ausstrahlen, und Fieber. Anamnestisch lässt sich eruieren, dass der Patient über die letzten 6 Monaten immer wieder wegen Vereiterungen der Nasennebenhöhlen, z. T. stationär, behandelt worden ist.
Die Notfalllaboruntersuchung zeigt eine erhöhte Leukozytenzahl und erhöhte Werte für das C-reaktive Protein im Serum.

Welcher anatomische Ort kommt für die Erklärung der Beschwerden und Befunde infrage?
Aufgrund der Anamnese und des Laborbefundes ist in erster Linie an eine Infektion im ZNS-Bereich zu denken. Die starken Schmerzen lassen an eine Beteiligung der Hirnhäute denken, die sehr dicht vom N. trigeminus sensibel versorgt werden. Eine Darstellung der Hirnhäute am Beispiel des Sehnerven (N. opticus) finden Sie in der Fallbeschreibung in ▶ Kap. 15 (◘ Abb. 15.18).

Welche Verdachtsdiagnose stellen Sie?
Entzündung der Hirnhäute (Meningitis)

Es wurde eine technische Untersuchung angeordnet. Um welches Verfahren wird es sich wahrscheinlich handeln?
Neben Entzündungszeichen im Blut schlagen sich intrakranielle Entzündungen – v. a. die der Hirnhäute – in Veränderungen des Liquor cerebrospinalis (Hirnwasser) wider. Liquor kann über eine sog. Lumbalpunktion gewonnen werden (◘ Abb. 17.8). Man geht – unter sterilen Bedingungen – mit einer Tuohy-Hohlnadel zwischen 2 Dornfortsätzen in der Mittellinie ein und schiebt die Nadel so weit vor, bis man – durch fühl-

baren Widerstand zu spüren – das Ligamentum flavum zwischen den Wirbelbögen der benachbarten Wirbelkörper erreicht (◘ Abb. 17.8). Das Band wird penetriert, man durchquert den Epiduralraum und schließlich landet man nach Perforation der Dura im Subarachnoidalraum mit dem Liquor cerebrospinalis.

Welchen Befund/welche Befunde erwarten Sie?
Während der normale Liquor wasserklar und frei von Zellen ist, war in diesem Falle der Liquor eitrig-trüb. Die mikroskopische Untersuchung zeigte eine Leukozytose und Bakterien.

Zusatzdiagnostik
Zur Identifizierung eines möglichen Defekts in der Schädelbasis (Aufsteigen von Bakterien in das Schädelinnere) wurde eine CT-Untersuchung des Schädels durchgeführt. Der Horizontalschnitt im CT der ◘ Abb. 17.9 zeigt die knöchernen Strukturen der Kalotte (hell) und die luftgefüllten Räume des Schädels, i. e. die Nasenhöhle und die Keilbeinhöhlen (schwarz). Im CT werden Dichteunterschiede der Gewebe gemessen und aus diesen ein anatomisches Bild errechnet. Dabei erscheinen wie in der konventionellen Röntgendiagnostik die Röntgenstrahlen stark schwächende, dichte Strukturen wie der Knochen hell, Gewebe mit relativ hohem Wasseranteil, wie das Gehirn und die Kopfschwarte grau, während lufthaltige Räume schwarz erscheinen. Letzteres lässt sich hier sehr gut an den Nasennebenhöhlen beobachten. Bei genauer Betrachtung fällt auf, dass sich die beiden Keilbeinhöhlen (Sinus sphenoidales) in ihren Dichtewerten unterscheiden. Auf der rechten Seite (Notabene: Horizontale CT- wie auch MRT-Aufnahmen werden per Konvention von unten bzw. kaudal betrachtet) ist das-

selbe Dichtesignal wie in der Nasenhöhle zu erkennen. Die linke Keilbeinhöhle (*) dagegen zeigt ein Signal, wie es normalerweise wasserreiche Gewebe aufweisen. In Zusammenhang mit der Anamnese deutet diese Verschattung auf eine Entzündung der linken Keilbeinhöhle hin. Das Dach der Keilbeinhöhle besteht aus relativ dünnem Knochen, dem nach kranial direkt die Hirnhäute der Schädelbasis folgen. Bei länger bestehenden Entzündungen kann der Knochen so verändert sein, dass es schließlich zum Durchbruch in die Schädelhöhle mit Ausbreitung infektiösen Materials nach intrakraniell kommen kann. So könnte die Entstehung einer Meningitis erklärt werden.

Kurzer Hinweis zur Therapie
Die Behandlung einer Meningitis wird i. d. R. stationär durchgeführt. Bereits bei der Lumbalpunktion kann über die liegende Punktionsnadel ein Antibiotikum in den Duralsack (intrathekale Verabreichung) instilliert werden. Aus dem entnommenen Liquor erfolgt die mikrobiologische Bestimmung des Erregers. Über ein Antibiogramm (oder auch Resistogramm) wird eine Empfindlichkeitsprüfung von Antibiotika für die weitere Behandlung durchgeführt: Aus dem entnommenen Liquor werden in Kulturschalen die Bakterien vermehrt. Anschließend folgt ein Test darauf, wie gut die einzelnen hinzu gegebenen Antibiotika das Wachstum der Bakterien hemmen. Ermittelt wird die minimale Hemmkonzentration (MHK), das ist die Konzentration des Antibiotikums, die unter Kulturbedingungen gerade ausreichend ist, um das Wachstum der Bakterien zu hemmen. Mit dem so ermittelten Antibiotikum der Wahl wird dann die Therapie fortgesetzt. und ggf. zusätzlich eine operative Therapie vorgenommen.

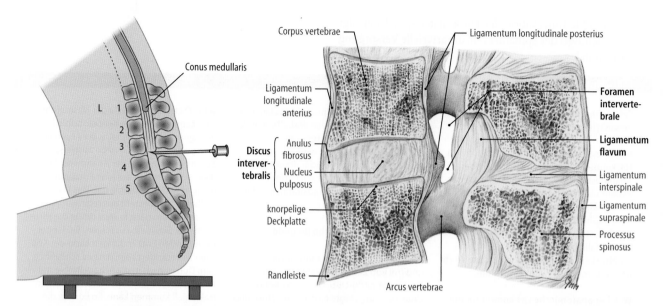

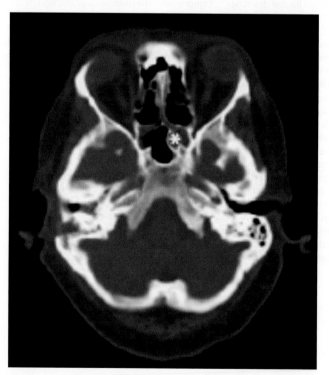

**Abb. 17.8   Zeichnerische Darstellungen des Prinzips der Lumbal-
punktion zwischen den Processus spinosi von LWK3 und LWK4
rechts eines Mediansagittalschnitts auf Höhe der LWK 1 und 2 (Abb.
Links).** Da beim erwachsenen Menschen das Rückenmark auf Höhe
LWK1/2 mit dem Conus medullaris endet (► Kap. 3) kann die Punktionsnadel zwischen LWK 3 und 4 gefahrlos in den Subarachnoidalraum vorgeschoben werden. Dort können die im Liquor frei flottieren-
den Wurzelfäden der Cauda equina der Nadel problemlos ausweichen.

Anatomische Landmarken bei der Vorführung der Nadel (Abb. rechts)
sind die hier nicht dargestellte Haut, das Ligamentum interspinale
zwischen den Dornfortsätzen und das Ligamentum flavum. Nach dessen Perforation gelangt die Nadelspitze in den hier nicht dargestellten
spinalen Epiduralraum und erreicht nach Durchquerung von Dura und
Arachnoidea den spinalen Liquorraum. (Aus Hallen 1975; Tillmann
2005)

Abb. 17.9   Die Knochenausspielung des CT zeigt im Bereich der
linken Keilbeinhöhle (Sinus sphenoidalis) im Vergleich mit der luftgefüllten Gegenseite (hypodens wegen der geringen Dichte von Luft)
eine Dichteanhebung. In Zusammenhang mit der geschilderten Kran-
kengeschichte im Fallbeispiel dürfte es sich am ehesten um eine Entzündung der linken Keilbeinhöhle handeln. Die sagittale Darstellung in
der Fallbeschreibung in ► Kap. 9 (► Abb. 9.5) zeigt deutlich, dass der
Sinus sphenoidalis nur durch den Clivus vom Hirnstamm getrennt ist.
(Aus Linn et al. 2011)

Gefäßversorgung

© Springer-Verlag GmbH Deutschland, ein Teil von Springer Nature 2019
S. Huggenberger et al., Neuroanatomie des Menschen, Springer-Lehrbuch
https://doi.org/10.1007/978-3-662-56461-5_18

In diesem Kapitel stehen die neuroanatomischen Besonderheiten der Gefäßversorgung des menschlichen Gehirns im Fokus. Neben der Arteria carotis interna und basilaris stehen auch der Circulus arteriosus cerebri und der venöse zerebrale Kreislauf im Blickpunkt. Ferner wird auf die Bluthirnschranke näher eingegangen.

18.1 Gefäßversorgung des Gehirns

Das Gehirn ist reich vaskularisiert: Die synaptische Aktivität, die Aufrechterhaltung von Konzentrationsgradienten über Membranen, der axonale Transport und der Großteil der spezifischen Funktionen von Neuronen erfordern eine praktisch kontinuierliche Energiezufuhr und -produktion und deswegen eine konstante Versorgung mit Sauerstoff und Nährstoffen. Jedwede Unterbrechung der Versorgung findet ihre klinische Entsprechung in zerebrovaskulären Ereignissen mit neurologischen Ausfällen, die sich als transitorische ischämische Attacken (TIA) oder als ein mehr oder weniger schwerwiegender Schlaganfall manifestieren können.

Das Gehirn wird durch die beiden *Aa. carotidae internae* sowie die beiden *Aa. vertebrales* vaskularisiert. Letztere vereinigen sich zu der unpaaren, median gelegenen A. *basilaris*. Der Karotiskreislauf und der Vertebralis-/Basilariskreislauf zeigen an der Hirnbasis eine Reihe von Anastomosen, die den sog. *Circulus arteriosus cerebri* oder auch *Circulus Willisii* bilden. Dieser Terminus, der in der Klinik häufig benutzt wird, bezieht sich auf den Erstbeschreiber (Thomas Willis, 1621–1673) und die Anordnung der arteriellen Gefäße an der Hirnbasis.

18.2 A. carotis interna

Die A. *carotis communis* entspringt auf der rechten Seite dem *Truncus brachiocephalicus* und auf der linken Seite direkt dem Aortenbogen. Die A. carotis communis läuft im Halsbereich nach cranial und teilt sich in die A. *carotis interna* und *externa* auf Höhe des kranialen Randes des Schildknorpels (entspricht in etwa der Höhe von HWK4). Die Unterscheidung von A. carotis interna und externa wird dadurch erleichtert, dass erstere bis zur Schädelbasis aufsteigt ohne Äste abzugeben, während aus der A. carotis externa zahlreiche Äste für die Versorgung wichtiger Organe im Hals- und Gesichtsbereich hervorgehen. Die A. carotis interna durchtritt die Schädelbasis im *Canalis caroticus* und tritt dann in den *Sinus cavernosus* ein, der lateral der *Sella turcica* liegt (▶ Kap. 14). Nach dem Austritt aus dem Sinus cavernosus gibt die A. carotis interna die A. *ophthalmica* ab, die die Strukturen der Orbita versorgt. Der A. ophthalmica entspringt die A. *centralis retinae*, die über die *Papilla n. optici* in den *Bulbus oculi* eintritt (▶ Kap. 14). Die A. centralis retinae ist einer direkten Untersuchung durch die Ophthalmoskopie (Spiegelung des Augenhintergrundes) zugänglich. Da sie ein Ast der A. carotis interna ist, erlaubt die Betrachtung des Augenhintergrundes eine allgemeine Orientierung über den Zustand der arteriellen

Gefäße des Körpers. Die Endäste der A. carotis interna sind die A. *cerebri anterior*, die A. *cerebri media*, die A. *choroidea anterior* und die A. *communicans posterior* (◘ Abb. 18.1). Alle diese Arterien (mit Ausnahme der A. choroidea anterior) sind Bestandteil des Circulus arteriosus Willisii.

18.3 Aa. vertebrales und A. basilaris

Die *Aa. vertebrales* entspringen aus den *Aa. subclaviae*. Sie steigen im dorsalen Halsbereich auf, wobei sie durch die *Foramina transversaria* der Halswirbel verlaufen. Von dort treten sie über das *Foramen magnum* in das Schädelinnere ein. Die Aa. vertebrales beider Seiten vereinigen sich zu der unpaaren, in der Mittellinie ventral des Pons verlaufenden A. *basilaris* (◘ Abb. 18.1). Vor ihrer Vereinigung geben die Aa. vertebrales die unpaare *A. spinalis anterior* ab, die an der ventralen Oberfläche des Rückenmarks in der *Fissura mediana anterior* nach kaudal verläuft. Weiterhin entspringen den Aa. vertebrales die *Aa. cerebelli inferiores posteriores*. Bevor die A. basilaris sich in ihre Endäste aufzweigt, gibt sie die die *Aa. cerebelli inferiores anteriores* für das Kleinhirn (◘ Abb. 18.1), die A. *labyrinthi* für das Innenohr, die *Aa. pontis* zur Brücke und die A. *cerebelli superior* für das Kleinhirn ab. Kurz oberhalb der A. superior cerebelli (Kleinhirn) teilt sich die A. basilaris in ihre beiden Endästen auf, die *Aa. cerebri posteriores*, die an der Bildung des Circulus Willisii beteiligt sind.

18.4 Circulus arteriosus cerebri (Willisii)

Bei dieser Struktur handelt es sich um einen Anastomosenring im Subarachnoidalraum der Hirnbasis (◘ Abb. 18.1). Dieser Gefäßring umfasst das *Chiasma opticum*, den Hypophysenstiel und die *Corpora mammillaria*. Die Seiten des Rings werden von den *Aa. cerebri posteriores*, den *Aa. communicantes posteriores*, den *Aa. cerebri anteriores* und der unpaaren *A. communicans anterior* gebildet (◘ Abb. 18.2, ◘ Abb. 18.3). Aa. perforantes gehen von allen Arterien des Circulus arteriosus zur *Substantia perforata anterior* – seitlich des Chiasma opticum gelegen – und der *Substantia perforata posterior* – kaudal der *Corpora mammillaria* ab. Diese Äste tragen zur Versorgung der in der Tiefe des Gehirns gelegenen Strukturen wie der Capsula interna, des *Thalamus* und des *Corpus striatum*.

Die *Aa. cerebri posteriores* sind die Endäste der unpaaren A. basilaris (◘ Abb. 18.4). Die Perforansarterien aus diesem Bereich versorgen den *Thalamus dorsalis* und den *Ncl. subthalamicus*. Die kortikalen Endäste gewährleisten die Versorgung des *Lobus occipitalis* und eines großen Teils des basalen *Lobus temporalis* (◘ Abb. 18.5). Gefäßverschlüsse im Versorgungsgebiet der Aa. cerebri posteriores führen zu verschiedenen Symptomen, insbesondere Störungen des Gesichtsfeldes (▶ Kap. 14).

Die *Aa. cerebri mediae* (◘ Abb. 18.3, ◘ Abb. 18.4) verlaufen durch den *Sulcus lateralis* und versorgen die um diesen Sulcus herum gelegenen Hirnanteile: Lobus frontalis und pari-

18.4 · Circulus arteriosus cerebri (Willisii)

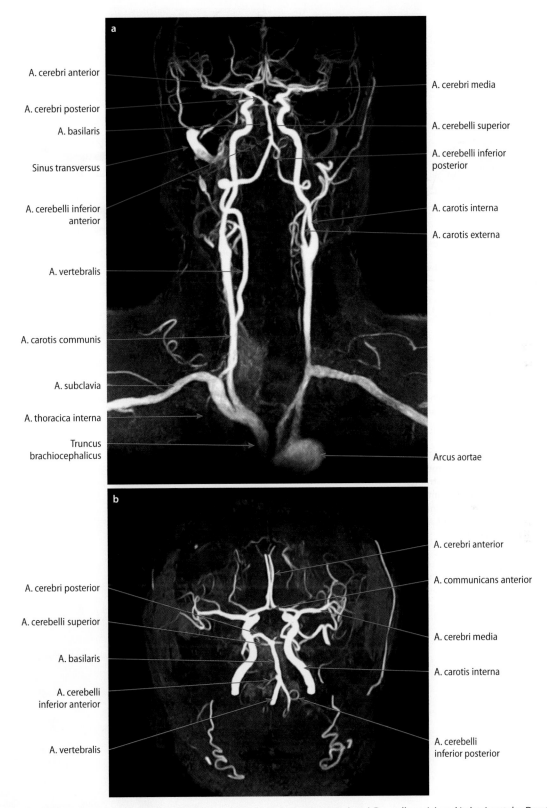

A. cerebri anterior

A. cerebri posterior

A. basilaris

Sinus transversus

A. cerebelli inferior anterior

A. vertebralis

A. carotis communis

A. subclavia

A. thoracica interna

Truncus brachiocephalicus

A. cerebri media

A. cerebelli superior

A. cerebelli inferior posterior

A. carotis interna

A. carotis externa

Arcus aortae

A. cerebri posterior

A. cerebelli superior

A. basilaris

A. cerebelli inferior anterior

A. vertebralis

A. cerebri anterior

A. communicans anterior

A. cerebri media

A. carotis interna

A. cerebelli inferior posterior

■ Abb. 18.1a–d   MRT-Angiogramme (nach Kontrastmittelgabe) in anterior-posteriorer (a.-p.) Darstellung (**a**) und in horizontaler Darstellung (**b**) (Mit freundlicher Genehmigung des Klinikums Leverkusen).

c

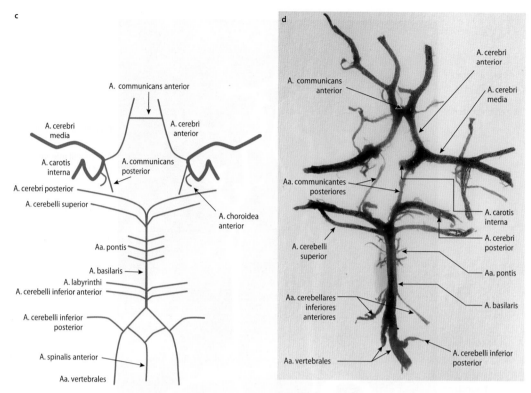

d

□ **Abb. 18.1a–d**   (Fortsetzung) **c** Schematische Darstellung des Circulus arteriosus und seiner Äste. **d** Entsprechendes anatomisches Präparat (Mit freundlicher Genehmigung der anatomischen Sammlung der Universität zu Köln)

□ **Abb. 18.2   Angiogramm des Stromgebietes der A. carotis interna im lateralen Strahlengang.** Der Karotissiphon ist Teil des intrakavernösen Verlaufs der A. carotis interna. (Mit freundlicher Genehmigung von Prof. M. Hartmann, HELIOS-Klinikum Berlin)

18

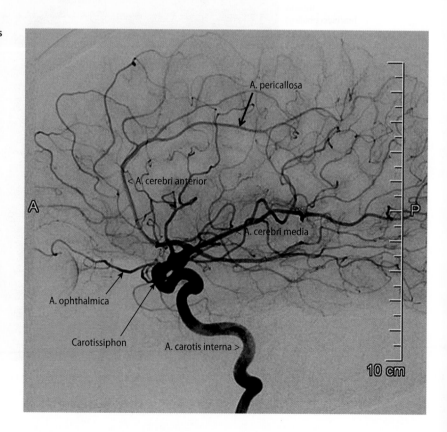

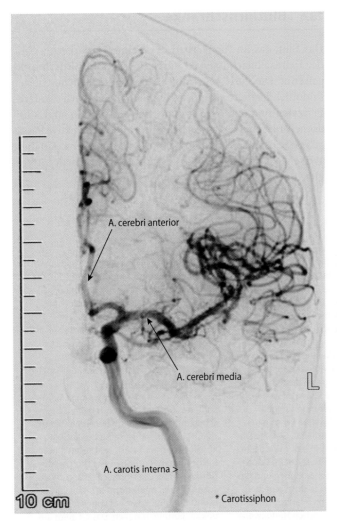

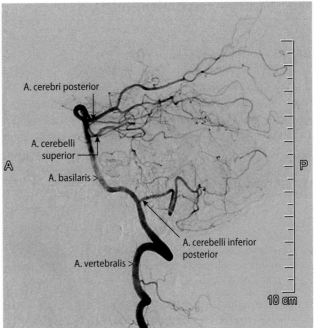

◻ **Abb. 18.4   Angiogramm des Stromgebietes der Aa. vertebralis im lateralen Strahlengang.** (Mit freundlicher Genehmigung von Prof. M. Hartmann, HELIOS-Klinikum Berlin)

◻ **Abb. 18.3   Angiogramm des Stromgebietes der A. carotis interna im antero-posteriorer Strahlengang.** (Mit freundlicher Genehmigung von Prof. M. Hartmann, HELIOS-Klinikum Berlin)

etalis mit Ausnahme der Mantelkante (die am weitesten dorsal gelegenen Kortexanteile) sowie den Großteil des Lobus temporalis (inkl. Temporalpol). Demnach wird der Großteil der lateralen Kortexoberfläche mit Blut aus der *A. cerebri media* versorgt (◻ Abb. 18.5). Die Perforansarterien der A. cerebri media verlaufen zum Putamen, Globus pallidus und Crus posterior der Capsula interna. Ein Verschluss der A. cerebri media ruft aufgrund des ausgedehnten Versorgungsgebietes schwerwiegende neurologische Ausfälle hervor. Die Minderversorgung der *Capsula interna* kann zur kontralateralen Hemiplegie (Halbseitenlähmung) und Hemihypästhesie (halbseitige Sensibilitätsstörungen) führen. Der Verschluss der kortikalen Äste auf der linken – i. d. R. dominanten Großhirnhemisphäre – kann verschiedene Formen der Aphasie durch Schädigung der kortikalen Sprachzentren hervorrufen.

Die *A. choroidea anterior* trägt zur Versorgung des *Plexus choroideus* der Seitenventrikel bei. Darüber hinaus verlaufen tiefe Äste zum *Crus posterius* der Capsula interna. Deren Verschluss kann eine Hemiplegie und Hemianopsie (Halbseiten-

blindheit; wegen des Verlaufs der Radiatio optica in dem am weitesten posterior gelegenen Anteil des Crus posterius) bewirken.

Die *Aa. cerebri anteriores* (◻ Abb. 18.3, ◻ Abb. 18.4) treten nach rostral in den Interhemisphärenspalt ein und folgen dann im Bogen dem Genu und Teilen des *Truncus corporis callosi*. Sie versorgen die *Lobi parietalis* und *frontalis* auf der medialen Oberfläche und an der Kante des Interhemisphärenspaltes (Mantelkante) (◻ Abb. 18.5). In der Tiefe versorgt der Ramus recurrens den hinteren Schenkel der *Capsula interna* und das *Caput nuclei caudati*. Ein Verschluss dieses Gefäßes kann eine Unterbrechung der kortikonukleären Fasern, die das Knie der Capsula interna durchziehen, zur Folge haben. Daraus können Störungen wie Dysphonie (Stimmstörung) oder Dysphagie (Schluckstörungen) resultieren, die auf Lähmung jener Muskeln beruhen, die über den *N. vagus* (dessen Fasern u. a. aus dem *Ncl. ambiguus* stammen), innerviert werden. Die *A. callosomarginalis*, eine der Arterien, die dem Verlauf des Interhemisphärenspaltes folgt, versorgt die Zentralregion im Projektionsbereich für die untere Extremität. Ihr Verschluss kann zur kontralateralen Parese und Sensibilitätsstörungen des Beins sowie zu einem Verlust der kortikalen Kontrolle der Miktion (Harninkontinenz) führen.

Der *Circulus arteriosus* des Gehirns kann in vivo durch eine zerebrale Angiographie dargestellt werden, bei der über eine Kontrastmittelgabe in die Gefäße der Karotis- und/oder Vertebraliskreislauf radiologisch sichtbar gemacht wird. Die Normergebnisse dieser Untersuchung sind in den ◻ Abb. 18.2, ◻ Abb. 18.3 und ◻ Abb. 18.4 dargestellt.

18.5   Venöser zerebraler Kreislauf

Das venöse Blut, das von der Hirnoberfläche zurückfließt, wird in die *Sinus durae matris* (▶ Kap. 17) geleitet. Das tiefe venöse System des Gehirns drainiert den Thalamus dorsalis und die Basalganglien. Das Blut gelangt dann in die *V. cerebri magna* (Galeni), die ihrerseits in das System der venösen Blutleiter der Sinus durae matris mündet. Der *Sinus rectus*, der Blut aus der *V. cerebri magna* aufnimmt, der Sinus transversus und der *Sinus sigmoideus* stellen den Anfangsteil der *V. jugularis interna* (▶ Abb. 17.1) dar, die im Halsbereich zusammen mit der *A. carotis communis* verläuft.

18.6   Bluthirnschranke

Das Blut, das im Kapillarbett des Gehirns zirkuliert, ist von der Extrazellulärflüssigkeit durch die sog. **Bluthirnschranke** getrennt. Die Barriere wird gebildet vom nicht-fenestrierten Endothel der zentralvenösen Kapillaren, den perivaskulären Perizyten und den Astrozytenfortsätzen, die sich an das Endothel anlegen. Die Barriere gewährleistet die selektive Passage von Substanzen aus dem Blut in das Hirngewebe. Auf diese Weise stellt das ZNS ein geschütztes Kompartiment im Vergleich mit den anderen Organen des Körpers dar.

Apoplex

Erkrankungen der arteriellen Gefäße und insbesondere der Hirnarterien sind noch immer die häufigste Ursache für Todesfälle und chronische Behinderung. Dabei spielen arteriosklerotische Veränderungen der Gefäße die führende Rolle. Aus kleinen Läsionen der inneren Gefäßoberfläche (Endothel) können sich über Jahre komplexe Veränderungen der Gefäßwand entwickeln, die zunehmend das Lumen (Lichtung) der betroffenen Gefäße einengen. Wenn es schließlich zum kritischen Abfall des Blutdurchflusses durch diese Engstelle (Stenose) kommt bzw. die Engstelle komplett verschlossen wird, wird das stromabwärts gelegene Versorgungsgebiet wegen des akuten Sauerstoffmangels geschädigt. Diesen Mechanismus bezeichnet man als ischämischen Infarkt. Ein ischämischer Infarkt kann auch durch ein peripheres Blutgerinnsel (z. B. bei Vorhofflimmern, irregulären Kontraktionen des linken Herzvorhofs) ausgelöst werden, das mit dem Blutstrom vom Herzen in den Hirnkreislauf verschleppt wird. Dort wo der Gefäßdurchmesser kleiner ist als jener des Gerinnsels kommt es zum akuten Gefäßverschluss. Dieser verursacht je nach Sitz neurologische Ausfälle. Ein anderer Typ des Hirninfarkts ist der sog. hämorrhagische Infarkt, eine Form der Hirnblutung. Diesem Infarkt liegt das plötzliche Reißen eines Hirngefäßes zugrunde. Dadurch kommt es zu einer meist ausgedehnten Blutung in das Gehirngewebe mit entsprechenden neurologischen Symptomen.

Der ischämische Infarkt kann bei schnellem Eingreifen erfolgreich behandelt werden, wenn es innerhalb eines Zeitfensters von 3–4 Stunden nach dem Infarkt bzw. dem Auftreten der neurologischen Ausfälle gelingt, ein Gerinnsel aufzulösen (Lysetherapie) oder eine Engstelle aufzudehnen. Daraus ergibt sich für Ärzte und Studierende der Medizin, aber auch für Laien die Aufgabe, für die sofortige Klinikeinweisung (am besten in eine sog. Stroke Unit) von Personen zu sorgen, die akute neurologische Störungen zeigen (Sprachstörungen, halbseitige Lähmungen oder Störungen der Sensibilität, Gesichtslähmungen, Sehstörungen). In jedem Verdachtsfall wird zunächst ein CT des Schädels durchgeführt, um zwischen ischämischen und hämorrhagischen Infarkten zu unterscheiden (◘ Abb. 18.6). Ischämische Infarkte stellen sich im Dichtebereich zwischen Hirngewebe und Liquor als dunkelgrau (hypodens) dar. Dem liegt die nach dem Infarkt auftretende Einlagerung von Wasser in das Gewebe (Ödem) zugrunde. Dieses führt zum Anschwellen des Gewebes (Man beachte in ◘ Abb. 18.6 im Seitenvergleich das „Verschwinden" der Hirnwindungen auf der ödematösen Seite). Die Infarktzone ist in unserem Beispiel gut in der rechten Hirnhälfte (Notabene: CT- und MRT-Schnittbilder werden vereinbarungsgemäß von caudal betrachtet) in ihrer Ausdrehung von der Oberfläche bis zum Seitenventrikel (schwarz) in den mittleren 2/3 des Gehirns zu erkennen.

Diese Zone entspricht dem Versorgungsgebiet der A. cerebri media (◘ Abb. 18.5). Klinisch wäre mit einer gegenseitigen (Bahnkreuzung ▶ Kap. 4) Lähmung und Sensibilitätsstörung zu rechnen. Ein hämorrhagischer Infarkt würde aufgrund der relativ hohen Dichte von Blut (Rote und weiße Blutkörperchen) weiß (hyperdens) – ähnlich dem Schädelknochen – erscheinen. Die schon erwähnte Lysetherapie (Auflösung des Gerinnsels) ist nur beim ischämischen Infarkt angezeigt. Bei einem hämorrhagischen Infarkt ist diese Behandlung absolut kontraindiziert, weil sie zu einer fortgesetzten Blutung in das Hirngewebe führen würde. Die Unterscheidung zwischen beiden Infarktformen ist im CT aufgrund der physikalischen Eigenschaften der beiden Formen möglich. Das CT zeigt auf anatomischer Ebene Dichteunterschiede der Gewebe des Schädels bzw. des Schädelinneren Strukturen, die die diagnostisch eingesetzten Röntgenstrahlen massiv schwächen, erscheinen weiß (hyperdens, im Bsp. der Schädelknochen). Strukturen mittlerer Dichte wie das Hirngewebe zeigen sich grau und Gebiete mit wasserähnlicher Dichte (Liquorhaltige Hohlräume wie die Ventrikel und der Subarachnoidalraum; keine Schwächung der Röntgenstrahlen) schwarz.

18

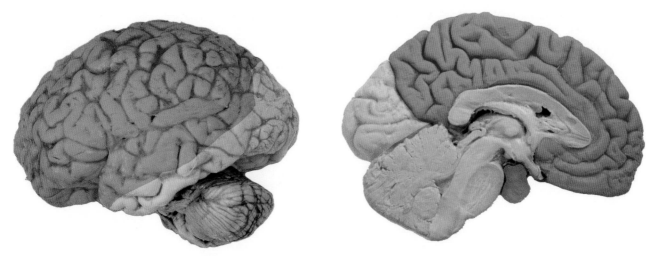

D Abb. 18.5   Versorgungsgebiete der A. cerebri anterior (in rot), der A. cerebri media (in blau) und der A. cerebri posterior (in gelb) dargestellt für die linke Hemisphäre

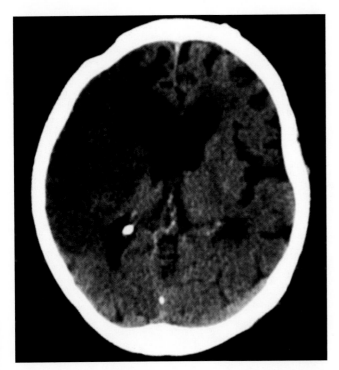

D Abb. 18.6   CT-Aufnahme. (Mit freundlicher Genehmigung von von Prof. D. Maintz und Dr. C. Kabbasch, Institut für Diagnostische und Interventionelle Radiologie, Uniklinik Köln)

Serviceteil

© Springer-Verlag GmbH Deutschland, ein Teil von Springer Nature 2019
S. Huggenberger et al., *Neuroanatomie des Menschen,* Springer-Lehrbuch
https://doi.org/10.1007/978-3-662-56461-5

Anhang

◘ Abb. 1   Ebenen und Lagebezeichnungen des menschlichen
Gehirns

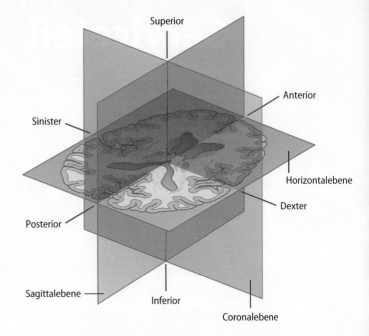

◘ Abb. 2   Bezugsachsen für Hirnstamm (1)
und Vorderhirn (2)

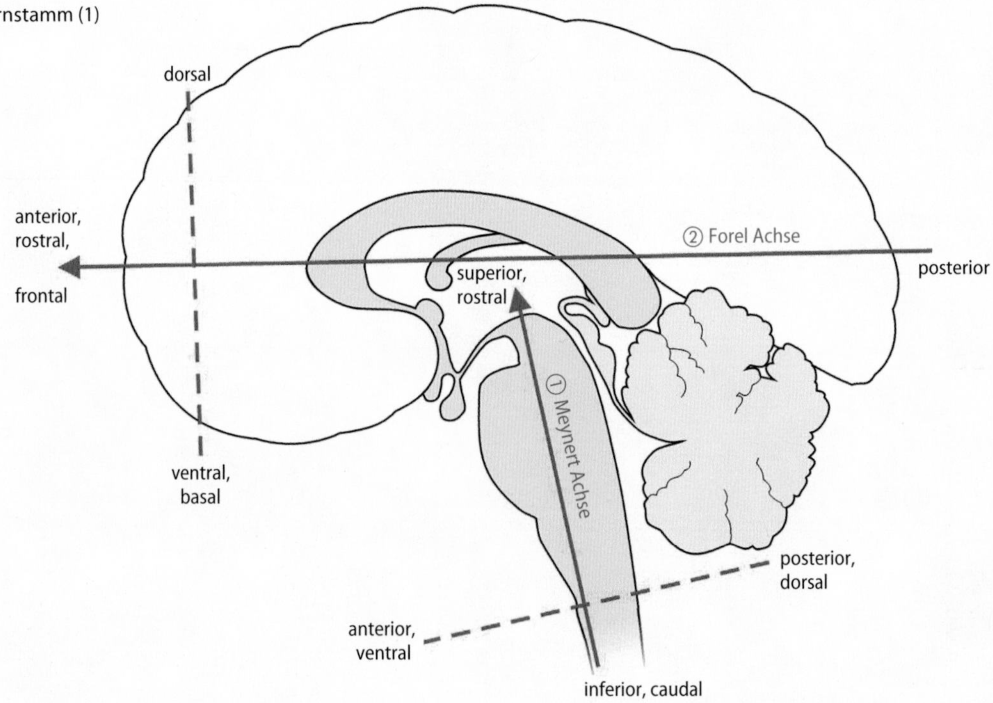

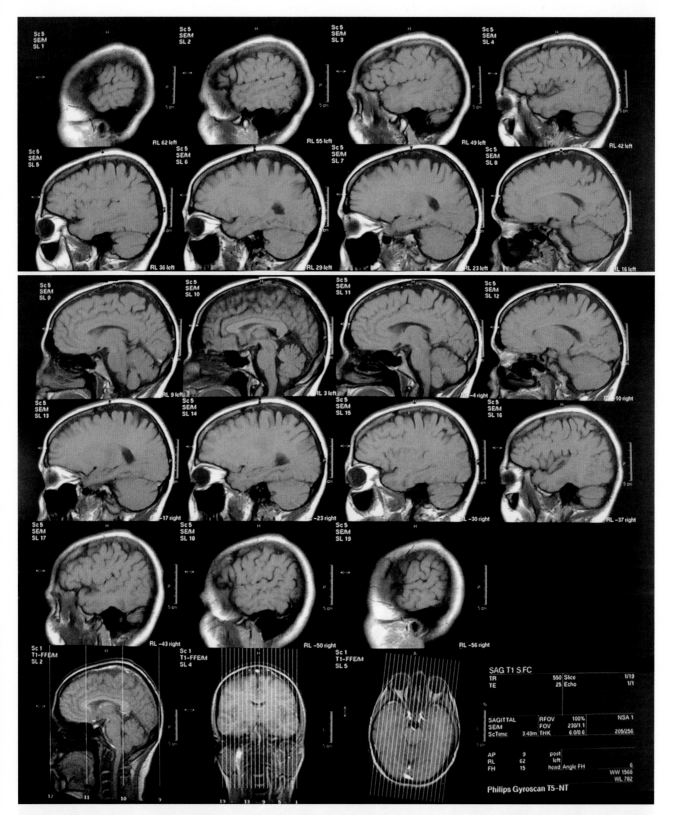

Abb. 3 Sagittale MRT-Darstellung des menschlichen Gehirns (PD-Gewichtung). Hier und im Folgenden ist die MRT-Darstellung des menschlichen Gehirns (Normalbefund) am Beispiel einer 35-jährigen Frau zu sehen

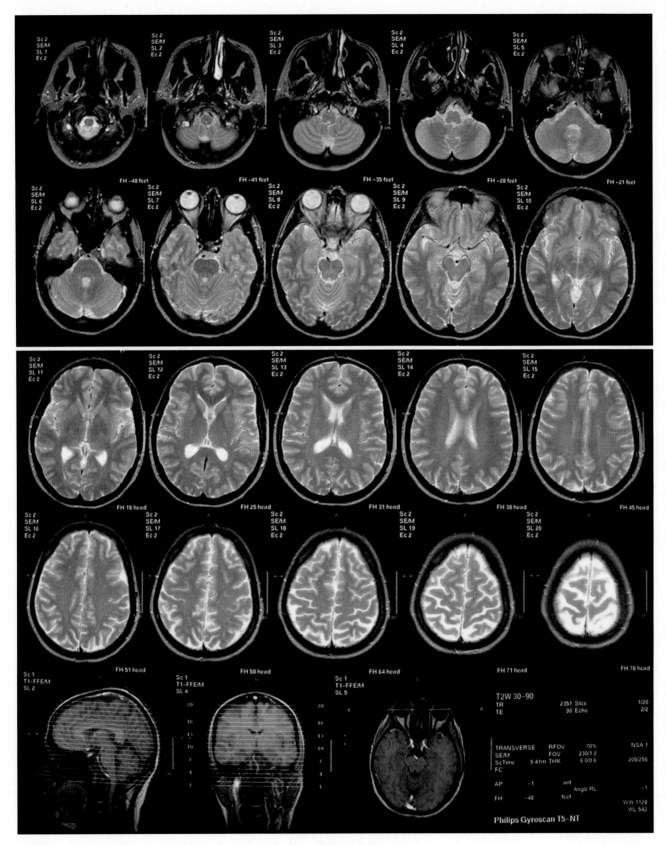

Abb. 4   Horizontale MRT-Darstellung des menschlichen Gehirns (T2-Gewichtung)

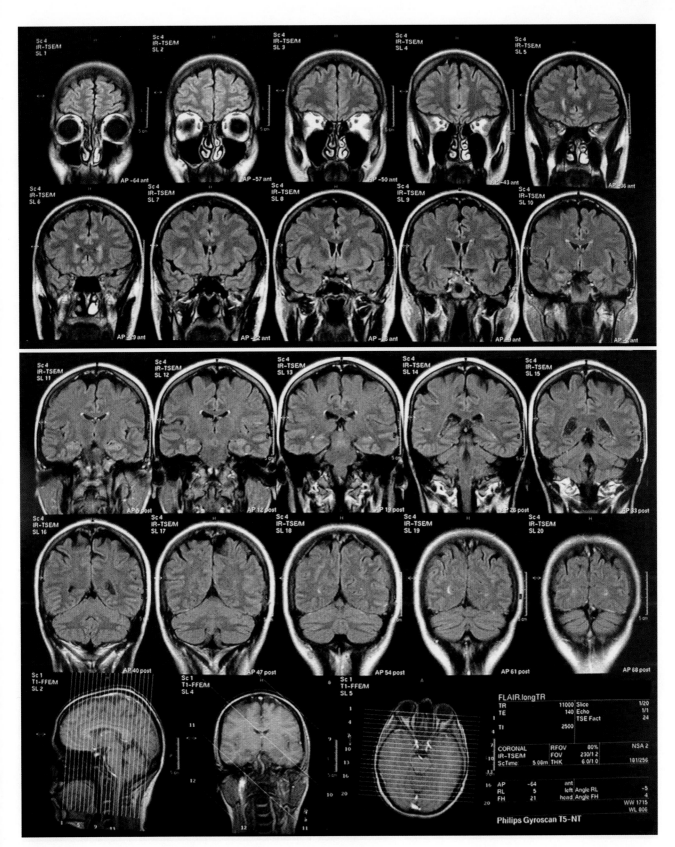

Abb. 5 Koronale MRT-Darstellung des menschlichen Gehirns (T1-Gewichtung)

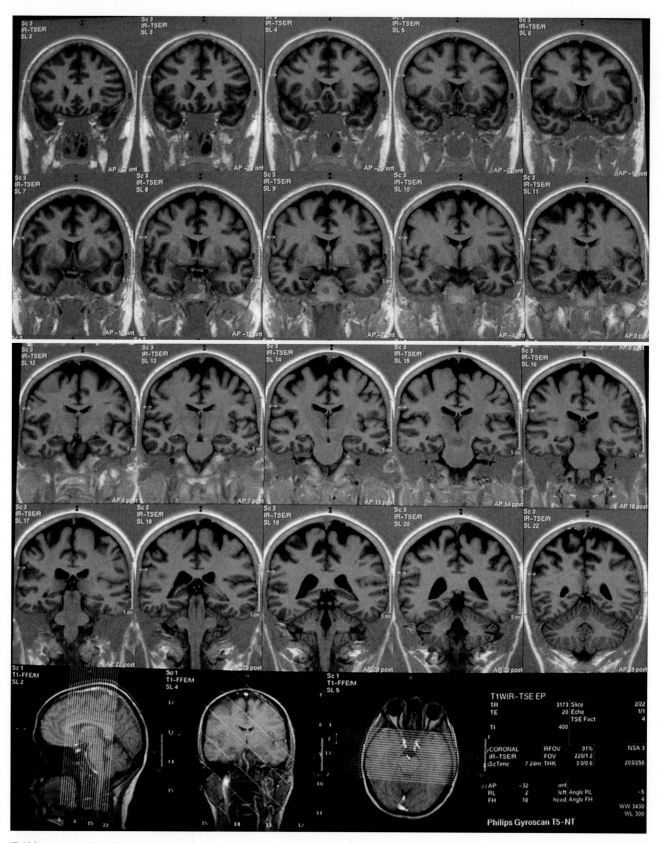

◘ Abb. 6   Koronale MRT-Darstellung des menschlichen Gehirns (T1-Gewichtung)

Glossar

◘ Tab. 1 Wichtige Begriffe, ihre Herkunft, Definition und englische Entsprechungen (Gr = Griechisch, L = Latein)

Begriff	Herkunft	Definition	Englischer Begriff
A			
Acetylcholin	–	Wichtiger Transmitter des ZNS (▶ Kap. 1); wirkt z. B. an motorischen Endplatten (▶ Kap. 5) oder wird von postganglionären Neuronen des Parasympathikus ausgeschüttet (▶ Kap. 16)	Acetylcholine
Adrenalin	L In Nähe der Niere	Katecholamin, produziert im Nebennierenmark, Transmitter im PNS (▶ Kap. 16) und ZNS (▶ Kap. 7)	Adrenaline, Epinephrine
Afferent	L herantragen		Afferent
Akkommodation	L Anpassung	Prozess der Fokussierung nahegelegener Objekte durch Änderung der Linsenform hin zu stärkerer Konvexität (▶ Kap. 4)	Accomodation
Alpha (α) Motoneurone	–	Motoneurone des Rückenmarks oder des Hirnstamms, die extrafusale Muskelfasern innervieren (Kap.1, 3, 5, 6)	Alpha motoneuron
Amnesie	Gr ohne Gedächtnis	Gedächtnisverlust (▶ Kap. 13)	Amnesia
Amnesie, anterograde		Unvermögen, sich an Dinge zu erinnern, die sich nach einer Läsion ereignet haben (▶ Kap. 13)	Anterograde amnesia
Amygdala	Gr Mandel	Kerngebiet im Temporallappen (Kap.13)	Amygdala
Analgesie	Gr Schmerzfreiheit	Fehlende Wahrnehmung von Schmerzreizen (▶ Kap. 4 und 7)	Analgesia
Aneurysma	Gr Aussackung	Lokale Aussackung einer Arterie (▶ Kap. 17)	Aneurysm
Angiographie	Gr Schrift der Arterien	Radiographische Abbildung der Blutgefäße mittels intraarterieller Gabe eines Kontrastmittels (▶ Kap. 18)	Arteriography
Anopsie	Gr ohne Gesichtssinn	Vorübergehender oder permanenter Verlust des Gesichtsfeldes bzw. von Teilen des Gesichtsfeldes	Anopsia
Antidrom	Gr in Gegenrichtung laufend	Reizweiterleitung entgegen der orthodromen (normalen) Richtung, z. B. innerhalb eines Neurons aus Richtung der Präsynapse zur Postsynapse hin oder über den synaptischen Spalt von der Postsynapse zur Präsynapse	Antidromic
Aphasie	Gr ohne Sprache	Aufgehobene oder reduzierte Fähigkeit, sich durch gesprochene oder geschriebene Sprache auszudrücken, verbunden mit Schwierigkeiten des Sprach- und Leseverständnisses. Man unterscheidet zwei klassische Formen: motorische (Broca) und sensorische (Wernicke) Aphasie (▶ Kap. 12).	Aphasia
Apoplex/Schlaganfall	Gr Schlag	Akut auftretende neurologische Ausfallserscheinungen aufgrund einer arteriellen Mangelversorgung (ischämischer Infarkt) oder einer Blutung in das Gehirnparenchym (hämorrhagischer Infarkt) (▶ Kap. 18).	Stroke
Arachnoidea/Spinnwebhaut	Gr spinnenähnlich	Intermediär gelegene Schicht der Hirnhaut. Der Begriff bezieht sich auf die fragile Struktur einer Spinne bzw. dieses Teils der Hirnhaut.	Arachnoid
Archi-	Gr alt	Präfix zur Bezeichnung phylogenetisch alter Anteile des Gehirns, z. B. Archipallium (▶ Kap. 12)	Archi-
Astereognosie	Gr ohne räumliches Erkennen	Unfähigkeit, Gegenstände des täglichen Gebrauchs durch Betasten/bei geschlossenen Augen zu identifizieren	Astereognosia
Astrozyt	Gr sternförmige Zelle	Gliazelle des ZNS (▶ Kap. 1)	Astrocyte

▢ Tab. 1 (Fortsetzung)

Begriff	Herkunft	Definition	Englischer Begriff
Ataxie	Gr ohne Ordnung	Muskulärer Koordinationsdefekt mit Auftreten irregulärer Bewegungen. Die Ataxie ist häufig mit Läsionen der Hinterstränge (sensible Ataxie ▶ Kap. 4) oder des Kleinhirns (zerebelläre Ataxie ▶ Kap. 8) assoziiert	Ataxia
Attacke, transitorische ischämische (TIA)	–	s. Apoplex	Transitory ischemic attack
Axolemm	Gr Hülle des Axons	Zellmembran des Axons	Axolemma
Axon	Gr Achse	Fortsatz eines Neurons, durch den die Weiterleitung eines Reizes weg vom Perikaryon erfolgt	Axon
Axoplasma	Gr Substanz des Axons	Axonales Zytoplasma	Axoplasm
Auditorisch	L audire = hören	Adjektiv, das sich auf Strukturen des Innenohres (Cochlea) und der Hörbahn bezieht	Auditory
Augenbewegungen, konjugierte	–	Gleichzeitige und koordinierte Bewegung einer Struktur bezogen auf eine andere. Bsp. Konjugierte sakkadische Bewegungen des Auges	Conjugate eye movements
Augendominanzsäule, Okulardominanzsäule	–	Zellsäulen des primär visuellen Kortex, die von visuellen Afferenzen erregt werden, die die Informationen von einem Auge vermitteln (▶ Kap. 14)	Ocular dominance column
Autonom	Gr eigenen Gesetzen unterworfen	Häufig benutztes Adjektiv, um den Teil des PNS zu beschreiben, der die Eigenweidefunktionen reguliert. Der eigentlich unpassende Begriff, der aber immer noch in der wissenschaftlichen Literatur verwendet wird, sollte ursprünglich auf die relative Unabhängigkeit von den höheren neuralen Zentren hinweisen	Autonomic
B			
Barorezeptor/ Druckrezeptor	Gr Baro = Druck	Arterieller Druckrezeptor im Sinus caroticus und im Aortenbogen (▶ Kap. 1 und 15)	Baroreceptor
BDNF (Brain-derived neurotrophic factor)	–	Faktor aus der Familie der Neurotrophine, der das Überleben und den Erhalt von Neuronen fördert. BDNF ist auch in die Modulierung synaptischer Aktivität involviert (▶ Kap. 12)	BDNF (Brain-derived neurotrophic factor)
Broca	–	s. Aphasie	
Bulbär	L Bulbus = Zwiebel	Adjektiv für die Medulla oblongata	Bulbar
C			
Cauda equina	L Pferdeschwanz	Gesamtheit der Nervenfasern am kaudalen Ende des Rückenmarks (▶ Kap. 2)	Cauda equina
Chiasma opticum/ Sehnervenkreuzung	Gr in Form eines X	Struktur an der ventralen Oberfläche des Diencephalon, in der ein Teil der Fasern des N. opticus auf die Gegenseite kreuzt	Optic chiasm
Cholinerg	–	Adjektiv für Neurone, die Acetylcholin als Transmitter verwenden. s. Acetylcholin	cholinergic
Chorea	Gr Tanz	Rasche unwillkürliche Bewegungen einiger Muskelgruppen, die Fragmente motorischer Programme darstellen	Chorea
Claustrum	L Schranke	Barriereförmiger Streifen grauer Substanz zwischen Inselrinde und Putamen (▶ Kap. 11)	Claustrum
Colliculus	L kleiner Hügel	Kleine halbkugelförmige anatomische Struktur; bezeichnet einen der vier Hügel (Vierhügelplatte), die das Tectum des Mittelhirns bilden (▶ Kap. 6)	Colliculus
Corona radiata	L ausstrahlende Krone	Gesamtheit der Faserbündel, die sich von der Hirnrinde zur Capsula interna und umgekehrt erstrecken	Corona radiata

◻ Tab. 1 (Fortsetzung)

Begriff	Herkunft	Definition	Englischer Begriff
Corpora mammillaria	L mammillenförmige Körper	Am Boden des Hypothalamus nach ventral vorspringende, paarige Struktur an der Grenze zum Mesencephalon (▶ Kap. 9)	Mammillary bodies
Corpus callosum/Balken	L schwieliger Körper	Ausgedehnte horizontale Kommissur, die aus der weißen Substanz beider, durch sie verbundenen Großhirnhemisphären besteht	Corpus callosum
Corpus trapezoideum	L Körper Gr wie eine kleine Platte	Gesamtheit der auditorischen Fasern II. Ordnung im Pons (▶ Kap. 15)	Trapezoid body
Cortex	L Rinde	Graue Substanz an der Oberfläche des Telencephalons (Cortex cerebri/Hirnrinde – ▶ Kap. 12) und des Kleinhirns (Kleinhirnrinde – ▶ Kap. 18)	Cortex
Cytoarchitektur		Auf der Basis von Standardfärbungen, i. d. R. Nissl (Cresylvioletfärbung) beruhende Klassifizierung von Kerngebieten (Zelldichte, -größe), insbesondere von Arealen der Hirnrinde (Korbinian Brodmann) (▶ Kap. 12)	Cytoarchitecture

D

Begriff	Herkunft	Definition	Englischer Begriff
Decussatio	L X-förmige Kreuzung	Bezeichnung für X-förmige Kreuzungen von Fasertrakten in Verbindungszonen beider Seiten des ZNS, z. B. Decussatio lemniscorum medialium (▶ Kap. 4) oder Decussatio pyramidum (▶ Kap. 5)	Decussation
Dendrit	Gr Baum	Ausläufer eines Neurons, in dem der Reiz normalerweise zentripetal zum Perikaryon verläuft. Üblicherweise sind Dendriten die postsynaptischen Elemente für Axone, die von anderen Neuronen stammen (▶ Kap. 1)	Dendrite
Dentatus	L gezähnt	Bezeichnet Strukturen, die im histologischen Schnitt eine irreguläre Form mit abwechselnd eingetieften und erhöhten Abschnitten zeigt, z. B. der Nucleus dentatus des Kleinhirns (▶ Kap. 8)	Dentate
Depolarisierung	–	Verminderung der Negativität des Membranpotentials eines Neurons (▶ Kap. 19)	Depolarisation
Diencephalon/Zwischenhirn	–	Epithalamus (▶ Kap. 10), Thalamus dorsalis (▶ Kap. 10) und Subthalamus (▶ Kap. 11)	Diencephalon
Diskrimination, taktile	–	Fähigkeit, mittels des Tastsinns benachbarte Punkte zu unterscheiden. Die taktile Diskrimination beruht auf der Anwesenheit besonderer Hautrezeptoren (▶ Kap. 4)	Discrimination, tactile
DOPA (Dihydroxyphenylalanin)	–	Vorläufer von Dopamin, Noradrenalin und Adrenalin (▶ Kap. 7)	DOPA
Dys-	Gr schwierig	Häufig für Begriffe griechischen Ursprungs verwendetes Präfix, z. B. in Dyskinesie, Dysarthrie	Dys-
Dysmetrie	Gr schwieriges Messen	Verminderte Fähigkeit der motorischen Kontrolle mit nicht distanzgerechten Bewegungen (bei Kleinhirnläsionen (▶ Kap. 8)	Dysmetria
Dysphagie	Gr schwierige Ernährung	Durch Schluckstörungen gekennzeichnetes Symptom. Kann Folge der Parese oder Paralyse der pharyngealen Muskulatur sein (▶ Kap. 18)	Dysphagia
Dysphonie	Gr schwieriger Ton	Schwierigkeit, Laute zu emittieren. Kann Folge einer Lähmung der Stimmlippen sein (▶ Kap. 18)	Dysphonia
Dura mater (encephali)/Pachymeninx (harte Hirnhaut)	L durus = hart Mater = Mutter, hier das Umhüllende	Am weitesten außen gelegene Schicht der Meningen, die das Gehirn und das Rückenmark umhüllt) (▶ Kap. 17).	Dura mater

◻ Tab. 1   (Fortsetzung)

Begriff	Herkunft	Definition	Englischer Begriff
E			
Efferent	L hinaustragen	Fasern, die Impulse vom ZNS wegleiten (z. B. motorische Fasern). Im ZNS selbst Bezeichnung für Strukturen (Bsp. Hirnrinde), von denen Fasern entspringen	Efferent
Ektoderm	Gr äußerste Haut	Am weitesten außen gelegene Zellschicht des Embryos, aus der sich das Nervensystem und die Epidermis entwickeln	Ectoderm
Emboliform	L pfropfenähnlich	Bsp. Ncl. emboliformis cerebelli (▶ Kap. 8)	Emboliform
Enkephalin	–	Neuropeptide mit Morphin-ähnlicher Wirkung, synthetisiert von einigen zentralen und peripheren Neuronen (▶ Kap. 11). s. endogene Opioide	Enkephalin
Enkephalon (Enzephalon)	Gr im Schädel	Gehirn, Teil des ZNS, der im Schädel liegt	Encephalon
Enterozeption	L Eingeweideempfindung	Wahrnehmung von Reizen aus dem Gastrointestinaltrakt. s. a. Exterozeption und Propriozeption (▶ Kap. 4)	Enteroception
Entorhinal (Area)	Gr innerhalb der Nase	Areal des Temporallappens, enge Verbindung mit dem Hippocampus (▶ Kap. 13)	Entorhinal
Ependym	Gr Vorhangartig	Epitheliale Auskleidung des cerebralen Ventrikelsystems und des spinalen Zentralkanals (▶ Kap. 1 und 17)	Ependyma
Epiphyse/Zirbeldrüse	–	s. Glandula pinealis	Pineal gland
Epithalamus	Gr oberhalb des Thalamus	Anteil des Diencephalon dorsal des Thalamus. Umfasst auch die Glandula pinealis (▶ Kap. 10)	Epithalamus
Exterozeption	L Empfindung von außen	Wahrnehmung von Reizen von der Körperoberfläche, im Ggs. zu Propriozeption (Muskeln und Gelenke) und der Enterozeption (Gastrointestinaltrakt)	Exteroception
Extrapyramidal	L außerhalb der Pyramide	Klinische Bezeichnung für eine Reihe motorischer Bahnen unabhängig vom Tractus corticospinalis. Der Gebrauch des Begriffs wird zu Beginn des ▶ Kap. 11 diskutiert	Extrapyramidal
F			
Fasciculus cuneatus	L cuneatus = keilförmig	Faserbündel des Hinterstrangs (Funiculus dorsalis), der taktile und propriozeptive Reize der oberen Extremität zur Medulla oblongata leitet (▶ Kap. 3)	Cuneate fasciculus
Fasciculus gracilis	L gracilis = schlank	Faserbündel des Hinterstrangs (Funiculus dorsalis), der taktile und propriozeptive Reize der unteren Extremität zur Medulla oblongata leitet (▶ Kap. 3)	Gracile fasciculus
Falx	L Sichel	Bezeichnung für bestimmte Duraduplikaturen nach ihrer Form. Bsp. Falx cerebri (▶ Kap. 17)	Falx
Fasciculus	L kleines Bündel	Gruppe von Nervenfasern im ZNS. Bsp. Fasciculus gracilis, cuneatus (▶ Kap. 4)	Fasciculus
Fastigium	L Dachstuhl	Prominenter Teil des Dachs des IV. Ventrikels. Auf Ebene des Fastigium liegt der Ncl. fastigii des Kleinhirns (▶ Kap. 8)	Fastigium
Faktoren	–	s. BDNF, GDNF, NGF	Factors
Fimbria	L Franse	Gruppe kleiner Bündel weißer Substanz entlang des Randes des Hippocampus (▶ Kap. 13)	Fimbria
Foramen	L Öffnung, Loch	Öffnung einer bestimmten anatomischen Struktur. Bsp. Foramen interventriculare; die Öffnung der Seitenventrikel in den dritten Ventrikel (▶ Kap. 17)	Foramen
Fornix	L Gewölbe, Bogen	Telenzephale Mittellinienstruktur; enthält die efferenten Projektionen der Hippocampusformation (▶ Kap. 9)	Fornix
Fovea	L Grube	Kleine lokale Einsenkung auf einer Oberfläche. Bsp. Fovea centralis der Retina (▶ Kap. 14)	Fovea

◻ Tab. 1 (Fortsetzung)

Begriff	Herkunft	Definition	Englischer Begriff
G			
GABA (γ-amino-butyric acid)	–	γ-Aminobuttersäure, häufigster inhibitorischer Transmitter im Gehirn (► Kap. 1)	GABA
Gamma(γ)-Motoneuron	–	Motorisches Neuron, dessen Terminalen die intrafusalen Muskel-fasern innervieren (► Kap. 4)	Gamma Motor-neuron
Ganglion	Gr Knoten	Gruppe von Neuronen außerhalb des ZNS (► Kap. 1). Der Begriff wird auch für einige zentrale Kerngebiete, insbesondere die Basalganglien verwendet	Ganglion
GDNF (Glial derived neuro-trophic factor)	–	Neurotropher Faktor, der von einigen Gliazelltypen produziert wird. Begünstigt das Überleben von Neuronen (► Kap. 1)	GDNF
Gehirn, Hirn Cerebrum	–	Bei Säugetieren der Teil des ZNS, der Telencephalon, Diencephalon, Kleinhirn und Hirnstamm umfasst	Brain
Geniculatus	L Geniculus Diminu-tiv von Genu = Knie	Adjektiv im Sinne von gekrümmt	Geniculate
Genu corporis callosi	L Knie	Gebogener oraler Anteil des Corpus callosum, zwischen Rostrum und Truncus corporis callosi (► Kap. 12)	Genu of the corpus callosum
Gesichtsfeld (GF)	–	Der Teil der sichtbaren Umgebung, der der Beobachtung bei unbe-wegtem Kopf zugänglich ist. Das binokulare GF wird definiert als das gemeinsame GF beider Augen, während das monokuläre GF (re. oder li.) das des jeweiligen Auges darstellt (► Kap. 14)	Visual field (mono-cular / binocular)
Glandula pinealis/ Zirbeldrüse	L in Form eines Pinienzapfens	Zum Epithalamus gehörige Drüse (► Kap. 10)	Pineal gland
Glia	Gr Klebstoff	Begriff für die ZNS-Zellen, die trophische und erhaltende Funktion für Neuronen haben. Zwischen den Neuronen gelegen	Glia
Globosus	L zu Globus	Kugelförmig, rundliche anatomische Struktur. Bsp. Ncl. globosus cerebelli (► Kap. 8)	Globose
Globus	L Kugel	Kugelförmige Struktur. Der Begriff bezieht sich im Allgemeinen auf den Globus pallidus in der weißen Substanz des Telencephalon (► Kap. 11)	Globus
Glomerulus	L Knäuel	Gruppe von axonalen Terminalen und Dendriten, die untereinander multiple Synapsen ausbilden. Bsp. synaptische Glomeruli des Klein-hirns (► Kap. 8) und des Bulbus olfactorius (► Kap. 15)	Glomerulus
Glossopharyn-geus	Gr Zunge + Schlund	IX. Hirnnerv. Der Name bezieht sich auf sein Versorgungsgebiet, das vor allem Zunge und Schlund (Pharynx) einschließt (► Kap. 15)	Glossopharyngeal
Glutamat	–	Der häufigste exzitatorischer Transmitter des ZNS (► Kap. 1)	Glutamate
Glycin	–	Inhibitorischer Transmitter im Rückenmark (► Kap. 1)	Glycine
Gracilis	L schlank	Faserbündel des Hinterstrangs des Rückenmarks, der taktile und propriozeptive Reize zur Medulla oblongata übermittelt (► Kap. 3)	Gracile
H			
Hemi-	Gr Halb-		Hemi-
Hemianopsie	Gr Halbseiten-blindheit	Partielle Blindheit mit Halbierung des Gesichtsfelds durch eine Läsion der Sehbahn ab dem Chiasma opticum (► Kap. 18)	Hemianopsia
Hemiballismus	Gr Halbseitiger Tanz	Form der Chorea mit einseitigen unwillkürlichen Bewegungen (Abduktion von Arm/Bein), üblicherweise aufgrund einer Läsion der Basalganglien (► Kap. 11)	Hemiballism
Hemineglect	Gr Nachlässigkeit	Aufgrund einer Schädigung des inferioren Parietallappens auftre-tendes Aufmerksamkeits- und Bewusstseinsdefizit für die kontra-laterale Raumhälfte inklusive der Körperhälfte	Hemineglect

◘ **Tab. 1**   (Fortsetzung)

Begriff	Herkunft	Definition	Englischer Begriff
Hemiplegie	Gr halbseitiger Schlag	Komplette oder inkomplette (Parese) Lähmung einer Körperhälfte, üblicherweise als Folge eines Apoplex	Hemiplegia
Homöostase	–	Aufrechterhaltung weitgehend konstanter physiologischer Verhältnisse in einem offenen System (Organismus, Organ etc.). Hierzu sind Regelkreise benötigt, die durch regulatorische Maßnahmen zur Erhaltung der Homöostase beitragen	Homeostasis
Hydrocephalus	Gr Wasser + Kopf	Vermehrtes Liquorvolumen in den zerebralen Ventrikelräumen (► Kap. 17)	Hydrocephalus
Hyper-	Gr höher	–	Hyper-
Hypertonie	L Druck	- Erhöhung des arteriellen Drucks - Erhöhung des Muskeltonus	Hypertension
Hypo-	Gr geringer	–	Hypo-
Hypotonie	L Druck	- Abfall des arteriellen Drucks - Verminderung des Muskeltonus	Hypotension
I			
Infundibulum/ Hypophysenstiel	L Trichter	Trichterförmige Ausstülpung des Bodens des Hypothalamus (► Kap. 9)	Infundibulum
Inhibition, postsynaptisch	–	Hemmung eines Zielneurons durch die Ausschüttung eines inhibitorischen Transmitters, z. B. GABA (► Kap. 1)	Inhibition, postsynaptic
Inhibition, präsynaptisch	–	Über eine axo-axonale Synapse vermittelte Hemmung der Reizweiterleitung	Inhibition, presynaptic
Insula	L Insel	Areal der Hirnrinde in der Tiefe des Sulcus lateralis	Insula
Intra-	L innerhalb	–	Intra-
Ipsilateral	–	Gleichseitig (s. a. kontralateral)	Ipsilateral
Iso-	Gr gleich	Präfix zur Bezeichnung einer uniform aufgebauten Struktur. Bsp. Isocortex, Teil der Hirnrinde, der durchgehend sechs Schichten von Neuronen enthält. Synonym für Neocortex (► Kap. 13)	Iso-
K			
Katecholamine	–	Molekül aus einer an einen Katecholring gebundenen Aminogruppe. Zu dieser Substanzklasse gehören die Transmitter Dopamin, Noradrenalin und Adrenalin (► Kap. 7)	Catecholamines
Kleinhirn/Cerebellum	L Diminutiv von Cerebrum	Aus dem Rhombencephalon entstehender Hirnteil dorsal des IV. Ventrikels gelegen	Cerebellum
Klonus	Gr heftige Bewegung	Unwillkürliche, rhythmische Muskelkontraktion, hervorrufbar durch eine unvorhergesehene passive Extension. Tritt auf bei Erkrankungen des ersten Motoneurons (► Kap. 5, 11)	Clonus
Kolumne, grau	L Columna = Säule	Gesamtheit der identifizierbaren neuronalen Perikarya mit ähnlicher Funktion, die sich in anterior-posteriorer Richtung entlang der Neuraxis erstecken. Die Neurone derselben Säule haben denselben embryologischen Ursprung. Die Säulen sind besonders deutlich im Rückenmark, wo sie ein Kontinuum darstellen. Im Hirnstamm sind sie durch die Interposition von Nervenfasern fragmentiert (► Kap. 6)	Grey column
Kolumne, kortikale	-„-	Gebiet der Hirnrinde, in dem Neurone in unterschiedlicher Tiefe in allen Schichten auf dieselbe Weise auf dieselbe Reizmodalität reagieren (► Kap. 14)	Cortical column
Kommissur/Commissura	L Verbindung	Faserbündel, die Bereiche beider Seiten des ZNS miteinander verbinden, z. B. die Commissura anterior (► Kap. 9), Commissura alba des Rückenmarks (► Kap. 3)	Commissure

◻ **Tab. 1** (Fortsetzung)

Begriff	Herkunft	Definition	Englischer Begriff
Kontralateral	L zur Gegenseite gehörig	In einem bilateral symmetrischen Organismus bezeichnet k. eine Struktur, die auf der anderen Seite der Mittellinie liegt (Gegenteil ipsilateral)	Contralateral
Konvergenz (von Reizen)	L zusammen-strömen	K. bedeutet, dass Reize, die von unterschiedlichen Neuronen oder Fasern stammen, ein und dasselbe Neuron oder eine zentrale Struktur erreichen. s. a. Divergenz (▶ Kap. 4 und 8)	Convergence
L			
Labyrinth, dynamisch	Gr	Teil des häutigen Labyrinths des Innenohrs, entspricht den Bogengängen	Labyrinth, kinetic
Labyrinth, statisch		Teil des häutigen Labyrinths des Innenohrs, entspricht Sacculus und Utriculus	Labyrinth, static
Leitung (eines nervalen Reizes)	–	Übertragung eines Nervenreizes entlang der Ausläufer eines Neurons. Die Weiterleitung eines Reizes kann kontinuierlich sein (nichtmyelinisierte Fasern) oder saltatorisch in den myelinisierten Fasern (▶ Kap. 1)	Conduction of nerve impulse
Lemniscus	L Schleife, Band	Kleines Faserbündel im ZNS	Lemniscus
Lentiformis, lenticularis	L linsenförmig	Ncl. lentiformis: älterer Begriff für Putamen und Globus pallidus. Putamen und Ncl. caudatus werden als Striatum zusammengefasst	Lentiform, lenticular
Leptomeninx/ weiche Hirnhäute	Gr Feine Membranen	Sammelbegriff für Arachnoidea und Pia mater (▶ Kap. 17)	Leptomeninges
Limbisch	L Limbus = Rand, Saum	Bezeichnet eine Reihe von Strukturen am innersten Rand der Großhirnhemisphären	Limbic
Locus caeruleus	L blauer Ort	Struktur am lateralen Rand des vierten Ventrikels, noradrenerges Kerngebiet, dessen Name sich von den Neuromelanin-enthaltenden Neuronen herleitet	Locus caeruleus
Long-term potentiation (LTP)	–	Langdauernde Potenzierung von neuronalen Antworten nach konditionierender Stimulation (▶ Kap. 13)	Long-term potentiation
M			
Macula	L Fleck	Morphologisch oder funktionell von der umgebenden Oberfläche unterscheidbare Strukturen. Bsp. Macula lutea (Gelber Fleck) der Retina (▶ Kap. 14), Macula utriculi (▶ Kap. 15)	Macula
Magnetresoanzto-mographie (MRT)	–	Die statische MRT liefert ein anatomisches Bild von Körperstrukturen. Die funktionelle MRT (fMRT) ermöglicht die Visualisierung neuronaler Aktivität in vivo durch Messung des O_2-Verbrauchs in einer definierten Hirnregion unter der Annahme, dass der O_2-Verbrauch ein Parameter für die neuronale Aktivität ist (▶ Kap. 12)	Functional nuclear magnetic resonance (fNMR)
Mechanorezeptor	–	Für mechanische Reize empfindlicher Rezeptor. Bsp. Muskelspindeln oder Sehnenorgane (▶ Kap. 4), Rezeptoren des Sinus caroticus (▶ Kap. 15), Haarzellen des Innenohres (▶ Kap. 15)	Mechanoreceptor
Medulla	L Mark	Bezeichnung für die Medulla oblongata (▶ Kap. 6) und die Medulla spinalis (▶ Kap. 3). Bezieht sich auf die Ähnlichkeit mit dem Knochenmark im unpräparierten Zustand mit umgebender knöcherner Hülle (Schädel, Wirbelsäule)	Medulla
Medulla blongata	L Verlängertes Mark	Teil des Hirnstamms (▶ Kap. 6)	Medulla oblongata
Membran-potential	–	Potentialdifferenz zwischen innerer und äußerer Membranoberfläche eines Neurons	Membrane potential
Mesencephalon/ Mittelhirn	Gr Mittelhirn	Teil des ZNS zwischen Pons, Hypothalamus und Diencephalon (▶ Kap. 1, 2)	Mesencephalon
Mesoderm	Gr Mittlere Haut	Intermediäre Zelllage des Embryos (▶ Kap. 2)	Mesoderm
Metencephalon	Gr Hinter + Gehirn	Hinterhirn, embryologischer Begriff für Pons und Kleinhirn (Cerebellum)	Metencephalon

◩ Tab. 1 (Fortsetzung)

Begriff	Herkunft	Definition	Englischer Begriff
Microglia	Gr Klein + Leim	Gliazellen mesodermalen Ursprungs mit Phagozytose-Aktivität	Microglia
Miosis	Gr Konstriktion	Durch den Parasympathicus bewirkte Verengung der Pupille (M. sphincter pupillae) s. a. Mydriasis (▶ Kap. 15)	Miosis
Modalität, sensibel		Definierter Empfindungstyp. Bsp. Berührung oder Schmerz (▶ Kap. 4 und 5)	Sensory modality
Modulation	L Takt	Regulierung der synaptischen Aktivität als Antwort auf ein Signal	Modulation
Morbus Alzheimer	–	Dementielle Erkrankung (▶ Kap. 3)	Alzheimer's disease
Morbus Parkinson	–	Dysfunktion der Basalganglien aufgrund der Degeneration der dopaminergen Neurone der Substantia nigra mit einem oder mehreren charakteristischen klinischen Symptomen	Parkinson's disease
Motorischer Mustergenerator	–	Neuronenkreis, der eine (auto-)rhythmische motorische Aktivität generiert (▶ Kap. 15)	Generator of motor patterns
Multiple Sklerose (MS)	L mehrfach Gr Verhärtung	Entmarkungskrankheit, die zum Auftreten multipler Skleroseherde durch Bildung von Glianarben führt	Multiple sclerosis
Mydriasis	Gr Erweiterung der Pupille	Durch den Sympathicus bewirkte Erweiterung der Pupille (M. dilatator pupillae); s. a. Miosis (▶ Kap. 15)	Mydriasis
Myelencephalon	Gr Markhirn	Embryologische Bezeichnung für die Anlage der Medulla oblongata	Myelencephalon
Myelin	Gr Mark	Lamellär strukturierte Hülle bestimmter Axone in ZNS und PNS von weißlicher Kolorierung, auf der das makroskopische Aussehen der weißen Substanz beruht	Myelin
N			
Neo-	Gr Neu	–	Neo-
Nerv	L Nervus	Mit Hüllen ektodermalen Ursprungs und Bindegewebe versehene Faserbündel zwischen ZNS und Peripherie	Nerve Nervus
Nervus abducens	L wegziehend	VI. Hirnnerv, bewirkt die Kontraktion des M. rectus lateralis des Auges und damit die Abduktion des Augapfels (Bulbus oculi) (▶ Kap. 15)	Abducens nerve
Nervus accessorius	–	XI. Hirnnerv, innerviert M. trapezius und M. sternocleidomastoideus (▶ Kap. 15)	Accessory nerve
Nervus facialis	–	VII. Hirnnerv, innerviert die mimische Muskulatur, die Tränendrüse und Speicheldrüsen (Gld. submandibularis + Gdl. sublingualis) und ist für die Geschmackswahrnehmung der Zunge (vordere 2/3) zuständig (▶ Kap. 15)	Facial nerve
Nervus glossopharyngeus	–	IX. Hirnnerv, entspringt aus der Medulla oblongata und innerviert u.a. den Pharynx, die Parotis und vermittelt des weiteren die Geschmacksempfindung des hinteren Zungendrittels (▶ Kap. 15)	Glossopharyngeal nerve
Nervus hypoglossus	–	XII. Hirnnerv, rein motorischer Nerv zur Innervation der Zunge (▶ Kap. 15)	Hypoglossal nerve
Nervus oculomotorius	L oculus + movere Bewegung des Auges	III. Hirnnerv, entspringt aus dem Mesencephalon, innerviert Augenmuskeln (innere und äußere) sowie den Lidheber (M. levator palpebrae superioris) (▶ Kap. 15)	Oculomotor nerve
Nervus olfactorius	–	I. Hirnnerv, Riechnerv, telencephalen Ursprungs (▶ Kap. 15)	Olfactory nerve
Nervus opticus	–	II. Hirnnerv, Sehnerv, dienzephalen Ursprungs (▶ Kap. 15)	Optic nerve
Nervus trigeminus	L Drilling	V. Hirnnerv mit drei großen Ästen (daher der Name), innerviert sensibel das Gesicht und die Nasennebenhöhlen sowie die Kaumuskulatur (▶ Kap. 15)	Trigeminal nerve
Nervus trochlearis	L trochlea = Umlenkscheibe	IV. Hirnnerv. Der Name bezieht sich auf die Umlenkung der Sehne des M. obliquus superior in einer Trochlea der Augenhöhle (▶ Kap. 15)	Trochlear nerve

◻ Tab. 1 (Fortsetzung)

Begriff	Herkunft	Definition	Englischer Begriff
Nervus vagus	L umherschweifend	X. Hirnnerv mit ausgedehntem (daher der Name) viszeralen Versorgungsgebiet	Vagus nerve
Nervus vestibulocochlearis	–	VIII. Hirnnerv, Hör- und Gleichgewichtsnerv (▶ Kap. 15)	Vestibulocochlear nerve
Neuralachse		Axial verlaufender Teil des Zentralnervensystems, d. h. beim Menschen Rückenmark und Hirnstamm	
Neuroblast	Gr Neuronaler Keim	Embryonale Zellen aus deren Teilung Neuronen entstehen	Neuroblast
Neuromodulator	Gr Neuron L Takt	Historisch überholter Begriff für Substanzen, die die Aktivität von Neuronen beeinflussen. Da eine genaue Unterscheidung von den klassischen Transmittern aktuell nicht mehr möglich ist, sollte der Begriff besser vermieden werden	Neuromodulator
Neuron	Gr Nervenzelle	Begriff für die Gesamtheit einer Nervenzelle	Neuron
Neurotransmitter	Gr Neuron L übertragen	Synaptisch freigesetzte Moleküle, die mit prä- oder postsynaptischen Rezeptoren interagieren (▶ Kap. 1)	Neurotransmitter
Neurotrophin	Gr Neuron + ernähren	Moleküle, die die Proliferation, die Differenzierung und die Aufrechterhaltung des Differenzierungsgrades von Neuronen gewährleisten	Neurotrophine
NGF (nerve growth factor)	–	Neurotropher Faktor (Nerve growth factor), der von peripheren Geweben synthetisiert wird und das Überleben von Neuronen garantiert. NGF war der erste neurotrophe Faktor, der in Gewebsextrakten von Speicheldrüsen nachgewiesen wurde (▶ Kap. 1)	NGF (nerve growth factor)
Nozizeptiv	L nocere = schaden	Adjektiv für Strukturen und Bahnen, die spezifisch Schmerzreize aufnehmen und weiterleiten	Nociceptive
Noradrenalin	–	Ursprünglich als Hormon des Nebennierenmarks identifiziert. Noradrenalin wird von einigen Hirnstammneuronen (▶ Kap. 7) und von postganglionären sympathischen Neuronen synthetisiert und als Neurotransmitter ausgeschüttet	Noradrenaline, Norepinephrine
Noradrenerg	–	Adjektiv für Neurone, die Noradrenalin als Transmitter verwenden. Bsp. Postganglionäre sympathische Neurone (▶ Kap. 15), Neurone des Locus caeruleus (▶ Kap. 7)	Noradrenergic
Norepinephrin	–	s. Nordrenalin	Norepinephrine
Nucleus	L Kern	- Zellkern - Gruppe von Neuronen im ZNS	Nucleus
O			
Oligendendrozyt	Gr Zelle mit wenigen Verzwegungen	Gliazelltyp mit wenigen Verzweigungen, bildet die Myelinhülle von Axonen im ZNS	Oligendendrocyte
Opioide, endogene	–	Gruppe von Neuropeptiden (Enkephaline) mit Morphium-ähnlicher Wirkung (Enkephalin)	Opioids, endogenous
Optisch	Gr	Bezieht sich auf das Auge und damit verbundene Strukturen (▶ Kap. 14, 15)	Optic
P			
Pachymeninx	Gr dickwandige Membran	Synonym für Dura mater (▶ Kap. 17)	Pachymeninx
Palaeo-	Gr alt	Präfix für phylogenetisch alte Gebiete des ZNS. Bsp. Palaeocerebellum (im wesentlichen der Lobus anterior des Kleinhirns, ▶ Kap. 9), Palaeocortex (olfaktorischer Anteil des Telencephalons, Kap.12)	Paleo-
Pallidum	L bleich, klar	Synonym für Globus pallidus (▶ Kap. 12)	Pallidum
Pallium/ Hirnmantel	L Mantel	Synonym für Großhirnrinde (▶ Kap. 12)	Pallium
Papezkreis	–	„Emotionale" Neuronenkette des limbischen Systems, ursprünglich von Papez beschrieben	Papez circuit

◘ **Tab. 1**   (Fortsetzung)

Begriff	Herkunft	Definition	Englischer Begriff
Para-	Gr benachbart	Präfix für benachbart, ähnlich	Para-
Paralyse	Gr Lähmung	Kompletter Verlust der Willkürmotorik für einen oder mehrere Muskeln	Paralysis
Parese	Gr	Inkomplette Form der Paralyse	Paresis
Pedunculus	L Diminutiv von Pes = Fuß	Massives Faserbündel im ZNS, makroskopisch erkennbar. Bsp. Pedunculi cerebellares (▶ Kap. 8)	Pedunculus
Peri-	Gr um etwas herum	Präfix zur Kennzeichnung von Strukturen in Randlage. Bsp. Perineurium: epitheliale und bindegewebige Hülle peripherer Nerven	Peri-
Perikaryon	Gr um den Kern herum	Zellkörper eines Neurons (s. a. Soma), um den Zellkern herum gelegenes Zytoplasma (▶ Kap. 1)	Perikaryon
Pia mater	L hingebungsvolle Mutter	Innerste Schicht der Hirnhäute in direktem Kontakt mit der Oberfläche von Rückenmark und Gehirn. Bezeichnung wegen der wichtigen Funktion das Gehirn mit Blut zu versorgen (enger Kontakt mit den Blutgefäßen) (▶ Kap. 17)	Pia mater
Plexus	L Geflecht	Nervengeflecht	Plexus
Plexus choroideus	Gr membranöses Netz	Epithelial bedeckte Blutgefäße im Innern der Ventrikel, Bildungsort des Liquor cerebrospinalis (▶ Kap. 17)	Choroid plexus
Pons	L Brücke	Teil des Hirnstamms zwischen Mesencephalon und Medulla oblongata	Pons
R			
Raphe	Gr Saum, Naht	Medianlinie, die durch die Annäherung oder Vereinigung symmetrisch angelegter Strukturen zustande kommt. Bsp. Ncl. raphe magnus	Raphe
REM-Schlaf	–	Rapid eye movement	REM sleep
Rezeptor	L Empfänger	- Histologie: Spezialisierte Zellen für die Übertragung von Reizen Bsp. Photorezeptoren, sensible Endigungen in den Muskelspindeln - Biochemie: Spezifische Membranproteine, die mit Neurotransmittern oder Hormonen interagieren	Receptor
Rezeptor, muskarinisch	–	Subtyp der Acetylcholinrezeptoren, die durch das Pilzalkaloid Muscarin aktiviert werden	Receptor, muscarinic
Rezeptor, nikotinisch	–	Subtyp der Acetylcholinrezeptoren, die durch Nicotin stimuliert werden	Receptor, nicotinic
Reflex	–	Unwillkürliche und reproduzierbare motorische Antwort, die mit kurzer Latenz durch eine peripheren Stimulus ausgelöst werden. Dieser aktiviert eine Kette von zwei oder mehr Neuronen. Jeder Reflexbogen besteht aus einem afferenten Schenkel (Reizweiterleitung nach zentral), einem Reflexzentrum (Auslösung der Reflexantwort) und einem efferenten Schenkel (Innervation der Effektorgane). Reflexe können somatisch oder viszeral sein	Reflex
Reflex, neurohumoral	–	Reflex, dessen afferenter Schenkel neuronal, der efferente humoral (Hormone) ist. Bsp. Milchejektionsreflex (Lactation)	Reflex, neurohumoral
Reflexe, vestibulo-oculäre	–	Gruppe von Reflexen, die eine Reihe unwillkürlicher Augenbewegungen infolge der Stimulation des Gleichgewichtsorgans im Innenohr vermitteln. Bsp. Aufrichtungsreflex des Kopfes zur Aufrechterhaltung der Kopfposition unter Beteiligung des statischen Labyrinths und der vestibulospinalen Bahnen	Reflex, vestibulo-ocular
Reticulär	L rete = Netz	Netzähnliche Struktur. Bsp. Formatio reticularis (▶ Kap. 7)	Reticular
Rhombencephalon	Rautenhirn	Embryonales Bläschen, das den rautenförmigen IV. Ventrikel enthält (▶ Kap. 2)	Rhombencephalon
Rostrum corporis callosi	L Schiffsbug, Schnabel	Spitzzulaufendes anteriores Ende des Corpus callosum (▶ Kap. 12)	Rostrum of corpus callosum

◘ **Tab. 1** (Fortsetzung)

Begriff	Herkunft	Definition	Englischer Begriff
Rubro-	L ruber = rot	Präfix für die Projektionen zum und vom Ncl. ruber (▶ Kap. 6)	Rubro-
Rückenmark/ Medulla spinalis	–	Teil des ZNS im Inneren der Wirbelsäule (Wirbelkanal)	Spinal cord
S			
Schmerz, übertragener	–	Zerebrokortikal bedingte Übertragung eines viszeralen Schmerzes auf ein somatisch innerviertes Gebiet, Head-Zone	Referred pain
Sensibilität, epikritisch	–	Präzise Berührungsempfindung: Zwei-Punkte-Diskrimination, Stereognosie; verläuft in den Hintersträngen	Sensibility, epicritic
Sensibilität, protopathisch	–	Grobe Berührungsempfindung; verläuft im Tractus spinothalamicus anterior	Sensibility, protopathic
Septum pellucidum	L transparente Trennwand	Trennstruktur zwischen den Vorderhörnern der beiden Seitenventrikel (▶ Kap. 13)	Septum pellucidum
Skotom	Gr dunkel	Blinde Bereiche im Gesichtsfeld (▶ Kap. 14)	Scotoma
Strang, Bündel	–	Gesamtheit von Fasern in der weißen Substanz, z. B. der Hinterstrang (Fasciculus posterior/dorsalis) im Rückenmark	fasciculus
Soma/Körper	Gr Körper	- Zellkörper des Neurons (s. a. Perikaryon) (▶ Kap. 1) - der menschliche Körper	Soma Body
Somatisch	Gr zum Körper gehörig	Bezeichnung der Körperwand im Gegensatz zu den Eingeweiden	Somatic
Somatotop	Gr zu einem Ort des Körpers gehörig	Somatotopie bezeichnet die Eigenschaft von Afferenzen oder Efferenzen in bestimmten Anteilen des ZNS in einer derart geordneten Weise repräsentiert zu sein, dass davon eine Karte der peripheren Versorgung gefertigt werden kann (▶ Kap. 12). Entsprechend spricht man im visuellen System von einer Retinotopie und einer Tonotopie im auditorischen System	Somatotopic
Splanchnisch	Gr zu den Eingeweiden gehörig	Viszeral (den Eingeweiden zugehörig)	Splanchnic
Splenium corporis callosi	Gr Wundverband	Verdicktes posteriores Ende des Corpus callosum (▶ Kap. 12)	Splenium of the corpus callosum
Stereognosie	Gr räumliches Erkennen	Fähigkeit, einen Gegenstand nur durch taktile Mittel (Betasten) zu identifizieren (▶ Kap. 4)	Stereognosis
Strabismus/ Schielen	–	Fehlende Koordination beider Augen bei konjugierten Augenbewegungen (▶ Kap. 15)	Strabism
Stria	L Streifen	Kleine anatomische Struktur in Form eines Streifens, z. B. die in der Amygdala entspringende Stria terminalis (▶ Kap. 9)	Stria
Striatum	L gestreift	Gruppe von Neuronen der Basalganglien bestehend aus Putamen und Ncl. caudatus mit gestreifter Binnenstruktur. Nicht zu verwechseln mit der Area striata = primär visueller Kortex (▶ Kap. 11)	Striatum
Subiculum	L kleine Unterlage	Übergangszone zwischen Gyrus parahippocampalis (sechsschichtige Rinde) und Hippocampus (dreischichtiger Cortex) (▶ Kap. 13)	Subiculum
Substantia	L Material	Jegliche geordnete Struktur, z. B. die Substantia gelatinosa des Hinterhorns im Rückenmark (▶ Kap. 3) oder die Substantia nigra im Mesencephalon (▶ Kap. 6)	Substantia, substance
Subthalamus	L Unter dem Thalamus	Region ventral des Thalamus dorsalis, enthält u.a. den Ncl. subthalamicus und Globus pallidus	Subthalamus
Sympathicus	Gr mitfühlend	Thorakolumbaler Teil des viszeralen Nervensystems	Sympathicus
Symptom	Gr Anzeichen, Kennzeichen	Vom Patienten berichtetes klinisches Zeichen, das diagnostische Hinweise auf ein pathologisches Geschehen geben kann	Symptom

◻ Tab. 1 (Fortsetzung)

Begriff	Herkunft	Definition	Englischer Begriff
Synapse	Gr Verbindung	Ort der Übertragung von neuralen Impulsen zwischen zwei oder mehreren Neuronen	Synapse
Synapse, chemische	–	Synapsentyp, der im Gegensatz zur elektrischen Synapse einen Neurotransmitter freisetzt, unidirektional	Synapse, chemical
Synapse, elektrische	–	Synapsentyp, in dem die Verbindung zweier oder mehrerer Neurone durch elektrische Kopplung über gap junctions erfolgt, bidirektional	Synapse, electrical
Syndrom	Gr zusammen-laufen	Gruppe von Symptomen (klinischen Zeichen), die charakteristisch für einen bestimmten Krankheitsprozess sind	Syndrome
T			
Thalamus	Gr Schlafgemach	Teil des Diencephalon zwischen Epithalamus dorsal und Hypothalamus ventral, komplett bedeckt von Striatum und Hirnrinde (▶ Kap. 10)	Thalamus
Tectum	L Dach	Am weitesten dorsal gelegener Teil des Mesencephalons (Vierhügelplatte) (▶ Kap. 6)	Tectum
Tegmentum	L Decke	Intermediärer Teil des Hirnstamms zwischen Tectum und Basis (▶ Kap. 6)	Tegmentum
Tela choroidea	L Gewebe	Aus den vaskulären Anteilen der Pia mater und dem Ependym bestehende Struktur (▶ Kap. 17)	Tela choroidea
Telencephalon/ Endhirn	Gr Endhirn	Der Teil des Gehirns, der sich aus den beiden embryonalen Hemisphären entwickelt (▶ Kap. 1)	Telencephalon
Tentorium	L Zelt	Duraduplikatur, die eine Art Dach oder Trennwand über einem Organ oder zwischen Organen bildet. Bsp. Tentorium cerebelli (▶ Kap. 17)	Tentorium
TIA (Transito-rische ischä-mische Attacke)	–	s. Apoplex	TIA (Transitory ischemic attack)
Tractus	L	Gruppe von Axonen des ZNS mit demselben Ursprung und Ziel. Synonym mit Bündel (▶ Kap. 1)	Tract
Transduktion	L Überführung	Vorgang der Umwandlung sensibler Reize unterschiedlicher Art in Nervenimpulse (▶ Kap. 1)	Transduction
Transmission, volumetrische	–	Nichtsynaptische Kommunikation zwischen Neuronen, bei der der Transmitter (i.d.R. ein Neuropeptid) in den Interzellularraum freigesetzt wird (▶ Kap. 1)	Volume transmission
Transport, antero-grader	–	Intraneuronaler Transport von Substanzen vom Perikaryon zu den Terminalen (▶ Kap. 1)	Transport, antero-grade
Transport, retro-grader	–	Intraneuronaler Transport von Substanzen von den Terminalen zum Perikaryon (▶ Kap. 1)	Transport, retrograde
Tremor	L Zittern	Unwillkürliches Zittern eines oder mehrerer Körperteile (▶ Kap. 10)	Tremor
Trophisch	Gr ernährend	Trophisch sind Substanzen (Faktoren), die in der Lage sind das Wachstum, die Entwicklung oder die Differenzierung von Neuronen zu stimulieren, z. B. Neurotrophine (s. dort) (▶ Kap. 1)	Trophic
Truncus corporis callosi	L Stamm	Teil des Corpus callosum, der zwischen Genu und Splenium liegt (▶ Kap. 12)	Truncus of the corpus callosum
U			
Uncus	Gr Ongkos = Haken	Rostrales Ende des Gyrus parahippocampalis (▶ Kap. 13)	Uncus
Urinretention	–	Unvermögen der Harnblasenentleerung	Urinary retention

◼ **Tab. 1** (Fortsetzung)

Begriff	Herkunft	Definition	Englischer Begriff
V			
Vallecula	L kleines Tal	Einsenkung des ventralen Teils des Cerebellums	Vallecula
Velum	L Segel	Membran oder anatomische Struktur, die wegen ihrer Feinheit Segeln gleichen, z. B. das Velum medullare superius (oberes Marksegel)	Velum, veil
Ventrikel	L Diminutiv von Venter = Bauch	Hohlraum innerhalb des Gehirns, der mit Liquor cerebrospinalis gefüllt ist. Man unterscheidet die beiden Seitenventrikel (paarig) und die unpaaren Anteile III. Ventrikel, Aqueductus mesencephali und IV. Ventrikel (▶ Kap. 17)	Ventricle
Vermis/Wurm	L Wurm	Medianer Anteil des Cerebellums (Kleinhirn) (▶ Kap. 8)	Vermis, worm
W			
Wernicke	–	s. Aphasie	
Windung/Gyrus	L Hirnwindung, Gyrus	Windung der Großhirnoberfläche begrenzt von zwei Sulci (Windungstäler) (▶ Kap. 12)	Gyrus
Z			
Zentrifugal	L vom Zentrum weg	s. Efferent	Centrifugal
Zentripetal	L zum Zentrum hin	s. Afferent	Centripetal
Zone, aktive	–	Ort der Transmitterfreisetzung an der präysnaptischen Membran (▶ Kap. 1)	Active zone

Sachverzeichnis